KB098941

부분과 전체

베르너 하이젠베르크

유영미 옮김

$$\Delta p \cdot \Delta q \sim h$$

서커스

Der Teil und das Ganze
Gespräche im Umkreis der Atomphysik

by Werner Heisenberg
© Piper Verlag Gmbh, München 1969

Korean translation copyright © 2016 by Circus Publishing Co.
This translation published by arrangement with Piper Verlag Gmbh
through Momo Agency.

차례

서문

부분과 전체

원자물리학을 둘러싼 대화들

Der Teil und das Ganze

Gespräche im Umkreis der Atomphysik

일러두기

1. 이 책은 Piper Taschenbuch에서 출간된 2014년 판 Der Teil und das Ganze: Gespräche im Umkreis der Atomphysik를 완역했다.

2. 본문에 실린 각주는 옮긴이와 감수자가 달았다. 옮긴이의 각주는 내용 뒤에 '역주'라고 표시했고 별도 표시가 없는 각주는 감수자가 단 것들이다.

서문

주고받았던 대화를 단어 그대로 기억하는 것은 불가능하다. 그
래서 나는 최대한 대화에서 나누었던 생각의 흐름을 따라, 각 상
황에 가장 적절하게 여겨지는 대로 화자들로 하여금 이야기하
도록 했다.
— 투키디데스

과학은 결국 사람이 만든다. 이런 자명한 사실은 잊어버리기 쉽다. 이런 사실을 기억한다면 두 문화, 즉 정신과학—예술적 문화와 기술—과 자연과학 사이의 간극을 약간이나마 줄일 수 있지 않을까? 이 책은 지난 50년간 내가 경험했던 원자물리학 이야기다. 자연과학은 실험을 토대로 한다. 자연과학자들은 실험이 갖는 의미에 대해 서로 논의하며, 대화를 통해 결과를 도출해 낸다. 자연과학자들이 나눈 대화가 바로 이 책의 주된 내용이다. 이 책을 통해 과학이 대화 속에서 탄생한다는 것을 여실히 알 수 있을 것이다. 물론 대화를 한 지 수십 년이 흐른 시점에 과거에 나눈 대화를 고스란히 재현하는 것은 불가능하다. 그러므로 편지로 주고받았던 말들만 정확하게 인용이 될 것이다. 어차피 이 책은 회고록은 아니기에 약간 줄

이고 생략하면서 역사적 정확성을 포기해도 무방하며, 본질적인 부분만 정확하게 전달하면 된다고 보았다. 이 책에 나오는 대화는 원자물리학에 관한 것만은 아니다. 인간적, 철학적, 정치적 주제들도 종종 도마 위에 오른다. 자연과학은 이런 일반적인 문제들과 불가분의 관계에 있기 때문이다. 나는 그 사실이 분명히 드러나기를 바란다.

이 책에 등장하는 많은 인물은 성 없이 이름으로만 거론했다. 그들이 훗날 공인이 되지 않았기 때문이기도 하고, 이름을 사용해야 나와 그들의 관계가 더 잘 드러나기 때문이기도 하다. 또한 그럼으로써 이 책이 다양한 사건을 세세한 부분까지 역사적 사실에 충실하게 묘사하고 있다는 인상을 주지 않을 수 있어서 좋다고 생각했다. 인물의 특성을 더 정확히 묘사하는 것도 같은 이유로 포기했다. 하지만 그들의 말을 통해 어느 정도 그들의 개성이 드러나리라 생각한다. 나는 대화가 이루어졌던 분위기를 생생하고 정확하게 묘사하는 데 주력했다. 이런 분위기 속에서 과학의 탄생 과정이 생생하게 드러나며, 다양한 사람들이 협력할 때 굵직한 과학적 결과물이 탄생한다는 걸 가장 잘 이해할 수 있기 때문이다. 현대 원자물리학을 잘 알지 못하는 독자들에게도 과학의 탄생 과정에 수반하는 사고 활동이 어떻게 이루어지는지를 전달하고자 하는 것이 필자의 의도였지만, 때로 상세한 공부 없이는 이해하기 힘든, 극히 추상적이고 어려운 수학적 연관을 배경으로 대화를 진행해야 하는 것은 어쩔 수가 없었다.

끝으로 필자는 대화를 기술하는 가운데 또 하나의 목표를 추구했음을 밝혀둔다. 현대 물리학은 기본적인 철학, 윤리, 정치 문제들에 관해 새로운 토론거리들을 던져주었다. 이런 토론에 되도록 다양한 분야의 사람들이 참여해야 할 것이며, 이 책이 그 초석을 놓는 데 기여할 수 있기를 바란다.

1

원자 이론과의 첫 만남

1919~1920

1920년 봄이었던 것으로 기억한다. 1차 대전이 종결되었을 때 독일의 젊은이들은 혼란스럽고 불안했다. 패전으로 깊은 실의에 빠진 기성세대는 더 이상 통제력을 발휘하지 못했고, 젊은이들은 자신들의 길을 새롭게 모색하거나, 최소한 나아갈 방향을 알려주는 새로운 이정표를 찾고자 했다. 예전에 통용되던 이정표는 더 이상 제 기능을 발휘하지 못했기 때문이었다. 어느 화창한 봄날 나는 친구들과 하이킹을 하고 있었다. 열 명에서 스무 명 정도의 친구들로 대부분은 나보다 나이가 어렸다. 내 기억이 맞는다면 우리는 슈타른베르크 호수 서쪽 연안을 따라 구릉지를 걸었다. 환한 햇살을 받아 빛나는 울창한 너도밤나무 숲 사이로 빼꼼히 시야가 열리면 왼쪽 아래로 드넓은 슈타른베르크 호수가 아득하게 내려다 보였다. 나는 이 길에서 처음으로 원자의 세계에 대해 대화를 하게 되었고, 이 대화는 나중에 나의 과학 활동에 깊은 영향을 미쳤다. 쾌활한 젊은이들이 약동하는 자연 속에서 이런 대화를 할 수 있었던 것은 특별한 시대적 상황 덕분이었다. 평화로운 시절 그들을 보호해주던 가정과 학교는 이제 혼란스러운 시대를 맞아 그 기능을 상실해가고 있었으며, 대신 젊은이들에게 독립적인 사고가 싹터서, 사회 규범이 혼란스러운 가운데 점점 더 자신들의 판단에 의지하게 되었던 것이다.

나보다 몇 걸음 앞선 곳에는 금발의 건장한 친구가 걷고 있었다. 그의 부모님이 요청해서 내가 잠시 학교 공부를 도와주기도 했던 친구였는데, 작년에 그의 아버지가 바이에른 평의회 공화국*을 둘러싼 시가전에서 기관총으로 무장한 채 비텔스바허 분수대 뒤에 포진하고 있을 때, 그는 열다섯 살의 나이로 탄약 상자를 운반했다. 나를 비롯한 다른 친구들 역시 2년 전까지만 해도 오버바이에른에 위치한 농장의 일꾼으로 일했던 터였다. 그래서 우리에게는 거친 바람이 그다지 낯설지 않았고, 어려운 문제에 대해 자신의 생각을 펼치는 데도 두려움이 없었다.

원자에 대한 대화를 하게 된 것은 내가 여름에 있을 대학입학 자격시험을 준비하고 있었던 데다, 평소 나와 자연과학에 관한 대화를 즐겨 나누던 친구 쿠르트가 곁에 있었기 때문이

---

* 1919년 독일 11월 혁명에서 탄생하여 약 1개월간 유지된 공산주의 국가. 바이마르 공화국으로부터 독립을 추구했으나, 바이마르 공화국 정부군과 민방위군에 의해 해체되었다. – 역주

었다. 엔지니어를 꿈꾸던 쿠르트는 평소 나의 관심사에 기꺼이 함께해주었다. 쿠르트는 개신교도 장교 집안 출신으로 운동도 잘하고 매우 믿음직한 친구였다. 작년에 뮌헨이 정부군에 포위되어 집에 식량이 거의 동났을 때 나와 쿠르트는 내 형과 함께 포위망을 뚫고 가르힝으로 가서 빵, 버터, 베이컨 등 생필품을 배낭 가득 짊어지고 돌아왔다. 이런 일들을 함께하는 가운데 우리는 서로 신뢰할 수 있게 되었고 무슨 일에든 서로 의견을 주고받을 수 있는 친구가 되었다. 그리고 이번에는 자연과학에 관한 대화를 하게 되었던 것이다.

나는 쿠르트에게 물리학 교과서에서 말이 안 되는 그림을 보았다고 말했다. 탄소와 산소가 만나 이산화탄소가 만들어지는 등 두 물질이 만나 새로운 물질을 이루는 화학 결합을 알기 쉽도록 묘사해 놓은 그림이었는데, 교과서의 설명에 따르면 한 원소의 가장 작은 구성 요소인 원자들과 다른 원소의 원자들이 작은 원자단, 즉 분자를 이룬다고 보면 이 과정을 가장 쉽게 이해할 수 있다고 했다. 가령 이산화탄소 분자는 탄소 원자 하나와 산소 원자 두 개로 구성된다는 것이다. 그리하여 교과서 그림은 탄소 원자 하나가 산소 원자 두 개를 만나서 탄산분자를 이룬다는 걸 설명하기 위해 원자에 갈고리단추를 달아놓아 원자들이 갈고리단추를 통해 분자로 합쳐지는 것처럼 되어 있었다. 나는 이 그림이 무척 황당하게 생각되었다. 갈고리단추라니, 이 무슨 자의적인 구조물인가! 원자들은 자연법칙의 결과이고, 자연법칙을 통해 서로 분자를 이루지 않는가! 그러므로 그것을 결코 갈고리단추처럼 자의적인 형태로 표현해서는 안 된다는 생각이 들었다.

쿠르트는 내 말에 이렇게 대답했다.

"나 역시 그런 그림이 올바르다고 생각하지는 않아. 하지만 그 그림을 그린 사람은 왜 갈고리단추 그림을 그려 놓았을까? 어떤 경험이 그로 하여금 이런 그림을 그리게 했을까? 그림이 마음에 들지 않는다면 우선 이런 질문을 던져 보아야 할 거야. 오늘날의 자연과학은 철학적 사색이 아니라 경험을 바탕으로 하잖아. 신빙성 있는 경험이라면 그 경험을 받아들여야겠지. 내가 알기로 화학자들은 처음에 화학결합에서 기본 원소들이 늘 특정한 중량비를 이룬다는 것을 확인했어. 원소들이 특정한 중량비를 이룬다는 것은 신기한 일이지. 원소의 성질을 잃지 않는 최소 단위인 원자라는 것이 있다고 해도, 탄소 원자 하나가 늘 산소 원자 두 개를 끌어당겨서 결합한다는 것은 기존에 알려진 힘들만으로는 설명이 되지 않아. 탄소 원자와 산소 원자 사이에 끌어당기는 힘이 존재한다면, 어째서 가끔은 탄소 원자가 산소 원자 세 개와 결합하지 않는 걸까?"

"공간의 구조가 탄소 원자 하나가 산소 원자 세 개와 결합하는 게 불가능한 형태로 되어 있는지도 몰라."

"상당히 그럴듯한 말이야. 하지만 그 말은 교과서에 나온 갈고리단추와 별 다를 게 없어. 그림을 그린 사람은 방금 네가

14

말한 내용을 알기 쉽게 표현하려 했을 거야. 그는 원자의 정확한 형태를 결코 알지 못하니까. 원자에 갈고리단추를 달아놓은 것은 탄소 원자 하나가 산소 원자 셋이 아니라 둘과 결합하게끔 하는 형식들이 있다는 것을 확실하게 보여주기 위해서였을 거야."

"좋아, 그래도 아무튼 갈고리단추는 말도 안 된다는 건 확실해. 하지만 네 말은 원자가 자연법칙을 토대로 적절한 화학결합을 유도하는 형태를 가지고 있다는 거잖아. 다만 우리 둘은 아직 그 형태를 알지 못하고, 교과서에 그 그림을 그린 사람도 그것을 알지 못하는 거고. 지금 우리가 아는 것은 그 형태로 인해 탄소 원자 하나가, 산소 원자 셋이 아닌 단 두 개하고만 결합한다는 거야. 교과서에서도 언급되어 있듯이 화학자들은 이 부분에서 '화학적 원자가'라는 개념을 고안했어. 하지만 원자가라는 개념이 얼마나 쓸모 있는 개념인지는 지금으로서는 잘 모르겠어."

"그냥 말장난에 불과한 건 아니겠지. 탄소 원자에 부여된 원자가가 4라는 것은―각 2가는 산소 원자 하나의 원자가인 2가를 만족시키는―탄소 원자가 정사면체 모양인 것과 관계있다고 들었어. 따라서 우리는 아직 잘 모르지만, 뭔가 조금 더 확실한 경험적 지식을 배경으로 생겨난 개념일 거야."

이때 로베르트가 대화에 끼어들었다. 로베르트는 지금까지는 아무 말 없이 우리 옆에서 걷기만 했는데 우리의 대화를 주의 깊게 경청했던 것 같았다. 숱 많은 짙은 색 머리칼에 갸름하지만 강단 있는 얼굴의 로베르트는 언뜻 보면 사교성이 별로 없어 보였다. 도보 여행 중에 곧잘 벌어지곤 하는 가벼운 잡담에 끼는 일도 드물었다. 하지만 저녁에 텐트 안에서 책을 낭송하거나, 식사 전에 시를 읊어야 할 때면 우리는 로베르트에게 도움을 구했다. 독일문학뿐 아니라 철학에 대해 로베르트만큼 많이 아는 친구가 없었기 때문이었다. 로베르트가 시를 낭송할 때면 감정을 섞거나 언어적 기교를 부리지 않아도, 우리 중 가장 무덤덤한 친구들도 그의 시에 감명을 받았다. 로베르트가 차분하게 말을 시작하면 귀 기울여 들을 수밖에 없는 어떤 힘이 느껴졌고, 그의 말들은 다른 사람들의 말보다 더 무게가 나가는 것 같았다. 또한 우리는 로베르트가 학교 공부 외에 철학책에 심취하고 있다는 사실을 알고 있었다. 그런 로베르트가 우리의 대화에 불만을 표했다.

"너희 자연과학도들은 항상 경험을 끌어다대지. 그로써 진실을 손에 넣었다고 믿어. 하지만 난 그게 맞는 건지 잘 모르겠어. 경험이라는 것이 과연 무엇인가를 생각해봐. 사실상 너희가 하는 말은 너희의 생각으로부터 나오는 거야. 과학은 생각을 통해서 이루어지지. 하지만 생각은 사물에 있는 게 아니야. 우리는 사물을 직접적으로 지각하지 못해. 우리는 지각 대상을 우선 표상으로 변화시키고, 그로부터 개념들을 만들어내. 감각적 지각에서 외부로부터 우리에게 밀려들어오는 것은 무질서하게 섞인 다양한 인상들이야. 그런 다음 우리가 지각하는 형태나 특성은 인상 속에 직접적으로 들어 있는 게 아냐. 가령 종이 위에 그려진 사각형을 본다고 해봐. 그럴 때 우리 눈의 망막이나 두뇌의 신경 세포에도 그런 사각형이 있는 건 아닐 거야. 오히려 우리는 표상을 통해 감각적 인상을 무의식적으로 정리를 하는 거지. 전체의 인상을 표상, 즉 서로 연관된 '의미 있는' 상像으로 바꾸는 거야.

'지각' 활동이란 이렇듯 개별적인 인상을 '이해할 수 있는 것'으로 바꾸는 것을 말해. 그러므로 경험에 대해 확실한 판단을 내리기 전에, 표상들이 어디에서 비롯되는지, 그것들이 개념적으로 어떻게 이해되며, 사물과 어떤 관계에 있는지를 우선 점검해 봐야 할 거야."

"그러니까 표상은 지각의 대상과는 엄연히 다르다는 말이구나. 하지만 그래도 표상들은 경험으로부터 저절로 주어지는 것이 아닐까? 경험으로부터 직접 나오지는 않더라도, 비슷한 감각적 인상의 반복이거나 다양한 감각적 표지들 간의 관계를 통해서 간접적으로 주어지는 건 아닐까?"

"잘 모르겠어. 명확하지가 않아. 난 최근 철학자 말브랑슈의 글을 읽었어. 말브랑슈는 이런 주제를 논하고 있지. 말브랑슈는 표상이 만들어지는 가능성을 기본적으로 세 가지로 구분해. 하나는 방금 네 말처럼 대상들이 감각적 인상을 통해 직접적으로 인간의 정신 속에 표상을 만든다는 거야. 하지만 말브랑슈는 이런 견해를 거부해. 감각적 인상들은 사물이나 표상과는 질적으로 다르기 때문이지. 두 번째 가능성은 인간의 정신 속에 처음부터 표상들이 들어 있거나, 인간의 정신이 최소한 이런 표상들을 스스로 만들어낼 수 있는 힘을 가지고 있다는 거야. 이런 경우 인간의 정신이 감각적 인상을 통해 이미 존재하는 표상들을 기억해 내거나, 감각적 인상의 자극을 받아 표상들을 스스로 만들어내거나 하겠지. 하지만 말브랑슈가 가장 옹호하는 가능성은 마지막 세 번째 거야. 즉 인간의 정신이 신의 이성에 참여하고 있다는 것! 인간의 정신이 신과 연결되어 있기에, 신으로부터 표상을 만드는 능력이 주어진다는 거야. 정신에 상이나 표상들이 주어지고, 정신은 이를 이용해 무수한 감각적 인상을 정리하고 개념적으로 분류할 수 있다는 거지."

이제 쿠르트가 불만을 제기했다.

"너희 철학자들은 정말이지 너무 빠르게 신학과 손을 잡아. 일이 어려워지면, 늘 모든 어려움을 저절로 해결하는 위대한 미지의 존재를 등장시키지. 하지만 나는 그런 설명으로는 만족할 수 없어. 네가 질문을 제기했으니 말인데 그렇다면 나는 인간의 정신이 어떻게 그런 표상에 이르는지를 알고 싶어. 저 세상이 아니라 이 세상에서 말이야. 정신과 표상은 이 세상에 있는 거잖아. 네가 표상이 경험으로부터 저절로 나온다는 것을 인정하고 싶지 않다면, 표상이 어떻게 인간 정신에 처음부터 주어질 수 있는지를 설명해야 해. 그러니까, 어린아이들도 이미 그것을 통해 세상을 경험하는, 표상들, 또는 최소한 표상을 만드는 능력이 타고난 것이라는 거야? 그런 주장은 표상들이 조상들로부터 대대로 이어진 경험에 기초한 것이라는 생각에 가까운 것 같은데. 거기서 그것이 현재의 경험이냐, 과거 세대의 경험이냐 하는 것은 별로 중요하지 않겠지."

로베르트가 대답했다.

"아냐, 내 생각은 달라. 우선은 학습된 것, 즉 경험이 과연 유전될 수 있는지 극히 의심스럽기 때문이고, 한편으로 말브랑슈의 생각은 신학을 동원하지 않고도 표현할 수 있기 때문이야. 그편이 오늘날의 자연과학에 더 잘 맞겠지. 내가 한번 설명을 해볼게. 말브랑슈의 생각은 다음과 같아. 세계 질서, 자연법칙, 화학 원소의 생성과 그 성질, 결정의 형성, 생명의 탄생 등에 작용하는 질서가 인간 정신의 탄생에도 관여하고, 인간 정신 안에서도 활동한다는 거야. 그런 질서가 사물과 표상을 연결시키고 개념 구분을 가능케 해. 그것이 실재하는 구조를 가능케 하지. 이 구조들을 인간적인 관점에서 관찰할 때에야 비로소 객관적인 것—사물—과 주관적인 것—표상—으로 나뉘는 것처럼 보이는 거지.

말브랑슈의 이런 명제와 표상이 경험에 근거한다는 자연과학의 견해는 표상을 형성하는 능력이 외부세계와 유기체의 관계를 통해 발달해왔다고 본다는 면에서 공통점이 있어. 하지만 말브랑슈는 동시에 이런 연관은 단순히 인과적인 과정을 통해서는 설명될 수 없다는 점을 강조해. 따라서 여기서는, 결정結晶이나 생명의 탄생에서와 마찬가지로, 형태학적 상부 구조들이 작용하며 그것들은 원인과 결과라는 개념 쌍으로는 충분하게 파악될 수 없어. 따라서 경험이 표상보다 앞선 것인가 하는 질문은 닭이 먼저냐 계란이 먼저냐를 따지는 것과 비슷해.

본래 나는 너희들의 대화를 방해할 생각이 없었어. 다만 원자에 대해 이야기할 때는 단순히 경험만을 논해서는 안 된다고 주의를 주고 싶었던 것뿐이야. 직접적으로 관찰할 수 없는 원자는 단순한 사물이 아니라, 좀 더 기본적인 구조니까 말이야. 그래서 원자와 관련해 표상과 사물을 구분하는 것은 별로 의미가 없을 거야. 물론 네 교과서에 실렸다는 갈고리단추 같은 그림은 그리 진지하게 받아들일 필요는 없겠지. 대중적인 문헌에 나오는 원자에 대한 그림들은 다 마찬가지야. 원자에 대한 이해를 도모하기 위해 그려진 그림들이 오히려 이해를 방해하는 셈이지. 그건 그렇고 아까 네가 언급한 '원자의 형태'라는 개념은 신중하게 다뤄야 할 거야. '형태'라는 말을 아주 일반적으로 이해하여, 공간 개념으로뿐 아니라, 내가 방금 말했던 '구조'라는 말과 비슷하게 취급할 때만 이런 개념에 조금이나마 친숙해질 수 있을 것 같아."

이런 대화를 하는 가운데 내 머릿속에는 일 년 전에 읽었던 책이 떠올랐다. 그 책은 바로 물질의 가장 작은 입자에 대해 논하고 있는 플라톤의 대화편 『티마이오스』로, 당시 나는 그 책을 탐독했고 그 책에 사로잡혀 있다시피 했지만, 중요한 부분에서 잘 이해가 가지 않았다. 그런데 이제 로베르트의 말을 들으면서 나는 처음으로 플라톤의 『티마이오스』에서처럼, 물질의 가장 작은 입자에 대한 특이한 사상적 구조가 전개될 수도 있겠다는 생각이 들었다. 처음에는 불합리하게만 보였던 이런 구조가 갑자기 설득력 있게 다가왔다는 것이 아니라, 이때 처음으로 최소한 원리적으로나마 그런 구조에 이를 수 있는 가능성이 엿보였다는 것이다.

『티마이오스』를 떠올린 것은 이 순간 내게 매우 중요한 것이었기에, 내가 처음 『티마이오스』를 손에 들었던 즈음의 기이한 상황을 잠시 언급하고 넘어가려 한다. 1919년 봄 뮌헨은 상당히 혼란스러웠다. 누가 누구에 대해 싸우는지 정확히 알지도 못한 채 거리에서는 총싸움이 벌어졌다. 정권은 이름도 제대로 알지 못했던 사람들과 기관들로 거듭 이전되었고, 약탈과 탈취가 자행되면서—나도 한 번 당했다—'소비에트 공화국'이라는 단어는 무법천지라는 말과 동의어가 되었다. 그리하여 뮌헨 밖에서 새로운 바이에른 정부가 구성되어 뮌헨을 탈환하기 위해 군대를 동원했을 때 나는 정말이지 질서가 다시금 회복되기를 바라는 마음이 간절했다.

내가 전에 공부를 도와주었던 친구의 아버지는 도시의 탈환을 돕는 의용군 중대를 지휘했는데, 그는 아들의 친구들에게 아직 성인이 되지는 않았지만 뮌헨을 소상히 알고 있으니 진격하는 부대에서 전령 역할을 해달라고 부탁했다. 그리하여 우리는 기마보병대 II라 불리는 사령부 아래 배속되었다. 이 사령부는 루트비히 가, 대학 맞은편의 신학교 건물에 진을 치고 있었다. 우리는 이곳에서 근무를, 아니 정확히 말하면 자유로운 모험을 시작했다. 전에도 종종 그랬듯 학교는 가지 않아도 되었고, 주어진 자유 속에서 그동안 알지 못했던 새로운 세계를 알아가고자 하는 호기심이 끓어올랐다. 일 년 뒤 함께 슈타른베르크 호숫가로 하이킹을 했던 친구들은 기본적으로 이곳에서 만난 친구들이었다. 그러나 우리의 모험적인 생활은 이삼 주 만에 막을 내렸다. 시가전이 소강상태에 접어들고 일이 단조로워지자 나는 전화교환실에서 철야 근무를 한 뒤 동틀녘이면 모든 의무에서 해방되는 적이 많았다.

　서서히 학교로 돌아갈 준비도 해야 했으므로, 그럴 때면 나는 학교에서 나누어준 플라톤 대화편의 그리스어 판본을 들고서 신학교의 지붕 위로 올라갔다. 그러고는 그곳 처마 홈통에 누워 따스한 아침 햇살을 쬐며 조용히 공부에 몰두했고, 중간중간 루트비히 가의 하루가 시작되는 모습을 구경하고는 했다. 아침 햇살이 대학 건물과 그 앞의 분수대에 넘실대던 어느 아침이었다. 나는 『티마이오스』 대화편에 빠져 들어갔고, 물질의 최소 단위를 논한 부분에 이르렀다. 그 부분이 나를 사로잡은 것은 그 부분의 그리스어가 어려워서였거나, 아니면 내가 늘 관심 있어 하던 수학적인 내용을 다루고 있었기 때문이었을 것이다.

내가 왜 그 부분에 그렇게도 몰두했는지는 잘 모르겠다. 하지만 그 부분을 읽었을 때 나는 정말 말이 안 되는 내용이라고 생각했다. 거기서는 물질의 가장 작은 부분은 직각삼각형으로 이루어지며, 이것들이 정삼각형이나 정사각형으로 합쳐진 뒤, 입체기하학의 정다면체, 즉 정육면체, 정사면체, 정팔면체, 정이십면체를 이룬다고 주장하고 있었다. 그런 다음 이런 네 개의 정다면체들이 각각 흙, 불, 공기, 물이라는 네 원소의 기본 단위가 된다는 것이었다. 여기서 정다면체가 상징으로서 각각의 네 원소에 귀속되는 것인지─가령 정육면체를 흙에 귀속시킨 것은 흙이라는 원소의 견고함, 즉 안정성을 묘사하기 위한 것인지─아니면 정말로 흙이라는 원소의 가장 작은 부분이 정육면체 형태를 띤다는 것인지 나로서는 알 수가 없었다. 이런 생각들은 내게 얼토당토않은 사색으로 느껴졌다. 고대 그리스 시대에는 초보적인 경험적 지식조차 없어서 이런 사색에 이르렀나 싶었다. 하지만 플라톤처럼 예리하고 비판적인 사고의 소유자가 이런 사색에 빠졌다는 점이 못내 나를 불안하게 했다. 나는 플라톤이 왜 그런 생각에 이르렀는지 이해해 보고자 애썼으나, 전혀 갈피를 잡을 수가 없었다. 다만 물질을 쪼개고 쪼개다 보면 결국 수학적 형태에 이른다는 생각은 어느 정도 매력적으로 다가왔다. 복잡한 자연현상에 대한 이해는 그 안에서 수학적 형태를 발견할 수 있을 때에만 가능한 것이었다. 그러나 플라톤이 어떤 사고 과정을 통해 입체기하학의 정다면체를 물질의 최소 단위로 보게 된 것인지 나로서는 이해가 되지 않았다. 그것은 결코 설명할 길이 없어 보였다.

그리하여 나는 플라톤의 대화편을 나의 그리스어 실력을 새롭게 다지는 데에만 활용했다. 하지만 불안은 남았다. 이 책을 읽고 나니 물질적 세계를 이해하려면 그 세계를 이루는 가장 작은 부분에 대해 알아야 한다는 확신이 들었다. 그것이 이 책이 가져다준 가장 중요한 성과라 할 수 있었다. 나는 여러 책을 통해 현대 과학에서 원자에 관한 연구가 진행되고 있다는 것을 알고 있었다. 나 역시 훗날 공부를 하면서 그런 세계로 들어갈 수 있을지도 모른다고 생각했다. 그러나 그것은 차후의 일이었다.

『티마이오스』를 읽었을 때의 불안은 당시 독일 젊은이들을 사로잡았던 일반적인 불안이 되었다. 플라톤 같은 저명한 철학자가 자연현상 가운데서 질서를 깨달을 수 있다고 믿었는데, 이제 우리 사회는 이런 질서를 잃어버렸거나 질서에 다가갈 수 없다면, 대체 '질서'라는 말은 뭘 의미하는 걸까? 질서에 대한 이해는 시대에 좌우되는 것일까? 우리는 질서가 비교적 잘 잡혀 있었던 것 같은 세상에서 자라났다. 부모님은 우리에게 질서 유지의 전제가 되는 시민 도덕을 가르쳐 주었다. 때때로 국가 질서를 위해 자신의 목숨을 희생할 수도 있다는 것은 그리스인들과 로마인들도 이미 알고 있던 것으로 그리 특별한 것이 아니었다. 여러 친구와 친척들의 죽음은 우리에게 세상은 그런 것임을 보여주었다. 그러나 이제 많은 사람들이 전쟁은 죄악이었다고 말하고 있었다. 유럽의 옛 질서를 유지하고자 했던 지도층의 죄악이라고 했다. 지도층은 옛 질서가 다른 노력들과 갈등을 빚는 곳에서도 옛 질서를 옹호해야 한다고 믿었다. 그러나 이제 전쟁에 패함으로써 유럽의 옛 구조는 무너지고 말았다. 그 역시 특별한 일은 아니었다. 전쟁이 있는 곳에는 패배도 있는 것이니까. 그러나 이를 통해 옛 구조가 구현하던 가치가 기본적으로 흔들리게 된 것일까? 옛 구조의 파편을 모아 새로이 더 강력한 옛 질서를 구축해야 했을까? 아니면 뮌헨의 거리에서 옛 질서의 회복을 방해하고, 더 이상 한 민족이 아니라 온 인류를 포괄하는 미래의 질서를 설파하기 위해 목숨을 바친 사람들이 옳았던 것일까? 인류의 대다수는 독일밖에 있고, 그들에게는 이런 질서를 구축하겠다는 생각이 눈곱만큼도 없을 텐데도? 젊은이들의 머릿속에는 이런 질문들이 마구 뒤엉켜 있었고, 기성세대도 우리에게 더 이상 답을 해줄 수가 없었다.

『티마이오스』를 읽고 난 시점과 슈타른베르크 호숫가에서 하이킹을 한 시점 사이에 또 하나의 인상 깊은 일이 있었다. 이 사건은 이후 나의 사고에 상당한 영향을 미쳤으므로, 다시 원자 이야기로 돌아가기 전에 잠시 언급하고 넘어가겠다. 뮌헨이 탈환되고 몇 달이 지나자 군대는 도시에서 퇴각했고, 우리는 아무 생각 없이 예전처럼 학교에 다녔다. 그러던 어느 날 오후 레오폴트 거리를 지나는데 모르는 청년 하나가 내게 말을 걸어왔다. "다음 주에 젊은이들이 프룬 성에 모이기로 한 것 알아? 우린 다 갈 거야. 너도 와. 모두가 참석했으면 좋겠어. 우리는 앞으로의 일들을 논의해 보려고 해." 그의 목소리에는 그때까지 알지 못했던 울림이 있었고, 나는 프룬 성으로 가기로 했다. 쿠르트도 나와 함께 가겠다고 했다.

우리는 기차를 타고 그곳으로 갔다. 당시만 해도 불규칙하게 다녔던 기차는 여러 시간 만에 우리를 알트뮐 강 하구에 데려다주었다. 알트뮐 강은 도나우 강의 지류로, 도나우 강으로부터 프랑스의 유라 산맥을 통과하여 굽이굽이 흘러들었다. 라인 강처럼 이 아름다운 강 역시 군데군데 옛 성들로 수놓아져 있었다. 프룬 성까지 마지막 몇 킬로미터는 걸어서 가야 했는데 이미 사방에서 많은 젊은이들이 성 쪽을 향해 몰려가고 있었다. 프룬 성은 계곡 가장자리의 수직으로 깎아지른 절벽 위에 서 있었고, 오래된 우물이 있는 성 안뜰에는 이미 많은 사람들이 운집해 있었다. 대부분 학생들이었지만, 전쟁에 참전하여 산전수전 다 겪고 이제는 많이 바뀌어 버린 세계로 돌아온 연장자들도 끼어 있었다. 여러 개의 연설이 이어졌는데, 그 격정적인 어조는 오늘날이라면 아주 낯설게 느껴졌을 것이다. 우리에게 우리 민족의 운명이 더 중요할까, 아니면 전 인류의 운명이 더 중요할까. 전사자들의 희생적 죽음은 패배를 통해 의미가 없어진 걸까. 젊은이들은 자신의 잣대에 따라 스스로 자신의 삶을 꾸려나가도 되는 걸까. 내적 진정성이 수백 년간 인간의 삶을 규정해온 형식보다 더 중요한 걸까. 젊은이들은 이 모든 주제에 대해 열정적으로 이야기하고 갑론을 박했다.

나는 발언을 하기에는 이렇다 할 의견이 없어서, 다른 사람들의 이야기를 경청하는 가운데 질서라는 개념에 대해 곰곰이 생각해 보았다. 발언자들의 의견이 분분한 걸 보면서 나는 참된 질서끼리도 서로 상충할 수 있으며, 이런 갈등을 통해 질서에 반하는 일이 일어날 수도 있음을 실감했다. 생각해 보니 질서들이 부분적 질서일 때, 즉 중심 질서로부터 떨어져 나온 파편들일 때 그런 일이 일어나는 것 같았다. 그런 부분적 질서는 형상화하는 힘은 여전히 잃지 않았지만, 중심, 즉 지향점을 잃어버린 것이다. 논의되는 이야기들을 들으면 들을수록, 중심이 없다는 사실이 점점 더 고통스럽게 의식되어, 거의 신체적으로도 고통을 느낄 지경이 되었다. 그러나 나 스스로도 모순적인 의견들의 덤불 가운데서 중심으로 가는 길을 찾을 수가 없었다.

그렇게 시간은 흘러갔고 연설과 논쟁이 이어졌다. 성 안뜰 위의 그림자가 점점 길어졌고, 낮의 더위에 이어 청회색 어스름이 깔리더니, 이윽고 달밤이 되었다. 하지만 토론은 여전히 계속되었다. 그런데 그때였다. 성 뜰의 발코니에 한 젊은이가 바이올린을 들고 나타났다. 그러고는 정적이 깃들자, 바흐의 샤콘을 연주하기 시작했는데, 샤콘의 장엄한 첫 D단조 화음이 우리 위로 울려 퍼지자 순간 잃었던 중심과의 연결이 단숨에 회복되는 것이 느껴졌다. 우리 아래로 달빛이 넘실대는 알트뮐 강의 풍경이 낭만적인 마법을 부리고 있는지도 몰랐다. 그러나 그게 아니었다. 샤콘의 명쾌한 음이 서늘한 바람처럼 안개를 가르고 그 뒤에 숨겨진 예리한 구조를 드러냈다. 그리하여 이제 중심에 대해 이야기할 수 있었다. 이것은 플라톤이건 바흐건 상관없이 시대를 초월하여, 음악, 철학, 또는 종교의 언어로 가능한 것이었다. 따라서 지금도, 그리고 앞으로도 가능할 것이었다. 이런 체험은 정말로 강렬한 것이었다.

나머지 밤을 우리는 우선은 모닥불 가에서, 이후에는 성 위쪽 숲 속 초지의 텐트 안에서 보냈다. 그곳 역시 아이헨도르프의 시처럼 낭만적 분위기가 펼쳐졌다. 앞서 바이올린을 연주했던 대학생은 우리 그룹에 끼어 모차르트와 베토벤의 미뉴에트를 연주했으며, 중간중간 옛 민요도 연주했다. 나는 그 연주에 맞추어 기타 반주를 곁들였는데, 그 바이올리니스트는 알고 보니 아주 익살스러운 사람이었다. 누군가 그의 샤콘 연주가 얼마나 장엄했는지에 대해 이야기를 꺼내려 했는데 그는 말을 막으면서 이렇게 물었다. "여리고 성을 무너지게 한 나팔이 무슨 조로 울렸는지 알아?" "아니 모르는데요." "당연히 D단조지d-moll." "어째서요?" "그것이 여리고 성벽을 무너지게 했잖아."[*] 그는 이런 말장난을 하고는 얼른 도망쳐 버림으로써 우리의 원성을 모면했다.

이 밤은 이제 희미한 기억 속으로 묻혀 버렸고, 우리는 슈타른베르크 호숫가 언덕을 거닐면서 원자에 관한 이야기를 나누었다. 로베르트가 해준 말브랑슈 이야기를 듣고 나니 원자에 대한 경험은 간접적인 방식으로밖에 이루어질 수 없으며, 원자는 사물이 아닐 거라는 확신이 들었다. 『티마이오스』에서 플라톤 역시 이런 생각이었을 것이다. 그렇게 보면 정다면체에 대한 플라톤의 사색을 대충이나마 이해할 수 있었다. 현대의 자연과학이 원자의 형태에 대해 논하지만 형태라는 말은 여기서 가장 일반적인 의미로만 이해될 수 있을 것이었다. 즉 공간과 시간 속의 구조로서, 힘과 대칭을 이루는 것으로서, 다른 원자들과의 결합 가능성으로서 말이다. 이런 구조는 결코 구체적으로 묘사할 수 없는데, 무엇보다 그런 구조가 객관적 사물의 세계에 속하지 않기 때문이다. 하지만 수학적 고찰은 가능할 것으로 보였다.

나는 원자에 대한 철학적 측면을 더 많이 알고 싶어서 로베

---

[*] demolliert(무너지다, 데몰리어트)라는 단어가 D단조를 뜻하는 d-moll(데몰)이라는 철자를 포함하고 있는 것에 착안한 말장난. – 역주

르트에게 플라톤의 『티마이오스』 이야기를 했다. 그러면서 로베르트에게 모든 물질이 원자로 이루어져 있으며, 물질을 쪼개어 가면 물질의 최소 단위, 즉 원자에 이르게 된다는 생각에 동의하느냐고 물었다. 내가 받은 인상으로는 로베르트는 물질이 원자로 이루어져 있다는 개념에 대해 회의적으로 생각할 것 같았기 때문이었다.

나의 예상은 맞아떨어졌다. 로베르트는 이렇게 말했다.

"나는 이런 질문이 낯설어. 우리의 직접적인 체험세계로부터 너무 멀리 나간 질문이지. 인간과 호수와 숲의 세계는 내게 원자보다 더 가까워. 물론 물질을 계속 쪼개나가면 어떻게 될까 물을 수 있지. 머나먼 별이나 그것의 행성에도 생명체가 살까 하고 물을 수 있는 것과 마찬가지로 말이야. 하지만 내겐 그런 질문들이 유쾌하지는 않아. 그런 질문에 대한 대답을 알고 싶지 않다고 해야 할까? 우리에겐 그보다 중요한 과제들이 있다고 생각해."

내가 대답했다.

"나는 너하고 과제의 중요성을 논하려는 게 아니야. 나는 늘 자연과학이 흥미로웠고, 많은 사람들이 자연과 그 법칙에 대해 더 많은 것을 알아내려고 애쓰고 있어. 그런 작업들은 인간 공동체에도 매우 중요할 거야. 하지만 지금 나를 불안하게 하는 문제는 그런 게 아니야. 쿠르트도 이미 이야기했듯이, 요즘 자연과학과 기술이 발달하면서 개별적인 원자, 또는 최소한 원자들의 작용을 직접적으로 볼 수 있는 지점까지 이른 것 같아. 원자를 가지고 실험할 수 있는 정도까지 말이야. 우리는 그런 공부를 하지 않았기 때문에 아직 잘은 모르지만, 만약 정말 그럴 수 있다고 한다면, 로베르트 네가 보기에는 어때? 말브랑슈의 입장에서는 이에 대해 뭐라고 할 수 있을 것 같아?"

"나는 아무튼 원자는 일상적 경험의 대상과는 완전히 다르게 행동할 거라는 생각이 들어. 물질을 계속 쪼개어가는 과정에서 불연속성과 만날 것이고, 그로부터 물질이 입자 구조로 되어 있다는 추론이 나오는 거겠지. 하지만 난 그 시점에서 만나게 되는 구조는 객관적인 상으로 고정할 수 없는 것이라고 생각해. 그것은 그보다는 자연법칙에 대한 추상적 표현일 거야. 하지만 구체적인 사물은 아닐 거야."

"하지만 원자를 직접 볼 수 있다면?"

"볼 수 없을 거야. 다만 원자의 작용만을 볼 수 있겠지."

"그건 궁색한 설명이야. 그렇게 따지면 다른 모든 대상이 마찬가지잖아. 고양이 역시 네 눈에 보이는 건 고양이에게서 나오는 광선, 즉 고양이의 작용이지, 결코 고양이 자체가 아니잖아. 네가 이제 고양이 털을 쓰다듬는다 해도, 기본적으로 다르지 않아."

"천만에! 난 그 말에 동의할 수 없어. 고양이는 직접 볼 수 있어. 고양이의 경우에는 감각적 인상을 표상으로 바꿀 수 있으니까. 고양이와 관련해서는 객관적 측면과 주관적 측면, 즉 대상으로서의 고양이와 표상으로서의 고양이가 있어. 그러나 원자는 달라. 거기서는 표상과 대상이 더 이상 구분되지가 않아. 원자는 더 이상 그 두 가지가 아니기 때문이지."

이때 쿠르트가 다시금 대화에 끼어들었다.

"내가 보기에 너희들의 말은 너무 현학적이야. 그냥 경험을 물으면 될 일 가지고 철학적 사색을 하고 있어. 대학에 가서 공부를 하다보면 우리도 원자 실험을 하게 될 거야. 원자에 대한 실험이든, 원자를 가지고 하는 실험이든. 그러면 원자가 무엇인지 알 수 있게 되겠지. 원자가 다른 모든 실험 대상들처럼 현실에 실재하는 거라는 걸 알게 될 거야. 모든 물질이 원자로 이루어져 있는 게 사실이라면, 모든 물질과 마찬가지로 원자 역시 실재하는 것이니까."

로베르트가 대답했다.

"천만에. 그런 말은 논란의 여지가 많아. 네 말대로라면 살아 있는 모든 것이 원자로 이루어져 있다면 원자도 이런 것들과 마찬가지로 살아 있다고 말하는 거나 마찬가지야. 정말 어처구니없는 말이지. 많은 원자들이 결합하여 어떤 형상을 이룰 때에야 비로소 이런 형상, 혹은 사물로서 가지는 성질 내지 특성을 갖게 되는 거야."

"그렇다면 원자가 실재하지 않는다는 말이야?"

"너무 비약하지 마! 여기서는 우리가 원자에 대해 무엇을 아는가가 아니라, '실재한다'는 말이 대체 어떤 의미인가 하는 질문이 중요한 것 같아. 아까 너희가 플라톤의 『티마이오스』 이야기를 하면서 플라톤이 물질의 최소 단위를 수학적 형태, 즉 정다면체와 동일시했다고 했잖아. 플라톤은 원자에 대한 경험이 없었기에 그런 생각은 틀릴지도 모르겠지만, 그래도 그런 생각을 가능한 것으로 볼 수도 있어. 그러면 넌 그런 수학적 형태를 '실재한다'고 부를 수 있겠어? 이런 것들이 자연법칙의 표현, 즉 물질적 사건을 좌우하는 중심 질서의 표현이라면 실재한다고 말해야 할 거야. 그로부터 작용이 나오니까. 하지만 실재하지 않는다고 말할 수도 있어. 그것은 '사물'이 아니니까. 여기서는 언어를 어떻게 사용해야 할지 알 수가 없어. 그것은 이상한 일이 아니지. 이런 세계는 우리가 직접 경험할 수 있는 영역과 거리가 멀고, 우리의 언어는 선사시대에 인간의 직접적인 경험 속에서 생겨난 것이니까 말이야."

쿠르트는 대화의 전개에 아직도 만족하지 못하고 이렇게 말했다.

"이에 대한 결정 역시 경험에 위임했으면 해. 세심한 실험을 통해 원자의 세계와 친숙해져야지 상상력만으로 원자에 대해 알아낼 수 있다고는 생각하지 않아. 아무런 선입견 없이, 철저하게 연구할 때만이 진정한 이해가 가능할 거야. 그래서 나는 원자에 대해 철학적으로 왈가왈부하는 게 과연 옳은지 회의가 들어. 그러다 보면 선입견이 만들어지기 쉽고, 이런 선입견이 원자에 대한 이해를 돕기보다는 방해할 수 있기 때문이지. 따라서 나는 먼저 자연과학자들이 원자를 연구하고, 철학자들은 그런 뒤에 원자를 다루어주었으면 좋겠어."

이쯤 되자 함께 걷던 다른 친구들이 인내심의 한계를 보였다. "너희들 아무도 이해하지 못하는 이상한 소리들 좀 그만하지 않을래? 시험 준비 하고 싶으면 집에 가서 하고, 노래나 부르는 게 어때?" 곧 노래가 시작되었고, 젊은이들의 밝은 목소리와 꽃이 만발한 알록달록한 들판은 원자에 대한 논의보다 더 현실적이어서 우리는 빠져들었던 꿈에서 헤어 나올 수 있었다.

2
물리학을 공부하기로 결심하다
1920

김나지움 시절과 대학 시절 사이에 인생의 분기점이 된 일이 있었다. 대학입학 자격시험을 치르고 나서 봄에 슈타른베르크 호숫가에서 원자 이론에 대해 토론했던 친구들과 더불어 프랑켄 지방을 여행한 뒤 나는 심하게 앓았다. 고열과 함께 몇 주 동안 침대를 지켜야 했고 이어 회복기에도 오랜 시간 책을 벗 삼아 홀로 보내야 했다. 이처럼 어려웠던 시기 한 권의 책이 내 손에 들어왔는데, 반쯤밖에 이해가 가지는 않았지만 내용이 무척 매력적이었다. 수학자 헤르만 바일의 『시간, 공간, 물질』이라는 책으로 아인슈타인의 상대성이론 원리를 수학적으로 서술한 것이었다. 어려운 수식과 그 배후의 상대성이론이 어우러진 이 책은 나를 사로잡은 동시에 불안케 했고, 뮌헨 대학에서 수학을 공부해야겠다는 기존의 결심을 더욱 굳히는 계기가 되었다.

하지만 대학에 들어가자마자 뜻밖의 반전이 찾아왔다. 내 인생의 전환점이 된 이 일을 짧게 소개하겠다. 뮌헨 대학에서 중세 그리스어와 현대 그리스어를 강의하던 아버지는 내게 수학과 린데만 교수와의 면담을 주선해 주었다. 린데만 교수는 해묵은 원의 구적법求積法 문제를 해결하여 유명해진 교수로, 나는 린데만 교수에게 그의 세미나에 들어가게 해달라고 부탁할 작정이었다. 김나지움 시절 교과 외에 별도로 수학 공부를 해왔으므로, 나의 수학 실력이 그의 세미나에 들어갈 만큼은 된다고 자부했기 때문이었다. 그리하여 나는 린데만을 찾아갔다.

린데만 교수는 대학 행정에도 관여하고 있었기에 그의 교수 연구실은 대학 본부 건물의 2층에 있었다. 특이할 정도로 고풍스럽게 꾸며진 어두운 방이 딱딱한 분위기를 풍기며 긴장감을 불러일으켰다. 내가 방에 들어가자 린데만 교수는 천천히 일어났는데 린데만 교수와 인사를 나누기도 전에, 책상 위에 웅크리고 앉아 있는 검은 털의 작은 강아지가 눈에 들어왔다. 파우스트의 서재에 있었던 검은 푸들을 연상케 하는 강아지였다. 그 검은 강아지는 매우 적대적인 눈초리로 나를 쳐다보았다. 나를 주인의 휴식을 방해하려고 들어온 침입자로 여기는 것이 분명했다. 그리하여 나는 당황한 채로 약간 더듬거리며 용건을 말했고, 말을 꺼내고서야 비로소 이것이 무례한 부탁임을 깨달았다. 흰 수염이 덥수룩한, 이미 피곤한 기색의 이 노교수 역시 나의 행동을 무례하다고 생각하는 것 같았다. 그리하여 약간 기분이 상한 것 같았는데 책상 위에 웅크리고 있던 강아지가 갑자기 격렬하게 짖어대기 시작한 것은 그 때문이었을 것이다. 린데만 교수가 강아지를 진정시키려고 해보았지만 소용이 없었다. 강아지는 점점 더 도를 높여가며 나를 향해 미친 듯이 짖어댔다. 그쳤다가는 계속해서 다시금 짖어대는 통에 도무지 대화를 진행시킬 수가 없었다. 린데만은 나에게 최근에 어떤 책을 공부했느냐고 물었고, 나는 바일의 『시간, 공간, 물질』을 읽었다고 말했다. 그러자 검은 감시견의 발작이 계속되는 가운데 린데만은 다음과 같은 말로 우리의 대화를 맺었다.

"그렇다면 자네는 이미 수학을 하기에는 글러버렸구먼."

나는 방을 나와야 했다.

수학을 전공하려던 계획이 수포로 돌아가자, 나는 낙담한 나머지 아버지와 다시 상의를 했고 내가 수리물리학을 전공하면 어떨까 하는 말이 나오게 되었다. 그리하여 이번에는 조머펠트 교수와 약속을 잡았다. 조머펠트는 당시 뮌헨 대학 이론물리학과의 촉망받는 교수이자 젊은이들의 친구로 여겨졌다. 조머펠트는 아주 밝은 방에서 나를 맞아주었다. 창밖으로 대학생들이 대학 뜰의 커다란 아카시아 밑 벤치에 옹기종기 앉아 있는 모습이 내다보였다. 땅딸막한 몸집에 호전적인 느낌의 검은 구레나룻을 기른 조머펠트는 첫 인상은 무척 엄해 보였지만, 입을 열자마자 그가 자신을 찾아와 지도와 조언을 구하는 젊은이들에게 호의를 가진, 마음씨 좋은 사람임이 단박에 드러났다. 다시 이야기는 내가 학교 교과 외에 따로 수학 공부를 해왔다는 것과 바일의 책『시간, 공간, 물질』을 공부했다는 이야기에 이르렀다. 조머펠트의 반응은 린데만과는 사뭇 달랐다.

"하하, 아주 욕심이 많은 젊은이로군. 하지만 어려운 내용으로 시작한다고 쉬운 내용이 저절로 굴러들어오는 건 아니라네. 그래, 상대성이론은 자네에게 아주 매력적으로 다가오겠지. 현대 물리학은 다른 부분에서도 철학의 기본 입장들을 뒤흔드는 쪽으로 나아가고 있다네. 매우 흥미로운 인식들이 개진되고 있지. 하지만 그 길은 자네가 지금 상상하는 것보다 더 멀다네. 그러니 자네는 일단 겸손하고 신중하게 전통적인 물리학부터 공부해 나가야 할 걸세. 물리학을 전공하고 싶다면 우선 실험물리학을 할 건지 이론물리학을 할 건지 정해야 할 거고. 말을 듣고 보니 자네는 이론 쪽에 더 가까운 것 같네만. 그래도 학창 시절에 기구를 만들고 실험도 해보았겠지?"

나는 그렇다고 하면서 학교 다닐 때 작은 실험 기구나 모터, 전기 유도 코일 등을 만드는 것을 좋아했다고 했다. 하지만 전반적으로 볼 때 실험의 세계와는 그리 친하지 않으며, 별로 중요하지도 않은 데이터를 신중하고 정확하게 측정하는 일은 내게는 쉽지 않을 것 같다고 했다.

"하지만 이론물리학을 한다 해도 별로 중요해 보이지 않는 것들을 신중하게 다루어야 하는 건 마찬가지야. 아인슈타인의 상대성이론이나 플랑크*의 양자론처럼 철학에까지 미치는 그런 커다란 문제들을 논의할 때도 어느 정도 나아가면 많은 작은 문제를 해결해야 하지. 그런 작은 부분들이 모여서 비로소 새로운 분야에 대한 전체적인 상이 나오는 법이야"

"하지만 저는 배후에 놓인 철학적 질문이 시시콜콜한 작은 과제보다 더 흥미롭습니다." 나는 수줍게 이의를 제기했다. 그러나 조머펠트는 수긍하지 않았다.

"자네는 실러가 칸트와 칸트의 주석자들에 대해 어떤 비유를 했는지 알고 있겠지. '왕이 공사에 착수하면 일꾼들에게 할 일이 생긴다.' 우선은 우리 모두 일꾼이라네! 하지만 작은 일을 세심하고 성실하게 하는 가운데 성과를 내면, 그런 일 또한 기쁨이 된다는 것을 알게 될 걸세." 조머펠트는 이어 내게 대학 공부를 시작하는 것과 관련해 조언을 몇 가지 해주었고, 빠른 시일 내에 최신 원자 이론의 질문과 관계된 작은 과제를 던

---

* Max Planck(1858~1947). 독일의 물리학자. 1918년 '에너지 양자 개념을 통해 물리학에 기여한 공로'로 노벨 물리학상을 받았다. 카이저 빌헬름 협회의 회장을 두 번이나 역임했고, 카이저 빌헬름 협회는 1948년 막스 플랑크 연구소로 이름을 바꾸었다. 베를린 대학에 있으면서 아인슈타인, 라우에, 리제 마이트너 등 뛰어난 물리학자를 발굴하고 도와준 것으로도 유명하다. 나치 치하에서 베를린 대학의 총장 및 카이저 빌헬름 협회의 회장으로 있으면서 균형 있는 처신으로 독일 물리학계를 지킨 것으로 평가된다. 큰 아들은 1차 대전에서 전사하고, 작은 아들은 히틀러 암살 계획에 연루되어 처형되었으며, 쌍둥이 딸들은 출산하다 죽는 등 개인적으로 큰 고난을 겪었다.

져 주겠다며 그 과제를 통해 나의 능력을 시험해 볼 수 있을 거라고 했다. 그리하여 나는 몇 년간 조머펠트 아래에서 공부하는 것으로 결정이 났다.

현대 물리학에 조예가 깊고 상대성이론과 양자론과 관련된 중요한 발견들을 한 조머펠트와의 첫 만남은 두고두고 인상에 남았고, 작은 것에도 세심해야 한다는 그의 요구는 내 마음속에 깊이 아로새겨졌다. 아버지에게서도 비슷한 소리를 자주 들어왔기 때문이었다. 그러나 원래의 관심사로부터 아직 멀리 떨어져 있어야 한다는 것은 자못 우울한 일이었다. 나는 조머펠트와의 첫 면담 뒤 친구들과 많은 대화를 통해 그 연장선상의 이야기를 계속해 나갔다. 그중 우리 시대의 문화적 발전에서 현대 물리학이 갖는 위치에 대해 이야기했던 한 대화가 특히 기억에 남아 있다.

나는 그 가을 프룬 성에서 바흐의 샤콘을 연주했던 바이올리니스트와 함께 내 친구 발터의 집을 종종 드나들었다. 발터는 훌륭한 첼리스트였던 터라, 우리는 셋이서 3중주곡들을 연주했고, 한 행사 때 연주할 요량으로 유명한 슈베르트 피아노 3중주 B장조를 집중적으로 연습했다. 발터네 집은 아버지가 일찍 돌아가시고 엘리자베트 가에 있는 커다랗고 우아한 저택에 어머니와 두 아들만 살고 있었다. 나는 발터네 집에서 음악을 연주하는 것이 무척 좋았다. 호엔촐레른 가의 우리 집에서 불과 몇 분 안 걸리는 거리에 있었을 뿐 아니라 거실에 아름다운 벡스타인 그랜드 피아노가 있었던 것이다. 함께 연주한 뒤 우리는 밤늦게까지 함께 앉아 대화에 열중하곤 했다. 그러다가 내 진로에 대한 이야기도 나왔다. 발터의 어머니는 내게 음악을 전공으로 택하지 않은 이유를 물었다.

"네 연주와 너의 음악 이야기를 듣노라면 자연과학이나 기술보다 예술 쪽이 네게 더 잘 맞을 거라는 생각이 드는데 말이구나. 너 역시 도구나 공식, 정교한 기기 같은 것으로 표현되는 정신보다 음악의 내용을 더 멋지다고 생각할 것 같고. 그런데 왜 자연과학을 전공하기로 한 거니? 이 세상의 길은 젊은이들이 무엇을 원하느냐에 따라 달라진단다. 젊은이들이 아름다운 것을 선택하면 아름다운 것이 더 많아질 테고, 실용적인 것을 선택하면 실용적인 것들이 더 많아질 테지. 그래서 각 개인의 결정은 자신에게뿐 아니라 인간 사회에도 중요한 거란다."

나는 내 입장을 설명해 보고자 했다.

"사람들은 진로를 그렇게 단순하게 선택하지 않는다고 생각해요. 제가 음악을 한다 해도 썩 훌륭한 음악가가 되지 못할 것 같기도 하고요. 그 점은 차치하고라도 진로를 정할 때는 오늘날 어떤 분야가 유망한가 하는 것도 따져봐야 할 거예요. 어떤 분야에서 가장 많은 성과를 거둘 수 있는가 하는 걸 말이죠. 이런 질문은 해당 분야의 상태에 따라 달라져요. 음악의 경우 최근에 작곡된 곡들은 이전 시대만큼 청중에게 어필하지는 못하는 것 같아요. 17세기 음악은 당시 삶의 중심이었던 종교가 중요한 역할을 했고, 18세기 음악은 개인의 감정 세계로 옮겨갔어요. 19세기 낭만주의 음악은 인간 영혼의 가장 깊은 곳까지 파고 들어갔지요. 하지만 최근 음악은 뭔가 불안하고, 빈약한 실험기로 접어들었어요. 정해진 길을 확실하게 밟아나가는 것보다 이론적인 숙고가 더 중요한 역할을 하고 있지요.

하지만 자연과학, 특히 물리학은 달라요. 물리학에서는 정해진 길을 따르다 보니—20년 전 정해진 목표는 전자기 현상의 이해였어요—저절로 철학의 기본 입장, 즉 시간과 공간의 구조와 인과율의 유효성이 흔들려 버리는 지경에 이르게 되었어요. 물리학에서는 바야흐로 아직 조망할 수 없는 신대륙이 열리고 있어요. 최종적인 답에 이르기까지는 여러 세대의 물리학자들이 머리를 싸매야 할 거예요. 저는 이런 분야에서 뭔가를 함께할 수 있다는 것이 매력적으로 다가와요."

바이올리니스트 롤프는 내 대답에 불만을 드러냈다.

"네가 지금 현대 물리학에 대해 한 이야기가 오늘날 우리의 음악에도 똑같이 적용되는 건 아닐까? 음악에서도 길은 정해져 있는 듯해. 음악에서는 조성이라는 옛 틀을 뛰어넘어 바야흐로 신대륙으로 들어섰지. 멜로디건 리듬이건 이제 거의 마음대로 할 수 있어. 그러므로 음악에서도 자연과학과 마찬가지로 풍요로운 결실을 바랄 수 있지 않을까?"

발터는 이런 비교에 몇 가지 의구심을 표현했다.

"표현 수단의 자유와 비옥한 신대륙이 동일한 것인지 나는 잘 모르겠어. 언뜻 보면 정말로 더 자유로우면, 더 풍성하고 많은 가능성이 있을 것처럼 보여. 그러나 과학은 잘 모르겠지만, 내가 좀 더 친숙한 예술에서는 꼭 그렇지는 않은 것 같아. 예술에서는 인간의 삶을 바꾸는 느린 역사적 과정이 새로운 내용을 배출시키는 방식으로 발전이 이루어지지. 개개인은 그런 과정에 별다른 영향을 미치지 못해. 이렇게 새로운 내용이 생겨나면 재능 있는 예술가들은 자신들의 재료, 즉 색깔이나 악기를 사용하여 새로운 표현 가능성을 끌어내면서, 이런 새로운 내용에 시각, 혹은 청각적 형태를 부여하지. 내가 보기에는 표현하고자 하는 내용과 표현 수단의 제약 간의 상호 작용 내지 투쟁은 진정한 예술의 탄생을 위한 불가피한 전제야. 표현 수단의 제약이 없어져서 가령 아무 음이나 낼 수 있으면 이런 투쟁은 더 이상 존재하지 않게 되고, 그러면 예술가의 노력은 가치가 없어져 버려. 그래서 나는 무작정 자유로운 것이 꼭 좋다고 생각하지는 않아."

발터는 계속 말을 이어갔다.

"자연과학에서는 계속하여 기술이 발전하면서 새로운 실험이 가능해지고, 이런 실험들을 통해 새로운 경험이 축적되다 보면, 새로운 내용이 배출되겠지. 여기서 표현 수단은 새로운 내용을 파악하고 이해하는 데 필요한 개념들이고. 최근 어떤 책에서 읽었는데 네가 그렇게 관심을 보이는 상대성이론은 빛의 간섭현상을 이용해 지구의 운동을 증명하려고 한 세기말에 행해진 어떤 실험에 기초한 것이라고 하더군. 이런 증명이 실패했을 때 이런 새로운 경험 내지 내용이 표현 가능성의 확장, 즉 물리학적 개념 체계의 확장에 이르렀다고 하더라고. 시간과 공간 같은 근본적인 개념에 급진적인 변화가 필요하게 될 줄은 처음에는 아무도 몰랐었대. 그것은 아인슈타인의 위대한 발견이었다지. 아인슈타인은 시간과 공간의 표상에서 뭔가 변화될 수 있고, 변화되지 않으면 안 된다는 것을 처음으로 인식했다고 해.

네가 말한 물리학의 상황은 18세기 중반 음악의 상황과 비슷한 것 같아. 당시에 느린 역사적 과정을 통해 개개인의 감정의 세계가 시대의 의식 속으로 들어오게 되었지. 우리가 루소, 또는 나중에 괴테의 『젊은 베르테르의 슬픔』에서 알게 된 그런 감정들이 말이야. 그러자 하이든, 모차르트, 베토벤, 슈베르트 같은 위대한 고전주의 음악가들이 표현 수단을 확장시킴으로써 이런 감정 세계를 적절히 표현해 냈어.

하지만 현대 음악에는 새로운 내용이 잘 보이지가 않아. 아니면 너무 설득력이 없거나. 표현 가능성이 넘쳐나는 것은 오히려 걱정스러워. 오늘날 음악의 길은 어느 정도 부정적인 의미에서만 정해져 있는 것 같아. 이미 써먹을 대로 써먹었으니 조성 음악을 포기하자고? 조성 음악으로는 도저히 표현되지 않는 어떤 강력하고 새로운 내용이 있어서 포기하는 것이 아니라? 하지만 조성을 버린 뒤에는 어디로 갈 것인지 음악가들은 분명히 알지 못해. 더듬거리는 시도만이 있을 따름이지. 현대 자연과학에서는 문제 제기가 이루어졌고 이제 과제는 그 질문의 답을 찾아내는 거야. 그러나 현대 예술은 문제 제기 자체가 불분명해. 그건 그렇고 물리학의 신대륙이 어떤 것인지 좀 더 설명을 해봐. 네 앞에 펼쳐진 신대륙이 어떤 것인지."

나는 내가 아플 때 읽었던 책과 다른 책들을 통해 알게 된 얼마 안 되는 원자물리학적 지식을 되도록 이해하기 쉽게 설명해 보고자 했다. 나는 발터에게 대답했다.

"상대성이론에서는 아까 네가 언급했던 실험과 다른 실험들로 말미암아 아인슈타인은 동시성에 대한 기존의 개념을 포기했어. 이것만 해도 아주 놀라운 일이지. 사람들은 '동시'라는 말이 무슨 의미인지 정확히 안다고 생각하거든. 공간적으로 서로 멀리 떨어진 곳에서 일어나는 사건들이라 해도 말이야. 하지만 두 가지 사건이 동시적이라는 걸 어떻게 확인할 수 있는지를 묻고, 서로 다른 확인 방법으로 결과를 점검하면 답이 명백하지 않다는 것, 그 답이 오히려 관찰자의 운동 상태에 따라 달라진다는 것을 알게 돼. 따라서 시간과 공간은 지금까지 생각했던 것과는 달리 서로 그리 무관하지 않은 거야. 아인슈타인은 상당히 단순하고 완결된 수식으로 시간과 공간의 새로운 구조를 정리해낼 수 있었어. 아파서 누워 있던 몇 달간 나는 이런 수학의 세계를 한번 파고들어가 봤지. 그러나 얼마전 조머펠트 교수에게서 들은 바에 따르면 상대성이론은 이미 상당히 많이 이해된 분야이고, 더 이상 신대륙은 아니야.

이제 가장 흥미로운 분야는 원자 이론이야. 어째서 물질세계에서는 특정 형태와 성질이 계속해서 나타나는가 하는 것이 원자 이론의 기본 질문이지. 가령 물은 얼음이 녹고, 수증기가 응결되고, 수소가 연소되고 할 때 어떻게 그것의 모든 특성을 그대로 지니고 있을까? 이런 사실은 지금까지의 물리학에서는 그냥 자연스러운 전제에 속했어. 결코 아무도 이해할 수는 없었지. 물체, 가령 물이 원자로 이루어져 있다고 생각하면—화학은 이런 생각을 성공적으로 활용하고 있지—우리가 학교에서 배웠던 뉴턴역학의 운동 법칙으로는 물질의 최소단위가 그런 안정성을 지니고 있다는 게 결코 설명이 되지 않아. 따라서 이런 부분에서는 전혀 다른 자연법칙이 작용하는 것으로 보여. 아주 다른 자연법칙이 원자들이 계속하여 동일한 방식으로 배열되고 운동하게끔 해서, 계속해서 동일한 안정된 성질을 가진 물질이 탄생하게끔 한다는 거지.

약 20년 전에 플랑크는 그의 양자론으로 이런 새로운 자연법칙에 대한 최초의 암시를 발견했어. 덴마크의 물리학자 보어는 플랑크의 생각을 영국의 러더퍼드가 제안했던 원자 모형과 연결시켰지. 보어는 그 가운데 내가 방금 말했던 원자 영역의 기이한 안정성에 처음으로 주목했어. 하지만 이 영역에서는 조머펠트의 말마따나 상황이 전혀 명확히 이해되지 않은 상태야. 따라서 이 분야에 거대한 신대륙이 열려 있는 셈이지. 몇 십 년 안에 새로운 연관들이 발견될지도 몰라. 따라서 나는 오늘날은 음악에서보다 원자물리학에서 더 중요한 연관들과 더 중요한 구조들을 밝혀낼 수 있다고 생각해. 150년 전에는 음악과 물리학의 상황이 지금과 정반대였어."

발터가 대답했다.

"그러니까 네 말은 자기 시대의 정신 구조에 기여하고자 하는 개인은 역사가 이 시대를 위해 마련해준 가능성에 종속되어 있을 수밖에 없다는 말이야? 모차르트가 우리 시대에 태어났더라면 그는 그저 우리 동시대 작곡가들처럼 무조無調의 실험적 작품이나 쓰고 앉아 있으리라는 거야?"

"그래 난 그렇게 생각해. 아인슈타인이 12세기에 살았다면 그렇게 중대한 자연과학적 발견을 할 수 없었겠지."

발터의 어머니가 끼어들었다.

"하지만 모차르트나 아인슈타인 같은 위대한 인물만을 생각해서는 안 된단다. 대부분의 사람들은 결정적인 영향력을 발휘할 가능성이 별로 없어. 오히려 조용하고 소박하게 살다가 가는 거란다. 바로 이런 삶에서 실험 기구를 제작하고 수학 공식과 씨름하는 것보다 슈베르트 3중주 B장조를 연주하는 것이 더 좋지 않을까를 생각해봐야 해."

나는 그런 생각 때문에 많이 망설였다고 말했다. 그리고 조머펠트와 나누었던 대화를 전하며, 조머펠트가 '왕이 공사에 착수하면 일꾼에게 할 일이 생긴다'는 실러의 말을 인용했다고 말했다.

롤프가 말했다.

"그 점에서는 우리 모두 마찬가지야. 음악가가 되려면 우선은 혼자서 부단한 연습을 통해 악기에 기술적으로 숙달해야 해. 그리고 나서도 늘 언제나 수많은 다른 음악가들이 더 잘 해석해 놓은 곡들만 연주하게 되는 것이고. 네가 물리학을 공부한다면 너도 처음에는 아주 힘들어서 실험 도구를 제작해야 할 거야. 이미 다른 사람들이 더 잘 만들어놓은 것들을 말이지. 또는 이미 다른 사람들이 아주 예리하게 생각해 놓은 수학적 숙고들을 좇아가야 할 거야. 그러다 보면 우리는 일꾼으로서, 좌우간 멋진 음악들을 계속 다루면서 간혹 해석이 잘될 때 기뻐하겠지. 너희들은 간혹 어떤 연관들을 전보다 더 잘 이해하게 되거나, 어떤 현상을 선배들보다 더 정확히 측정하면서 기뻐할 테고. 그보다 더 중요한 영향을 미치고, 더 결정적인 부분에서 진보를 이룰 수 있으리라는 생각은 하지 않는 게 좋을 거야. 아무리 자신이 몸담고자 하는 분야가 아직 발견할 게 많은 신대륙이라고 해도 말이야."

곰곰이 생각에 잠겨 듣고 있던 발터의 어머니는 이제 거의 혼잣말처럼 이야기하기 시작했다. 우리에게 이야기를 한다기보다 자신의 생각을 일단 말로 정리하는 듯한 느낌이었다.

"왕과 일꾼의 비유는 늘 잘못 해석되는 것 같아. 물론 처음에는 왕의 일은 굉장히 훌륭한 일이고 일꾼들의 일은 그저 부수적인 것으로 비추어질 거야. 하지만 사실은 반대인지도 몰라. 일꾼들이 일하지 않으면 왕의 광채도 없을 테니까. 왕의 광채는 일꾼들이 오랜 세월 힘들게 일하는 가운데 기쁨을 누리고 성과를 이루어낸 것을 바탕으로 해. 바흐나 모차르트 같은 이들이 음악의 거장인 것은 그들이 2백 년 동안 많은 무명의 연주자들에게 세심하고 성실하게 자신들의 생각을 따라오고, 재해석하게 만들어 청중들의 이해를 도모할 수 있도록 했기 때문이야. 청중들 자신도 이런 세심한 이해와 해석 작업에 동참함으로써 위대한 음악가들이 표현한 내용이 청중들에게 살아 있게 되었던 거지.

역사의 전개 과정을 살펴보면, 예술과 과학 모두 마찬가지인 듯한데, 각 분야에서 오랜 세월 고요히 정지해 있거나 느리게 발전하는 기간이 있는 것 같아. 이런 기간에 세심하게, 하나하나 꼼꼼한 작업이 이루어지지. 이런 작은 작업들은 잊히거나, 주목을 받지 못해. 그러나 시대가 변하면서 이런 느린 과정 가운데 해당 분야의 내용이 변하게 되고 이제 갑자기, 종종 예기치도 않았던 새로운 가능성과 새로운 내용이 부각되는 거야. 그러면 천재들은 여기서 느껴지는 성장의 힘에 거의 마술적으로 이끌리게 되고, 그리하여 좁은 공간에서 몇 십 년도 되지 않는 짧은 기간에 엄청나게 뛰어난 예술 작품이 만들어지거나 아주 중요한 과학적 발견이 이루어져. 그런 식으로 18세기 후반에 빈에서 클래식 음악이 만들어졌고, 15,16세기 네덜란드 회화가 탄생했지. 위대한 천재들은 새로운 정신 내용에 외적인 표현을 부여하는 사람들이야. 계속적인 발달을 가능케 하는 형식을 만들어내는 거지. 하지만 그렇다고 그들이 새로운 내용을 혼자 힘으로 만들어내는 것은 아니야.

우리는 지금 굉장한 결실을 볼 수 있는 자연과학적인 시대로 접어들었는지도 몰라. 그렇다면 거기에 동참하겠다는 젊은 이를 만류할 수는 없겠지. 같은 시기에 여러 예술과 과학 분야에서 중요한 발전이 동시에 이루어지리라는 보장도 없으니까. 오히려 최소한 한 부분에서라도 그런 발전이 이루어지고, 그런 발전에 구경꾼으로, 또는 그 안에 능동적으로 몸담아 참여할 수 있다면 감사한 일이겠지. 그 이상을 바랄 수는 없을 거야. 그래서 나는 종종 제기되곤 하는 현대 예술에—현대 회화든, 현대 음악이든—대한 비난이 부당하다고 생각해. 18, 19세기에 음악과 조형예술에 주어졌던 위대한 과제들이 해결된 후에 좀 더 조용한 시대가 그 뒤를 이었어야 했어. 옛 것을 유지하는 가운데 새로운 것에 대한 실험을 조심스레 시도할 수 있는 그런 시대가……

그러므로 이 시대의 음악의 산물을 클래식 음악의 위대한 시대들의 결과와 비교하는 건 공정치 못할 거야. 자, 이제 다시 한번 슈베르트의 피아노 3중주 B장조의 느린 악장을 우리의 능력을 다해 가장 아름답게 연주하는 것으로 이 저녁 모임을 마무리하면 어떨까 하는데?"

우리는 그렇게 했다. 2악장의 음울한 C장조 음들을 연주하는 롤프의 바이올린 소리가 유독 애절하게 들렸던 것은 유럽 음악의 위대한 시대가 최종적으로 지나갔다는 평가에 대한 롤프의 슬픔이 묻어났기 때문이었을 것이다.

며칠 뒤 대학에서 조머펠트의 수업이 진행되는 강의실에 들어갔을 때 나는 세 번째 줄에서 짙은 머리칼에, 약간 내성적이고 사려 깊어 보이는 얼굴의 학생을 발견했다. 조머펠트와의 첫 면담 후 세미나실에서 이미 본 적이 있는 학생이었다. 조머펠트는 내게 그를 소개시켜 주었고, 나중에 나와 헤어지면서 자신이 맡은 학생 중 가장 재능 있는 학생이므로, 그에게서 많은 것을 배울 수 있을 거라고 전해 주었다. 물리학에서 뭔가 이해 안 가는 것이 있으면 그 학생을 찾아가라고 했다.

그의 이름은 볼프강 파울리*였다. 파울리는 이후 일생 동안 나의 과학에서 좋은 친구이자 날카로운 비판자가 되어 주었다. 그리하여 나는 그날 볼프강 파울리 옆에 앉아서, 강의가 끝난 뒤 공부에 대해 조언을 해달라고 부탁했다. 그 말을 하고 있는데 조머펠트가 이미 강의실에 들어와 곧바로 강의를 시작했고, 볼프강은 내게 귓속말을 했다. "조머펠트, 꼭 늙은 돌격대장처럼 보이지 않아?" 강의가 끝나고 우리가 이론물리학 연구소의 세미나실로 돌아갔을 때 나는 볼프강에게 중요한 것 두 가지를 물어보았다. 첫째, 이론물리학을 전공하고 싶은데 실험 기술은 얼마나 배워야 하는지, 둘째 볼프강이 보기에 오늘날의 물리학에서 원자 이론과 비교해 상대성이론이 지니는 비중이 어느 정도인지 하는 것이었다. 나의 첫 질문에 볼프강은 이렇게 대답했다.

"조머펠트는 우리가 실험을 배우는 것을 아주 중요하게 생각해. 하지만 나는 그렇게 할 수 없을 것 같아. 내게는 기기를 다루는 것이 중요하지 않아. 모든 물리학이 실험 결과에 기초한다는 건 기정사실이야. 하지만 일단 실험 결과들이 주어지면 물리학은, 어쨌든 오늘날의 물리학은 대부분의 실험물리학자들에게는 너무 어려운 것이 되어 버려. 이것은 오늘날의 물리학이 실험물리학적 기술과 일상의 개념으로는 더 이상 적절히 서술할 수가 없는 자연의 영역으로 들어갔기 때문일 거야. 그래서 우리는 추상적인 수학적 언어에 의존해야 하지. 그

---

* Wolfgang Pauli(1900~1958). 오스트리아 출신의 물리학자로 양자역학의 개척자 중 한 명이다. 양자역학에서 파울리의 원리라고 불리는 배타원리에 대한 공로로 1945년 노벨 물리학상을 받았다. 빈에 있는 김나지움을 졸업한 지 두 달 만에 아인슈타인의 일반상대성이론에 대한 논문을 발표했으며, 뮌헨 대학에서 21세에 박사 학위를 받은 직후 지도 교수인 조머펠트의 요청으로 『수리과학 백과사전』에 상대성이론에 대한 포괄적이며 체계적인 리뷰 논문을 실어 유명해졌다. 괴팅겐 대학과 함부르크 대학을 거쳐 스위스 연방공과대학의 이론물리학 교수로 있다가 미국으로 가서 고등과학원에 있었다. 물리학의 다방면에 걸쳐 업적을 남겼다.

런데 현대 수학에 대한 철저한 훈련 없이는 수학적 언어를 다룰 수 없어. 따라서 유감스럽게도 우리는 스스로의 분야를 제한하고 특화시킬 필요가 있어. 나는 추상적인 수학 언어가 쉬운 사람이고, 이 장점을 활용해 물리학에서 뭔가를 할 수 있기를 바라. 그러려면 물론 실험적인 면을 어느 정도 알아야 해. 순수 수학자는 아무리 수학을 잘해도 물리학은 이해하지 못하거든."

그 말에 나는 노교수 린데만과 면담했던 이야기, 무섭게 짖어대던 검은 강아지와 바일의 책 『시간, 공간, 물질』에 대한 이야기를 들려주었다. 볼프강은 이 이야기를 엄청나게 재미있어하며 "기대했던 대로군"이라고 했다.

"린데만 교수는 수학적 정확성을 지나치게 신봉하는 사람이야. 수리물리학을 포함한 모든 물리학은 그에게는 모호한 장광설일 따름이지. 바일은 상대성이론에 대해 정통한 사람이지만, 그 덕분에 린데만 교수 기준으로는 제대로 된 수학자의 대열에서 탈락하게 된 셈이야."

볼프강은 상대성이론과 원자 이론의 비중에 관한 질문에는 더 자세하게 답변을 해주었다.

"특수상대성이론은 완결된 이론이야. 특수상대성이론은 연륜이 오래된 다른 물리학 분야처럼 그냥 배우고 적용시키기만 하면 돼. 따라서 특수상대성이론은 새로운 것을 발견하고자 하는 사람에겐 그리 큰 매력은 없는 거지. 일반상대성이론,

또는 아인슈타인의 중력 이론은 아직 그 정도로 완결되지는 않았어. 하지만 일반상대성이론의 경우 어려운 수식과 더불어 거의 백 페이지에 걸쳐 서술되는데 그에 해당하는 실험은 하나뿐이라는 점에서 뭐랄까 탐탁지 않아. 그 때문에 그 이론이 정말로 옳은지를 확실히 알 수가 없어. 하지만 일반상대성이론은 새로운 사고의 가능성을 열어주기 때문에 무조건적으로 비중을 두어야 해. 최근에 나는 일반상대성이론에 대해 꽤 긴 논문을 하나 썼어. 그 때문에 지금은 원자 이론을 기본적으로 훨씬 흥미롭게 생각하고 있어. 원자물리학에는 아직 이해되지 못한 실험 결과들이 아주 많거든. 게다가 한 부분에서의 자연의 진술은 다른 부분에서의 진술과 모순되어 보여. 지금까지 그런 연관에 대해 대략적이라도 모순 없는 상은 존재하지 않아.

덴마크의 닐스 보어가 외부의 방해에 대한 원자의 기이한 안정성을 플랑크의 양자 가설과 연결시키는 데 성공하긴 했어. 최근에 보어는 심지어 원소의 주기율표와 개별 물질의 화학적 성질을 꽤 명쾌하게 정리해냈다고 해. 하지만 그가 어떻게 그렇게 했는지는 잘 모르겠어. 보어는 앞서 말한 모순을 제거할 수 없었을 게 틀림없거든. 따라서 이 분야는 전체적으로 짙은 안개 속을 더듬어가는 꼴이야. 방향을 잡고 길을 찾기까지는 아직 시간이 좀 걸릴 거야. 조머펠트는 실험에 기초하여 새로운 법칙을 추측해 낼 수 있기를 원해. 그는 수의 관계를 믿어. 거의 수의 신비를 믿지. 피타고라스학파 사람들이 진동하는 현의 하모니에서 본 것과 같은 거. 우리는 이런 측면을 '원자신비주의atomystik'*라 불러. 하지만 지금까지 아무도 그 이상 더 나은 가설을 알지 못해. 그러므로 지금까지의 완결된 상태의 물리학을 아직 알지 못하는 사람이 더 쉽게 방향을 잡을 수 있을지도 몰라. 따라서 네가 유리해." 볼프강은 그 말을 하면서 심술궂은 미소를 지었다. 그러고는 이렇게 덧붙였다. "그러나 물론 무지가 성공을 보장해주지는 않아."

마지막에 이런 말을 하긴 했지만 볼프강은 내가 물리학을 전공하고 싶은 이유로 스스로 생각했던 모든 것에 확인 도장을 찍어준 셈이었다. 그리하여 나는 순수수학을 하지 않기로 결정한 일이 다행이라고 생각했다. 린데만 교수의 사무실에 있던 그 검은 푸들은 이제 나의 기억 속에서 '늘 악한 것을 원하지만 늘 선한 것을 만들어내는 힘의 일부'**로 다가왔다.

---

* 원자(atom)와 신비(mystik)를 결합한 조어. - 역주
** 『파우스트』 1부, 〈서재〉 1336행. - 역주

3
현대 물리학의 '**이해**'라는 개념

1920 ~ 1922

　뮌헨 대학 시절의 첫 2년간 나는 매우 다른 두 세계 사이를 왔다 갔다 하며 보냈다. 청년운동을 하는 친구들 그룹과 이론 물리학의 추상적이고 이성적인 영역이 그것이었다. 두 영역 모두 치열하게 전개되었기에, 나는 늘 긴장해 있었다. 두 영역을 오가는 것이 결코 쉽지 않았기 때문이다. 조머펠트의 세미나에서는 볼프강 파울리와의 대화가 내 공부의 가장 중요한 부분이었다. 그러나 볼프강의 생활 리듬은 나와는 정반대였다. 내가 밝은 낮을 사랑하고 자유 시간은 가급적 도시를 떠나 산속을 산책하거나 바이에른 호수에서 수영하고 음식을 해먹으면서 보냈던 반면 볼프강은 완전히 야행성 인간이었다. 그는 도시를 좋아했으며 저녁에 카페에서 열리는 재미있는 쇼를 보고 그 뒤에 밤을 거의 새우다시피 하며 물리학 문제에 골몰하여 큰 성과를 냈다. 그러다 보니―조머펠트에게는 매우 유감스럽게도―조머펠트의 아침 강의에는 들어오지 못하는 일이 많았고 정오쯤 되어서야 세미나에 나타났다. 이렇듯 생활 방식이 다르다 보니 우리는 종종 부딪치기도 했지만 이런 것 때문에 우정에 금이 가지는 않았다. 둘 다 물리학에 대한 관심이 너무 커서 다른 분야에서의 서로 다른 관심사를 가볍게 뛰어넘었다.

1921년 여름을 돌이켜 보노라면 숲 가장자리의 야영지의 모습이 떠오른다. 아래쪽으로는 우리가 전날 낮에 수영했던 호수가 아직 여명에 잠겨 있고, 그 뒤로 멀리 베네딕텐반트[*]가 보였다. 친구들은 아직 쿨쿨 자고 있었다. 새벽 어스름에 나 혼자 텐트를 빠져나온 것은 가장 가까운 역까지 한 시간 정도 걸어가서 뮌헨 행 새벽기차를 타고 9시에 시작하는 조머펠트 강의에 지각하지 않기 위해서였다. 우선 호수 쪽으로 걸어 내려가다가 습지를 통과한 다음 빙퇴석 언덕에 이르렀다. 이 언덕 위에 서니 아침노을 속에서 베네딕텐반트에서 추크슈피체까지 알프스 산맥이 눈에 들어왔다. 꽃이 피어나는 들판에서는 잔디 깎는 기계들이 보였다. 3년 전 미스바흐의 커다란 농가에서 일할 때처럼 들판에 깎지 않은 부분이 하나도 없게끔—깎이지 않은 풀을 농가 주인은 '못된 놈'이라 불렀다—소의 멍에를 잡고 잔디 깎는 기계를 운전해 볼 수 없다는 사실이 약간 아쉬웠다. 그렇게 농부의 일상과 유려한 경치, 곧 있

---

[*] 알프스의 산 이름. 베네딕트 벽이라는 뜻으로 산의 모습이 마치 벽면처럼 보인다. - 역주

을 조머펠트의 강의가 나의 마음속에서 뒤섞여, 나는 세상에서 가장 행복한 사람이 된 기분이었다.

조머펠트의 강의가 끝난 지 한두 시간 만에 볼프강이 세미나실에 모습을 나타냈을 때 우리의 인사는 대략 다음과 같이 진행되었다.

볼프강: 굿 모닝, 저기 우리의 자연의 사도님이 계시군. 야, 그리고 보니 너 또 며칠 너의 수호성인 루소의 원칙에 따라서 살다온 것처럼 보이는데. 루소는 이렇게 말했지. '자연으로 돌아가라. 나무에 오르라 너희 원숭이들이여.'

베르너: 원숭이 같은 소리는 하지 않았거든. 나무에 올라가라는 소리 같은 건 하지 않았다고. 하지만 '굿 모닝'이라 말하면 안 돼. 벌써 12시니 '굿 눈'이라고 해야지. 그건 그렇고 다음번에 네가 밤에 다니는 술집에 날 좀 데려가. 나도 물리학적으로 좋은 착상들이 척척 떠오르게 말이야.

볼프강: 별로 도움이 되지 않을걸. 그런데 크라머스의 논문에 대해 알아낸 것 좀 이야기 해봐. 다음번 세미나에서 네가 발제를 해야 하잖아.

그런 식으로 우리의 대화는 어느덧 과학적인 관심으로 넘어갔다. 볼프강과 내가 물리학에 관한 잡담을 나눌 때 종종 함께하는 친구가 또 한 명 있었다. 오토 라포르테라는 영리한 친구였는데 담담한 실용주의로 곧잘 볼프강과 나 사이에서 중

재자 역할을 해주었다. 훗날 오토는 조머펠트와 함께 스펙트럼의 다중선 구조에 관해 중요한 논문들을 발표하기도 했다.

볼프강, 오토, 나 이렇게 셋이서 언젠가 함께 산으로 자전거 하이킹을 갔던 것도 오토의 제안이었을 것이다. 우리는 베네딕트보이어른에서 출발하여 케셀베르크를 지나 발헨 호수로 올라갔고, 거기서 다시금 로이자흐 계곡까지 이르렀다. 볼프강이 나의 세계로 발을 들여놓은 것은 이때 딱 한 번이었을 것이다. 하지만 매우 뜻깊은 여행이었다. 우리는 여행 중에 많은 대화를 나누었고, 뮌헨에 돌아간 이후에도 둘 혹은 셋이서 대화를 이어감으로써 많은 결실을 보았다.

며칠간의 일정으로 함께 떠난 우리는 힘들게 자전거를 밀며 케셀 산을 오른 뒤, 발헨 호수의 가파른 서쪽 연안을 따라 이어지는 비탈길을 신나게 달렸다. 나는 이 구간이 나중에 내게 얼마나 중요한 의미를 가지는지 그때는 알지 못했다. 우리는 이탈리아로 향하던 괴테의 역마차에 하프 타는 노인과 그의 어린 딸이 올라탔던 지점을 통과했다. 그 노인과 딸은 괴테의 『빌헬름 마이스터의 수업시대』에 등장하는 미뇽과 하프 타는 노인의 모티브가 되었다. 괴테는 어두운 호수 너머 눈 덮인 고산을 처음으로 보았다고 일기에 적었다. 우리는 이런 풍경을 눈으로 감상하면서, 계속해서 과학적인 대화를 이어갔다.

볼프강은 내게—그라이나우의 여관에 묵었던 날 저녁이었던 듯하다—최근 조머펠트의 세미나에서 중요하게 다룬 아인슈타인의 상대성이론을 이해하느냐고 물었다. 나는 이해했는지 잘 모르겠다고 대답했다. 그리고 이렇게 대답할 수밖에 없는 것은 우리의 자연과학에서 '이해'라는 말이 대체 어떤 의미인지 잘 알 수 없기 때문이라고 했다. 상대성이론의 수학적 토대는 어렵지 않은데, 움직이는 관찰자의 '시간'이 정지해 있는 관찰자의 시간과 왜 달라지는지 아직도 이해를 못하겠고, 시간 개념이 혼란스러워진다는 것이 믿어지지가 않고 그런 점에서 이해가 가지가 않는다고 했다.

볼프강이 이의를 제기했다.

"하지만 수학 구조를 안다면 주어진 모든 실험에서 정지해 있는 관찰자와 움직이는 관찰자가 지각하고 측정할 수 있는 것을 계산해 낼 수 있잖아. 그리고 실제 실험에서도 계산에서 예측한 것과 똑같은 결과가 나오리라고 확신할 수 있고. 그 이상 뭘 원해?"

"내가 그 이상 무엇을 원해야 할지 모르겠다는 것, 그것이 바로 나의 어려움이야. 하지만 나는 이런 수학적 구조물이 통하는 논리에 어느 정도 속는 기분이야. 달리 말해 머리로는 이 이론을 이해했는데 가슴으로는 아직 이해하지 못했다고 할까. 나는 '시간'이 무엇인지 알고 있다고 믿어. 물리학을 배우지 않았어도 말이야. 우리는 늘 이런 순진한 시간 관념을 전제로 행동하고 생각하지. 우리의 사고는 이런 시간 관념이 기능한다는 것과, 우리가 그 관념으로 잘 살아나갈 수 있다는 것에 기초하는 거 아니겠어? 그런데 우리가 이제 이런 시간 관념을 변화시켜야 한다고 주장한다면, 우리의 언어와 사고가 우리가 이 세상에서 방향을 잡기에 쓸모 있는 도구들인지 더 이상 알 수 없게 되어 버려. 시간과 공간을 선험적인 직관 형식으로 보았던 칸트까지 끄집어내고 싶지는 않아. 칸트는 이전 물리학에서처럼, 이런 기본 형식들에 절대성을 부여하고 싶어했지. 하지만 나는 다만 우리가 그런 기본적인 개념들을 변화시킨다면 언어와 사고까지 불확실한 것이 된다는 점을 강조하고 싶을 뿐이야. 이런 불확실함은 이해와는 합치될 수 없는 것이지."

오토는 내가 쓸데없는 고민을 한다고 여겼다. 오토가 말했다.

"철학에서는 물론 '시간'과 '공간'이 확고하고 더 이상 변할 수 없는 의미를 가진 것처럼 보여. 하지만 그것은 철학의 오류를 보여줄 따름이야. 시간과 공간의 '본질'에 대한 멋진 말들은 전혀 도움이 되지 않아. 내가 보기에 넌 너무 철학에 관심이 많은 것 같아. 하지만 '철학은 원래 이런 목적으로 고안된 전문용어 목록을 체계적으로 오용하는 것이다'라는 정의를 좀 염두에 두는 게 좋을 것 같아. 어떤 것이든 절대성에 대한 요구는 애초에 거부해야 해. 감각적 지각과 직접적으로 관련될 수 있는 관념들이나 단어들만을 사용해야 하지. 물론 감각적 지각이라는 말을 복합적인 물리적 관찰이라는 말로 대치할 수도 있지. 이런 개념들은 많은 설명 없이도 이해할 수 있어.

바로 이렇게 관찰할 수 있는 것을 기준으로 삼은 것이 바로 아인슈타인의 커다란 공적이지. 아인슈타인은 그의 상대성이론에서 시간은 시계에서 읽을 수 있는 것이다라는 진부한 확인으로부터 출발했어. 단어들의 그런 진부한 의미를 고수하면 상대성이론은 전혀 어렵지 않아. 이론이 관찰 결과를 올바르게 예측하기만 하면 이해에 필요한 모든 것이 제공되니까 말이야."

볼프강은 오토의 생각에 대해 약간 유보적인 태도를 보였다.

"네 말은 몇 가지 중요한 전제 하에서만 타당하다는 점을 짚고 넘어가야 할 것 같아. 우선 이론을 통한 예측이 분명하고 그 자체로 모순이 없어야 한다는 것. 상대성이론의 경우에는 간단히 조망할 수 있는 수학적 구조물을 통해 이것이 보증이 되지. 두 번째는 이론의 개념적 구조로부터 그 이론이 어떤 현상에 대해서는 적용이 되고, 어떤 현상에 대해서는 되지 않는지를 유추할 수 있어야 한다는 것. 이런 제한이 없다면 모든 이론은 즉각적으로 반박될 거야. 이론이 세상의 모든 현상을 예측할 수는 없기 때문이지. 하지만 이런 전제가 충족된다고 해도, 이 영역에 속한 모든 현상을 예측할 수 있다고 과연 완전히 이해했다고 말할 수 있을지 잘 모르겠어. 경험의 영역은 완전히 이해했지만, 미래의 관찰 결과들을 정확히 예측할 수 없는 경우도 있을 수 있으니까."

나는 이제 역사적 사례를 들어 예측과 이해는 결코 동일한 것이 아니라는 생각을 설명해 보려고 했다.

"고대 그리스의 천문학자 아리스타르코스가 태양이 우리 행성계의 중심일 수도 있다는 가능성을 제기했었잖아. 그러나 히파르코스가 이런 생각을 거부했고, 그 뒤 아리스타르코스의 생각은 잊혀졌어. 프톨레마이오스는 지구가 중심에 있다는 생각에서 출발했고, 행성들의 궤도가 원들과 주전원epicycle들로 여러 번 중첩된 원 궤도로 이루어져 있다고 보았지. 프톨레마이오스는 이런 가설을 통해 일식과 월식까지 정확히 예측할 수 있었어. 그래서 그의 가설은 1500년 동안 천문학의 확실한 토대로 여겨졌어. 하지만 프톨레마이오스가 행성계를 진정으로 이해했던 걸까? 관성의 법칙을 깨닫고, 운동량 변동의 원인으로 힘을 도입한 뉴턴이 비로소, 중력으로써 행성의 운동을 진짜로 규명했던 것이 아닐까? 뉴턴이 최초로 행성 운동을 이해했던 것이 아닐까? 이것은 내게 중요한 질문 같아.

더 최근의 예를 들자면. 18세기 초 전기 현상에 대해 좀 더 정확히 알게 되었을 때, 전하를 띤 물체 간의 정전기의 힘을 아주 정확히 계산해 낼 수 있었어. 이것을 나는 조머펠트의 강의에서 배웠는데, 여기서 물체는 뉴턴역학에서와 비슷하게 힘의 매개자로 나타나지. 그러나 영국의 패러데이가 질문을 바꾸어 힘의 장에 대해, 즉 공간과 시간에서의 힘의 분포에 대해 물었을 때 비로소 패러데이는 전자기 현상을 이해할 수 있는 토대를 발견했어. 그 뒤 맥스웰이 그것을 수학적으로 정리해냈지."

오토는 이런 예들에 별로 솔깃하지 않았다.

"나는 그런 건 정도의 차이일 뿐 근본적으로는 다르지 않다고 생각해. 프톨레마이오스의 천문학은 아주 훌륭한 것이었어. 그렇지 않았다면 1500년 동안 지탱할 수 없었겠지. 뉴턴역학도 처음에는 더 낫지 않았어. 세월이 흐르면서 비로소 프톨레마이오스의 원과 주전원보다 뉴턴역학으로 천체 운동을 더 정확히 예측할 수 있다는 것이 드러난 거지. 나는 뉴턴이 프톨레마이오스보다 뭔가 근본적으로 더 나은 일을 했다고 생각하지 않아. 뉴턴은 행성 운동을 수학적으로 다르게 묘사했던 것뿐이고, 그것이 수백 년이 흐르면서 더 성공적인 것으로 입증되었던 것뿐이야."

그러나 볼프강은 오토의 생각이 너무 실증주의 쪽으로 치우쳐 있다고 보았다. 볼프강은 이렇게 반박했다.

"나는 뉴턴의 천문학이 프톨레마이오스의 것과는 근본적으로 다르다고 생각해. 뉴턴은 질문의 제기 방식 자체를 바꿔서, 운동에 대해 묻지 않고 운동의 원인에 대해 물었어. 그리고 힘에서 그 원인을 찾아냈고, 행성계에서는 힘을 통해 운동을 단순하게 설명할 수 있다는 걸 발견했어. 그런 다음 그것을 중력법칙으로 정리했지. 이제 우리가 뉴턴 이래로 행성의 운동을 이해하고 있다고 말한다면, 그것은 복잡한 행성의 운동을 더 정확히 관찰하다 보니 뭔가 더 간단한 것, 즉 중력이라는 것으로 환원되더라, 그것으로 행성 운동을 설명할 수 있더라 하는 뜻이야. 프톨레마이오스의 천문학에서는 원과 주전원의 중첩을 통해 운동을 아주 복잡하게 묘사할 수 있었고, 그것을 경험적 사실로서 그냥 받아들여야 했었지. 그 밖에도 뉴턴은 행성의 운동이 던져진 돌의 운동, 진자 운동, 팽이의 춤과 기본적으로 다르지 않다는 것을 보여줬어. 뉴턴역학에서 이 모든 서로 다른 현상들은 같은 뿌리, 즉 잘 알려진 '질량×가속도=힘'이라는 공식으로 귀결되었고, 행성 운동에 대한 설명은 프톨레마이오스의 설명을 훨씬 더 능가하는 거야."

그래도 오토는 항복하지 않았다.

"'원인'이라는 말, 운동의 원인이 힘이라는 것, 이런 말들은 정말 그럴듯해. 하지만 기본적으로는 약간 더 앞으로 나간 것에 불과해. 그렇다면 다음으로는 힘, 즉 중력의 원인이 무엇이냐고 물어야 할 테니까. 그리고 너의 철학에 따르면 중력의 원인, 또 그 원인의 원인 등등 끝없이 원인을 알아내야만 행성 운동을 비로소 '완전히' 이해하게 되는 거지."

'원인'이라는 개념에 대한 이런 비판에 볼프강은 상당히 강력하게 이의를 제기했다.

"물론 계속해서 물을 수 있어. 모든 과학이 그것을 토대로 하지. 그러나 여기서는 그렇지 않아. 자연을 이해한다는 것은 자연의 연관성을 통찰한다는 의미일 거야. 자연의 내적 메커니즘을 확실히 인식하는 것 말이야. 이런 인식은 개별적인 현상 몇 개를 아는 것만으로는 얻을 수 없어. 그 안에서 어떤 질서를 발견했다 해도 말이야. 이런 인식은 많은 경험적 사실의 연관을 발견하고, 단순한 근원으로 환원시킴으로써 비로소 얻을 수 있지. 충일함에서 명확함이 나오는 거야. 현상이 풍부하고 다양할수록, 그리고 그 현상들을 환원시킬 수 있는 공통의 원리가 더 간단할수록, 오류의 위험은 더 적어져. 물론 나중에 보다 통합적인 연관이 발견될지도 모른다는 것에는 이의가 없어."

내가 거들었다.

"그러니까 볼프강, 네 말은 우리가 상대성이론을 신뢰할 수 있는 것은 그것이 가령 움직이는 물체들의 전자기 역학과 같은 많은 현상들을 통일적으로 통합하고, 그 현상들을 공통의 근원으로 환원시키기 때문이라는 거로군. 통일적인 연관이 간단하고 수학적으로 쉽게 알 수 있는 것이기에, 우리 안에 그것을 '이해했다'는 느낌이 생겨나는 거고. 물론 우리가 '공간'과 '시간'이라는 말의 새로운, 또는 변화된 의미에 적응해야 하지만 말이야."

"그래. 대략적으로 그런 말이야. 뉴턴이나 네가 앞서 언급한 패러데이의 결정적인 업적은 새로운 문제 제기였어. 그 결과 새로운 개념이 형성되었지. 그러니까 '이해'한다고 하는 것은 일반적으로 수많은 현상을 통합적으로 연관시킬 수 있는, 즉 '포괄할 수 있는' 표상이나 개념을 갖게 된다는 뜻일 거야. 복잡해 보이는 상황이 간단히 정리될 수 있는 일반적인 것의 특수한 경우일 따름이라는 것을 인식할 때 우리의 생각은 정돈되지. 다채롭고 다양한 것을 일반적인 것과 단순한 것으로 환원시키는 것, 또는 네가 좋아하는 그리스인들의 관점에서 말하자면 '많은 것'을 '하나'로 환원시키는 것이 바로 '이해'라고 말할 수 있어. 예측 능력은 종종 이해의 결과야. 올바른 개념을 가지고 있다 보니 예측이 가능한 것이지만, 예측 능력이 곧 이해와 동일한 것은 아니야."

오토는 우물거렸다.

"오로지 이런 목적을 위해 고안된 전문용어들을 체계적으로 오용하는군. 나는 이 모든 것에 대해 왜 이렇게 복잡하게 이야기를 해야 하는지 모르겠어. 언어를 직접적으로 지각할 수 있는 것에 한해서만 사용하면, 오해가 생길 일은 거의 없어. 그러면 무슨 말을 하든 그 의미를 알 수 있지. 어떤 이론이 이런 요구를 따른다면, 많은 철학이 없어도 그 이론을 이해할 수 있을 거야"

하지만 볼프강은 이 말을 호락호락 인정하려 하지 않았다.

"꽤 그럴듯하게 들리는 네 요구는 무엇보다 에른스트 마흐가 제기했던 요구라는 걸 알고 있겠지? 아인슈타인이 상대성이론을 고안한 것은 아인슈타인이 마흐의 철학을 신봉했기 때문이라고들 해. 하지만 내가 보기에 이런 이야기는 너무 단순화된 거야. 마흐는 직접 관찰할 수 없다는 이유 때문에 원자의 존재를 믿지 않았다고 해. 그러나 물리학과 화학에는 원자의 존재를 인정해야만 그나마 이해의 가능성이라도 기대할 수 있는 수많은 현상들이 있어. 이런 부분에서 마흐는 네가 그렇게 두둔하는 그의 기본 명제를 통해 오류에 빠졌어. 이건 결코 우연한 일이 아니야."

오토가 약간 누그러진 말투로 말했다.

"오류는 누구나 저지르는 거야. 그러나 오류를 계기로 일을 원래보다 더 복잡하게 묘사해서는 안 돼. 상대성이론은 단순해서 정말로 이해할 수 있어. 하지만 원자 이론은 아직 상당히 모호하지."

그로써 우리는 토론의 두 번째 주제에 도달했다. 우리는 자전거 여행 내내 원자 이론에 대해 토론했고, 이 대화는 뮌헨으로 돌아가 우리의 세미나에서, 종종 조머펠트와 함께 계속되었다.

조머펠트 세미나의 주된 주제는 바로 보어의 원자 이론이었다. 보어는 영국 러더퍼드의 결정적인 실험에 기초하여 원자를 미니 행성계로서 파악하고 있었다. 원자에 비해 아주 작지만, 원자의 질량을 거의 다 가지고 있는 원자핵이 있고, 상당히 가벼운 전자들이 태양계의 행성들처럼 원자핵 주위를 돌고 있는 모양으로 말이다. 그러나 이들 전자의 궤도들은 행성계에서와는 달리 힘들과 전력前歷에 의해 결정되지 않고, 외적 방해로 인해 변화될 수도 없었다.

그리하여 외적인 영향과 무관하게 유지되는, 참으로 기이한 물질의 안정성을 설명하기 위해 기존의 역학이나 천문학에는 생소한 추가적인 요청이 따라야 했다. 1900년 플랑크가 유명한 논문을 발표한 이후 그런 요청은 양자조건*이라 불렀다. 이런 요청은 수의 신비에 속한 요소들을 원자물리학으로 들여왔다. 궤도에서 계산할 수 있는 물리량은 기본 단위, 즉 플랑크 작용양자**의 정수배여야 한다는 것이다. 그런 규칙은 옛 피타고라스학파의 관찰들을 상기시켰다. 피타고라스학파에 따르면 진동하는 두 현은 현의 길이가 정수배일 때 서로 조화로

---

* 1913년에 제안된 보어의 원자 모형에서는 원자핵 주변에서 전자들이 아주 작은 태양계처럼 돌고 있지만, 특정의 조건을 충족시키는 궤도만 허용된다. 그럼으로써 원자의 분광스펙트럼에서 볼 수 있는 흡수선이나 방출선의 파장이나 진동수를 설명할 수 있다. 이 파장이나 진동수가 띄엄띄엄 떨어져 있기 때문에 이를 양자화되어 있다고 하고, 그러한 조건을 양자화 조건 또는 양자조건이라 부른다.

** 막스 플랑크는 뜨거운 물체에서 복사되는 에너지의 파장별 분포를 정확히 설명하기 위해 특정 파장(또는 진동수나 색깔)의 에너지의 값이 연속적인 것이 아니라 일정한 양의 정수배만 가능하다는 가설을 세웠다. 아인슈타인은 그 기본 에너지가 진동수에 비례한다고 가정하고 이를 광양자라 불렀다. 이때 기본 에너지와 진동수의 비가 작용양자 또는 플랑크 상수이다. 그 단위는 에너지와 시간을 곱한 값에 해당한다. 이를 통해 흑체복사를 비롯하여 여러 원자 현상을 설명할 수 있다는 것이 양자론의 출발점이다.

운 화음을 낸다. 그러나 전자들의 행성 궤도와 진동하는 현 사이에 무슨 관계가 있단 말인가! 빛이 원자를 통과할 때의 일을 어떻게 상상해야 하는가는 더 감이 오지 않았다. 전자 방사에서 전자는 한 양자 궤도에서 다른 양자 궤도로 이행해야 하며 이 도약에서 방출되는 에너지는 에너지 덩어리, 즉 광양자로 복사되어야 했다. 이런 상상으로 일련의 실험들을 아주 잘 정확히 설명할 수 없었다면, 이런 상상을 절대로 진지하게 생각할 수 없었을 것이다.

이해가 가지 않는 수의 신비와 의심할 수 없는 경험적 성공이 섞이다 보니 이 문제는 우리들 대학생들에게는 아주 커다란 매력으로 다가왔다. 조머펠트는 내가 대학 공부를 시작한 직후에 내게 연습 과제를 내줬다. 그와 친한 실험물리학자가 관찰한 결과에 근거하여 이 현상에 관여하는 전자궤도*와 그것의 양자수를 유추하라는 것이었다. 그것은 어렵지 않았다. 하지만 그 결과는 나를 상당히 의아하게 했다. 나는 정수 대신 1/2, 즉 반半정수도 양자수로 허락할 수밖에 없었는데, 그것은 양자론의 정신과 조머펠트의 수의 신비에 위배되는 것이었다.

---

* 안개상자 또는 거품상자라 부르는 입자 검출기에서 전자와 같이 전하를 띤 입자가 지나가면 수증기가 응결하여 입자의 궤적이 흔적으로 나타나는데, 이를 흔히 전자궤도라 부른다. 그러나 입자의 궤적은 전자나 입자들의 크기에 비해 현저히 크기 때문에 엄밀한 의미에서는 전자의 궤도가 아니다.

볼프강은 내가 나아가 1/4, 1/8도 도입할 거라며, 결국 내 손 아래에서 양자론 전체가 부스러져 버리게 될 것이라고 말했다. 하지만 실험은 반양자수만 잘 들어맞는 것처럼 보였다. 그리고 그것은 기존에 이해하기 힘든 많은 것에 또 하나의 수수께끼 같은 요소를 추가한 꼴이었다.

볼프강은 어려운 문제를 제기해 놓은 상태였다. 그는 천문학적 방법으로 계산할 수 있는 복잡계에서 보어의 이론과 보어-조머펠트 양자조건이 실험적으로 올바른 결과로 이어지는지를 확인하고 싶어했다. 뮌헨에서의 토론 가운데 우리는 지금까지의 이론적 성공이 특히나 단순한 계에 국한된 것은 아닌지, 볼프강이 연구하는 복잡계에서는 통하지 않는 것은 아닌지 의구심을 품고 있었다.

이 일과 연관하여 볼프강은 어느 날 내게 이렇게 물었다.

"원자 안에 정말로 전자의 궤도 같은 것이 있다고 생각해?"

나는 약간 애매하게 대답했던 것 같다.

"일단 안개상자 속에서는 전자의 궤도를 직접적으로 볼 수 있잖아. 비행운飛行雲 비슷한 수증기 입자들의 흔적이 전자가 간 길을 보여주지. 안개상자 속에 전자의 궤도가 있다면, 원자 속에도 그런 것이 있지 않을까? 하지만 나 역시 의심이 들기는 해. 우리는 궤도는 고전적인 뉴턴역학에 따라 계산하지만 양자조건을 통해 뉴턴역학에서는 결코 가질 수 없는 안정성을 부여하지. 그리고 전자가 방사할 때 한 궤도에서 다른 궤도로 도약을 한다고들 하는데, 우리는 그것이 멀리뛰기인지 높이뛰기인지, 다른 어떤 것인지 알지 못해. 그렇게 보면 원자 속에 전자궤도가 있다고 하는 표상도 말이 되지 않는 것 같아. 하지만 그렇다면 대체 어떻게 되는 걸까?"

볼프강은 고개를 끄덕였다.

"그래. 모든 게 정말 어마어마하게 신비해. 원자 속에 전자의 궤도가 있다면, 전자는 일정 진동수로 궤도를 주기적으로 돌고 있다는 이야기야. 그렇다면 전자기 역학 법칙에 따라 이렇듯 주기적으로 운동하는 전하에서 전자기 복사가 나와야 하지. 즉 특정 진동수의 빛이 방사되어야 해. 그런데 그 이야기는 나오지 않고, 그 신비한 도약에서만 전자기 복사가 이루어진다고 하면서, 그때 복사되는 빛의 진동수는 신비한 도약 전후의 궤도 진동수 사이 중간쯤에 위치하게 된다고 하지. 이 모든 건 정말이지 정신 나간 소리야."

"정신 나간 것도 방법은 될 수 있지요." 내가 햄릿을 인용했다.

"그럴 수도 있겠지. 아무튼 닐스 보어는 이제 화학 원소의 전체 주기율 시스템에서 각 원자 속 전자궤도를 알고 있다고 주장해. 우리 둘은 솔직하게 말해 그런 전자궤도가 있다고 믿지 않고. 조머펠트는 아직 그것을 믿고 있는 것 같아. 하지만 안개상자 속에서는 전자궤도가 나타나니까, 어떤 의미에서는 닐스 보어가 옳을지도 몰라. 하지만 우리는 아직 그것이 어떤 의미에서인지 몰라."

볼프강과 달리 나는 그런 문제에서 낙관적이라 다음과 같이 대답했던 것 같다.

"나는 보어의 물리학이 모든 어려움에도 불구하고 아주 매력적이라고 생각해. 보어 역시 자신이 그 자체로 모순을 품고 있는, 따라서 이 형태로는 완벽하게 맞아떨어지지 않는 가정에서 출발하고 있다는 걸 알고 있을 거야. 하지만 그는 탁월한 직관으로 이런 박약한 가정과 더불어 원자적 사건들에 대해, 부분적으로 중요한 진실을 담긴 상들을 이끌어 내고 있어. 보어는 고전역학 또는 양자론을 화가가 붓과 물감을 사용하는 것과 비슷한 방식으로 이용하고 있어. 붓과 물감을 통한 상은 확실하지 않아. 물감으로 그린 그림은 현실과는 다르지. 하지만 화가처럼 마음의 눈으로 어떤 상을 보고 있다면, 불완전하긴 해도, 붓과 물감을 통해 그것을 다른 사람에게 보여줄 수 있어.

보어는 빛의 현상, 화학적인 과정, 그 외 다른 많은 과정에서의 원자의 행동을 정확히 알고 있어. 그리고 그것을 통해 직관적으로 다양한 원자의 구조에 대한 표상을 얻었지. 그리고 이제 전자궤도와 양자조건이라는 불완전한 수단으로 그 표상을 다른 물리학자들에게 이해시키려고 하는 거야. 따라서 보어 스스로도 원자 속의 전자궤도를 믿고 있는 건지 잘 모르겠어. 하지만 보어는 자신의 상들이 맞는다는 것을 확신하고 있지. 현재로서 이런 상들을 정확하게 보여줄 만한 언어적 혹은 수학적 표현이 없다는 사실은 결코 나쁘지 않아. 오히려 굉장히 매혹적인 과제가 되는 셈이니까."

볼프강은 여전히 회의적인 태도를 보였다.

"일단 보어-조머펠트 가정이 내 문제에서 확인되는지를 한 번 볼 거야. 확인되지 않을 거라는 생각이 드는데, 그렇더라도 그러면 어디가 잘못되었는지를 알게 될 거야. 그러면 이미 한 걸음 더 전진하게 되는 셈이지." 그리고 나서 볼프강은 심각한 표정으로 계속 말을 이었다. "그래. 보어의 상들은 옳은 것일지도 몰라. 그러나 그것을 어떻게 이해할 수 있지? 그 상들 뒤에 어떤 법칙이 있는 걸까?"

얼마 뒤 조머펠트는 보어의 원자 이론에 대한 꽤 긴 대화 후 내게 불쑥 이렇게 물었다.

"자네 닐스 보어를 개인적으로 알고 싶지 않은가? 보어가 곧 괴팅겐에 와서 자신의 이론에 대한 강의를 할 예정이라네. 내가 초대를 받았으니, 자네를 데리고 갈 수도 있어."

나는 한순간 말문이 막혔다. 괴팅겐까지의 왕복 기차비가 걱정이 되어서였다. 조머펠트는 내 얼굴에 걱정의 그림자가 스치는 것을 보았는지, 내 여행 경비를 대줄 수 있다는 말을 덧붙였고, 나는 주저할 이유가 없었다.

1922년 초여름 하인베르크 산기슭의 정원과 단독주택들이 어우러진 아늑한 소도시 괴팅겐은 알록달록 꽃이 만발한 숲들과 장미넝쿨, 화단이 어우러져 아름다운 모습을 연출하고 있었다. 그 모습만으로도 우리가 훗날 이때를 일컬었던 괴팅겐 '보어 축제'라는 명칭이 무색하지 않을 정도였다. 첫 강의의 풍경은 내 뇌리 속에 지금까지도 깊이 각인되어 있다. 강의실은 꽉 들어찼고, 스칸디나비아인 특유의 체격을 갖춘 덴마크 물리학자 닐스 보어가 고개를 약간 삐딱하게 한 채 수줍게 웃으며 단상에 섰다. 활짝 열린 창문으로부터 초여름 괴팅겐의 환한 햇살이 단상으로 비쳐들고 있었다. 보어는 덴마크 억양을 섞어 상당히 나지막하게 말했다. 보어는 그의 이론의 각각의 가정을 설명할 때 단어 하나하나를 매우 신중하게 사용했다. 우리가 평소 조머펠트의 강의에서 듣던 것보다 훨씬 더 신중한 어휘들이었고, 그렇게 신중한 문장 뒤에 오랜 사고 과정이 있었음이 엿보였다.

강의 내용은 새롭기도 하고 새롭지 않기도 했다. 우리는 조머펠트 강의 시간에 보어의 이론을 배웠고, 따라서 우리는 그 이론이 말하고 있는 것을 알고 있었다. 하지만 들었던 말도 보어의 입으로 직접 들으니 조머펠트에게서 들을 때와는 다르게 들렸다. 보어가 그의 결과들을 계산이나 증명이 아닌, 직관과 추측을 통해서 얻었다는 것, 이제 그것들을 수학에 능통한 괴팅겐의 학자들 앞에서 변호하는 것을 힘들어하고 있다는 것이 여실히 느껴졌다. 매 강의가 끝난 뒤 토론이 벌어졌고, 나는 세 번째 강의가 끝나갈 무렵 비판적인 논평을 제기했다.

보어는 크라머스의 논문에 대해 말했는데, 그 논문은 내가 조머펠트의 세미나에서 발제를 했던 논문이었다. 보어는 강의의 마지막에 그 이론의 토대는 아직 불명료하지만, 크라머스의 결과들이 옳고, 나중에 실험으로 확인될 것으로 믿는다고 말했다. 그리하여 나는 일어나서 우리가 뮌헨에서 토론했고, 그 과정에서 나 역시 크라머스의 결과들에 대해 품고 있던 의문들을 가지고 이의를 제기했다. 보어는 나의 이의가 자신의 이론을 세심하게 숙고한 결과라는 것을 바로 느낀 것 같았다.

보어는 그 이의에 대해 약간 마음이 혼란스러워진 듯, 머뭇거리며 대답을 했고, 토론이 끝난 뒤 내게 다가와 오후에 함께 하인베르크 산을 산책하며 내가 제기한 문제들을 더 상세하게 논의해보지 않겠느냐고 제의했다.

이 산책은 이후의 나의 과학에 너무나도 강력한 영향을 행사했다. 아니 나의 과학은 비로소 이 산책과 함께 시작되었다고 말하는 편이 더 적당할 것이다. 우리는 잘 다져진 숲 속 오솔길을 따라 단골 커피집 '춤 론스Zum Rhons'를 거쳐 해가 환하게 비치는 언덕에 이르렀다. 그 언덕에서 보면 오래된 요하니스 교회와 야코비 교회의 탑이 우뚝 솟은 유명한 대학 도시 괴팅겐의 모습이 내려다보였고, 라이네 계곡 저편 언덕들도 눈에 들어왔다.

보어는 오전에 토론했던 이야기를 꺼내면서 대화를 시작했다.

"당신은 오늘 아침에 크라머스의 논문에 대해 몇 가지 의구심을 밝혔지요. 우선 말하고 싶은 것은 당신이 제기한 의문점들은 내게 충분히 이해가 가는 것들이에요. 그래서 내가 이 문제들을 어떻게 생각하는지 좀 더 자세히 설명을 하고 싶군요. 나는 기본적으로 당신이 생각하는 것보다 더 당신과 견해가 비슷해요. 그리고 원자의 구조에 대해 이야기할 때 얼마나 신중을 기해야 하는지를 잘 알고 있어요. 내가 이 이론에 이르게 된 과정에 대해 먼저 좀 설명을 해야겠군요. 그 출발점은 원자가 미니 행성계이고, 여기서 천문학적 법칙을 적용할 수 있으리라는 생각이 아니었어요. 결코 그런 게 아니었어요. 내게 출발점이 되었던 것은 물질의 안정성이었어요. 그것은 지금까지의 물리학의 관점에서 보면 정말 기적처럼 보이는 것이죠.

내가 말하는 안정성이란 같은 물질은 계속하여 똑같은 성질을 보이는 것을 말해요. 같은 결정을 이루고, 같은 화학적 결합이 생겨나는 등 말이에요. 외부의 영향이 초래할 수 있는 많은 변화 뒤에도 철 원자는 결국 정확히 같은 성질을 지닌 철 원자로 남죠. 그것은 고전역학의 시각으로 보면 불가해한 거예요. 특히 원자가 행성계와 비슷하다고 상정하면 이해가 가지 않는 사실이지요. 따라서 자연에는 특정 형태를 이루려는 경향이 있어요. 나는 지금 가장 일반적인 의미에서의 '형태'를 말하는 거예요. 이런 형태들은 그것이 방해를 받았든 파괴되었든 간에 계속해서 다시 생겨나요. 생물학도 그렇게 볼 수 있지요. 살아 있는 유기체의 안정성, 즉 각각 전체로서만 존재할 수 있는 복합적인 형태를 이루는 것도 비슷한 현상이에요. 하지만 생물학의 대상은 시간적으로 변화하는 아주 복합적인 구조이고, 지금은 이에 대해 논하고 싶지는 않아요. 여기서는 다만 우리가 물리학과 화학에서 만나는 간단한 형태에 대해서만 이야기를 하고 싶어요.

동질의 물질의 존재, 고체의 존재, 이 모든 것은 원자의 안정성에 기초하고 있어요. 특정 기체로 채워진 형광등에서 계속 같은 색깔의 빛, 즉 정확히 같은 스펙트럼선을 가진 발광 스펙트럼을 얻는다는 사실도 마찬가지지요. 이 모든 것은 결코 당연한 일이 아니에요. 뉴턴역학의 원리, 즉 엄격한 인과적 결정론을 받아들여서 현재의 상태가 각각 직접적으로 선행하는 상태를 통해 명백히 결정된다고 한다면, 납득이 가지 않는 일들이지요. 이런 모순은 일찌감치 나를 불안하게 했어요.

이런 기적과 같은 물질의 안정성은 지난 수십 년간 다른 종류의 몇몇 중요한 경험들을 통해 새롭게 조명되지 않았다면 더 오랜 세월 주목받지 못하고 남아 있었을 거예요. 당신도 알다시피 플랑크는 원자계의 에너지가 불연속적으로 변화한다는 것을 발견했죠. 그런 계를 통과하는 에너지 복사에서, 나중에 내가 정상상태stationary state라고 명명한, 특정 에너지를 가진 정거장들이 있다는 것이죠. 그 뒤에 러더퍼드가 원자의 구조에 대해 천착하고 원자 모형을 제안했는데, 그것은 이후의 전개에 아주 중요했어요. 그곳 맨체스터 러더퍼드의 실험실에서 나는 이런 모든 문제를 접하게 됐죠.

나는 당시 거의 지금의 당신처럼 젊었고, 러더퍼드와 함께 그런 질문에 대해 엄청나게 많은 이야기를 나누었어요. 결국 이 시기 과학계에서는 발광 현상에 대해 정확한 연구가 이루어졌고, 서로 다른 화학 원소에 특징적인 스펙트럼선도 측정해 냈어요. 다양한 화학적 경험들에는 물론 원자의 행동에 대한 아주 많은 정보가 들어 있었지요. 그리고 내가 당시 몸소 경험했던 이 모든 전개 과정을 통해 하나의 문제가 제기되었어요. 오늘날 이 질문을 더 이상 피해갈 수가 없게 되었죠. 즉 이 모든 것이 어떻게 연관되어 있는가 하는 문제 말이에요. 따라서 내가 시도해 본 이론은 바로 이런 연관을 만들어내는 것이라고 할 수 있어요.

하지만 이것은 별로 희망이 없는 과제예요. 우리가 평소에 과학에서 만날 수 있는 것과는 전혀 다른 종류의 과제죠. 지금까지 물리학, 혹은 모든 다른 자연과학에서는 새로운 현상을 규명하고자 할 때 기존의 개념과 방법을 사용했어요. 새로운 현상을 이미 알려진 효과나 법칙으로 환원시키고자 했죠. 그러나 원자물리학에서 우리는 이미 기존의 개념으로는 충분하지 않다는 것을 알고 있어요. 물질의 안정성 때문에 뉴턴역학은 원자 내부에서는 통할 수가 없어요. 뉴턴역학은 기껏해야 간혹 단서를 줄 수 있을 따름이죠.

그래서 원자 구조는 명료한 진술이 불가능해요. 명료하게 진술하려면 고전물리학의 개념들을 사용해야 할 텐데, 고전 물리학의 개념으로는 원자적 사건들을 더 이상 파악할 수 없기 때문이죠. 당신은 우리가 이런 이론으로 원래는 불가능한 것을 시도하고 있다는 것을 이해할 거예요. 원자의 구조에 대해 뭔가 발언을 해야 하는데, 명백하게 의사소통을 할 수 있는 언어를 가지고 있지 않은 거예요. 생활 조건이 자신의 고향과는 아주 다를 뿐 아니라, 언어도 도무지 통하지 않는 먼 나라에 표류한 선원이나 다름없는 형편이죠. 의사소통을 해야 하는데, 의사소통을 할 수단이 없는 거예요. 이런 상황에서 이론은 여느 때와 같은 일반적인 '설명'을 할 수가 없어요. 연관들을 보여주고 신중하게 더듬어 나가는 수밖에 없지요. 크라머스의 계산들도 그런 거예요. 나는 오늘 오전에 더 신중하게 표현해야 했는지도 몰라요. 그러나 당분간은 그 이상의 것을 할 수 없을 거예요."

보어의 말을 들으면서 나는 우리가 뮌헨에서 이야기했던 모든 의심과 이의를 보어도 익히 알고 있음을 느꼈다. 나는 보어의 말을 잘 이해한 것인지 확인하기 위해 이렇게 되물었다.

"그렇다면 선생님이 며칠 동안 강의에서 소개하고 그 근거를 제시했던 원자의 상들은 무슨 의미가 있습니까? 그것을 어떤 의미로 봐야 하죠?"

보어가 대답했다.

"이런 상들은 경험에서 추론한 것들, 아니 추측한 것들이에요. 어떤 이론적인 계산에서 얻은 것들이 아니죠. 나는 이런 상들이 원자의 구조를 잘 묘사하는 것이기를 희망해요. 하지만 기껏해야 고전물리학의 구체적인 언어로 가능한 정도로밖에 묘사하지 못하겠지요. 여기서 언어는 시와 비슷하게 사용될 뿐이에요. 시에서는 현실을 정확히 묘사하는 것이 중요하지 않아요. 청중의 의식 속에 상들을 만들어내고 상들을 불러일으키고 생각의 연결을 만들어내는 것이 중요하죠."

"하지만 그러면 연구는 어떻게 진척을 이룰 수 있을까요? 결국 물리학은 정확한 과학이어야 할 텐데요."

보어가 말했다.

"우리는 양자론의 모순들, 물질의 안정성과 관련한 이해할 수 없는 면모들이 새로운 경험과 더불어 점점 더 밝은 빛 가운데로 나아오기를 기다려야 해요. 이런 일이 일어나면 시간이 지나면서 새로운 개념들이 형성되고, 우리는 그 개념들로 원자 속의 모호한 과정들을 이해할 수 있게 되겠지요. 하지만 거기까지는 아직 먼 길이죠."

보어의 말을 들으며 나는 슈타른베르크 호숫가를 걷던 중에 로베르트가 내놓았던 의견, 즉 원자는 사물이 아니라는 말이 떠올랐다. 보어가 화학 원자의 내부 구조에 대해 세부적인 것들을 안다고 믿을지라도, 원자껍질을 이루는 전자들은 틀림없이 사물이 아닐 것이기 때문이었다. 여하튼 간에 위치, 속도,

에너지, 연장延長 같은 개념으로 무리 없이 묘사할 수 있는, 기존 물리학적 의미에서의 사물은 아닐 것이다. 그래서 나는 보어에게 물었다.

"선생님이 말씀하셨듯이 원자의 내부 구조를 명료하게 묘사하는 것이 가능하지 않다면, 즉 우리가 그 구조에 대해 이야기할 수 있는 언어를 가지고 있지 않다면, 그래도 언젠가는 우리가 원자를 이해할 수 있게 될까요?"

보어는 잠시 주저하더니 이렇게 말했다.

"그럼요. 하지만 우리는 동시에 우선 '이해한다'라는 말이 무슨 뜻인지를 먼저 배우게 될 겁니다."

그러는 동안에 우리의 산책길은 하인베르크 산의 정상의 '케어(Kehr, '돌아가다'라는 뜻)'라는 음식점에 이르렀다. 옛날부터 사람들이 이곳을 기점으로 오던 길을 되돌아가곤 해서 이런 이름이 붙여졌으리라. 우리 역시 그곳에서 다시금 계곡 쪽으로 방향을 틀어 이번에는 남쪽 방향으로 언덕과 숲, 라이네 계곡의 마을들을 내려다보면서 걸었다.

보어가 다시 운을 뗐다.

"어려운 이야기를 많이 했군요. 나의 과학 연구가 어떻게 해서 여기까지 이르렀는지도 이야기했고요. 하지만 당신에 대해서는 아는 게 없네요. 당신은 아주 젊어 보이는데, 원자물리학 공부로 시작하여 고전물리학과 다른 과학도 공부한 것 같군요. 조머펠트가 당신을 아주 일찌감치 모험적인 원자의 세계로 인도했네요. 그건 그렇고 전쟁 때는 어떤 경험을 했나요?"

나는 내가 갓 스무 살로 비로소 4학기째 대학 공부를 하고 있기 때문에, 사실은 물리학에 대해 아는 것이 많지 않다는 것을 고백했다. 그리고 조머펠트의 세미나를 통해 이 혼란스럽고 불가해한 양자론에 특히 끌리게 되었다고 말했다. 전쟁과 관련해서는 나의 경우 전쟁에 나가기에는 너무 어려서, 우리 가족 중에서는 아버지만 예비역 장교로 프랑스에서 전투에 참전했는데, 우리 가족은 아버지 걱정을 아주 많이 했지만 1916년 부상으로 인해 제대하고 돌아오셨다고 전했다. 전쟁의 마지막 해에 식량을 조달하기 위해 바이에른 알프스 고지대의 농가 일을 도왔고, 그 밖에 뮌헨에서 혁명이 일어났을 때 몇 가지 일을 경험했노라고, 하지만 그 외에는 별다른 일 없이 평범하게 지내왔다고 했다.

그러자 보어는 이렇게 말했다.

"당신의 이야기를 좀 더 듣고 싶군요. 독일의 상황에 대해서도 알고 싶고요. 아직 잘 모르거든요. 괴팅겐의 물리학자들에게서 전해들은 청년운동에 대해서도요. 코펜하겐을 한번 방문해 줘요. 함께 물리학을 공부할 수 있게끔 시간을 내서 오면, 덴마크 구경도 시켜주고, 역사도 이야기해 줄 테니까요."

괴팅겐 시내에 가까이 왔을 때 우리의 대화는 괴팅겐의 물리학자들과 수학자들 이야기로 넘어갔다. 나는 막스 보른,* 제임스 프랑크, 리하르트 쿠란트, 다비트 힐베르트를 괴팅겐에서 처음 알게 되었다. 우리는 잠시 내가 대학 시절의 일부분을 괴팅겐에서 보낼 수 있는 가능성에 대해서도 논의했다. 미래는 새로운 희망과 가능성으로 가득 차 보였고, 보어를 숙소까지 바래다준 뒤 내 숙소로 돌아오는 길에 나는 환하게 빛나는 미래를 그려 보았다.

---

* Max Born(1882~1970). 독일의 물리학자. 양자역학이라는 이름을 처음 만들고 이를 체계화시켰으며 특히 양자역학의 수학적 계산 결과를 확률로 해석해야 한다고 제안했다. 이 공로로 1954년 노벨 물리학상을 받았다. 고체물리학과 광학의 업적으로도 널리 알려져 있다. 괴팅겐 대학에서 수학 전공으로 시작하여 이론물리학으로 옮겨갔으며, 특히 델브뤽, 괴퍼트-마이어, 오펜하이머, 요르단 등의 박사 학위 논문을 지도했고 페르미, 하이젠베르크, 파울리, 텔러, 위그너 등의 저명한 물리학자들을 연구 조수로 두어 교육시켰다. 1933년 이후 영국으로 망명하여 케임브리지 대학과 에딘버러 대학에서 재직했다.

4
정치와 **역사**에 대한 교훈

1922 ~ 1924

1922년의 여름은 몹시 실망스러운 체험으로 끝이 났다. 나의 스승 조머펠트는 내게 라이프치히에서 열리는 독일 자연과학자들과 의사들의 학회에 다녀오지 않겠느냐고 제안했다. 거기서 아인슈타인이 주 강연 중 하나를 맡아 일반상대성이론에 대해 강의할 거라고 했다. 아버지는 내게 뮌헨에서 라이프치히까지의 왕복 기차표를 선물해주었고, 나는 상대성이론 발견자의 강연을 직접 듣게 된다는 사실에 몹시 가슴이 설렜다. 라이프치히에 도착한 뒤 나는 그 도시에서 제일 허름한 지역의 가장 싼 숙소를 잡았다. 좀 더 좋은 곳에서 묵을 형편이 안 되었기 때문이다.

학회가 열리는 건물에서 나는 괴팅겐의 '보어 축제' 기간에 안면을 튼 몇몇 젊은 물리학자들을 만났다. 그들에게 아인슈타인의 강연에 대해 물으니, 몇 시간 뒤 바로 그날 저녁에 열릴 예정이라고 알려주었다. 그런데 그 말을 하는데 이상하게 사람들의 분위기가 긴장되어 있었다. 처음에는 그 이유를 알지 못했다. 하지만 이곳은 지난번 괴팅겐과는 사뭇 다르다는 것을 느꼈다. 강연까지 남은 시간을 이용해 나는 라이프치히 전승기념비까지 산책을 나갔다. 그런데 밤기차를 타고 와서 피곤한 데다 배고픈 상태로 전승기념비 아래에서 잠시 풀밭에 몸을 뉘었다가 곧장 잠이 들고 말았다. 얼마쯤 되었을까, 나는 어린 여자애가 내게 던진 자두에 맞아 잠을 깼다. 하지만 그 아이는 곧바로 도망가지 않고 내 옆에 앉더니 미안하다는 표시로 바구니 속 자두를 내가 먹고 싶은 만큼 먹도록 해주어 그걸로 배고픔을 달랠 수 있었다.

아인슈타인의 강연은 커다란 홀에서 열렸다. 극장과 비슷한 공간으로 사방에 난 작은 문으로 입장할 수 있도록 되어 있었다. 내가 들어가려고 하자, 문에서 한 젊은이가—나중에 들은 바에 의하면 남부 독일의 한 대학 도시의 유명한 물리학 교수의 조교인가 제자라고 했다—내 손에 붉은 쪽지를 쥐어주었다. 그 쪽지에는 아인슈타인과 그의 상대성이론을 조심하라는 경고가 담겨 있었다. 상대성이론이 과대평가되었을 뿐, 사실은 검증되지 않은 사변이라는 것이었다.

처음에 나는 이 쪽지를 간혹 이런 학회에 나타나곤 하는 정신 이상자의 소행이려니 생각했다. 그러나 조머펠트도 강의에서 종종 언급했던, 실험물리학 분야에서 명망 높은 물리학자가 그 장본인이라는 것을 들었을 때 나는 정말이지 비참한 기분이 들었다. 내가 품어왔던 희망이 한순간에 무너져 내리는 느낌이었다. 나는 최소한 과학에서만큼은 내가 뮌헨 시민전쟁 때 경험했던 정치적 견해 다툼에서 자유로우리라고 확신하고 있었다. 그러나 성격적으로 유약한 사람들을 거쳐, 이제는 과학마저 악의적인 정치적 열정에 감염되고 왜곡될 수 있다니!

이 쪽지의 내용은 나로 하여금 파울리가 간혹 언급하곤 했던 일반상대성이론에 대한 모든 유보를 뒤로 하고, 이제 이 이론의 정당성을 깊이 확신하도록 해주었다. 뮌헨 시민전쟁을 겪으면서 어떤 정치 노선을 당사자들이 시끄럽게 선전하는 목표에 따라서 판단하면 절대로 안 되고, 그들이 그 목표를 실현하기 위해 사용하는 수단으로만 판단해야 한다는 것을 배웠기 때문이었다. 나쁜 수단은 그 장본인들이 자신들의 명제의 설득력을 스스로 믿지 못한다는 것을 증명한다. 여기서 한 물리학자가 상대성이론에 반대하여 투입한 수단이 비열하고 객관성을 상실한 걸 보면 이 반대자는 상대성이론을 과학적인 논지로 반박할 수 있다고 생각하지 않는 것이 틀림없었다.

하지만 이렇게 커다란 환멸을 느끼고 나니 아인슈타인의 강연조차 제대로 귀에 들어오지 않았다. 그리하여 나는 강연이 끝난 뒤 조머펠트의 소개로 아인슈타인과 개인적으로 인사하고자 하는 노력조차 하지 않고 풀이 죽어 숙소로 돌아왔다. 그런데 숙소에 돌아와보니 나의 모든 물건, 배낭, 속옷, 여벌 양복 등을 누군가가 훔쳐가버렸다. 다행히 돌아오는 기차표는 주머니 속에 있었으므로, 나는 역으로 가서 다음 기차를 타고 뮌헨으로 향했다. 기차를 타고 가면서 나는 완전히 낙담했다. 아버지에게 공연히 커다란 재정적 손실을 안겼다는 마음 때문이었다.

뮌헨에 도착한 나는 부모님 집으로 가지 않고 일단 뮌헨 남쪽 숲 지대인 포르스텐리더 공원에서 벌목 아르바이트를 구했다. 그곳 가문비나무 숲에 나무좀이 창궐하여 나무를 베고 껍질을 소각하는 작업이 한창이었다. 재정적 손실을 어느 정도 보충할 만큼 돈을 번 다음에야 나는 물리학으로 되돌아갔다.

이 모든 에피소드를 이 자리에서 보고하는 것은 차라리 잊어버리는 편이 좋을 달갑지 않은 일들을 다시금 끄집어내기 위해서가 아니다. 이런 에피소드가 나중에 닐스 보어와의 대화에서, 그리고 과학과 정치 사이의 위험한 영역에서 나의 행동에 중요한 역할을 했기 때문이다. 라이프치히에서 있었던 일은 물론 처음에는 깊은 실망으로 다가왔고 과학의 의미에 대해 의심을 하게 했다. 학계에서조차 진리가 아니라 이해관계를 둘러싼 다툼이 판친다면, 과연 과학을 하는 것이 가치가 있는 일일까? 그러나 보어와 함께 하인베르크를 산책하던 행복한 기억은 결국 그런 염세주의적 기분을 눌렀고, 나는 보어의 즉흥적인 초대에 응하여 언젠가는 코펜하겐에 오래 머물며 그와 많은 대화를 할 수 있을 거라는 희망을 간직했다.

그러나 보어를 방문한 것은 그로부터 일 년 반이 더 지난 뒤였다. 그 기간 동안 나는 한 학기는 괴팅겐에서 공부했고 한 학기는 뮌헨에서 유체 흐름의 안정성에 대해 박사 논문을 쓰고 시험을 보았으며, 또 한 학기는 괴팅겐에서 보른의 조교로 지냈다. 그리고 나서 1924년 부활절 방학 때 나는 드디어 바르네뮌데에서 나를 덴마크로 데려다 줄 페리보트에 오를 수 있었다. 항해 도중 범선들을 많이 보았는데, 그중에는 돛대 네 개와 돛줄로 꽉 찬, 상당히 오래된 커다란 범선들도 있었다. 당시 그런 배들은 주로 발트해에 있었다. 1차 대전으로 인해 세계적으로 증기선의 상당량이 해저로 가라앉아버렸기 때문에, 낡은 범선들이 다시금 등장했고, 지금이 백 년 전인가 착각할 정도로 멋진 모습을 보여주었다.

도착해서는 짐 때문에 약간의 어려움이 있었는데 덴마크어를 할 줄 모르다 보니 해결하기가 여간 어려운 것이 아니었다. 하지만 내가 닐스 보어 교수 연구소에서 근무하게 될 거라고 말하자 문제는 손쉽게 해결되었다. 보어라는 이름이 모든 문을 열어주었고 순식간에 모든 장애물을 제거해 주었다. 그렇게 나는 덴마크에 발을 디딘 첫 순간부터 이 작고 신사적인 나라의 가장 강력한 사람의 보호 하에서 안전감을 느낄 수 있었다.

하지만 보어의 연구소에서 보낸 첫 며칠은 쉽지는 않았다. 그곳에는 여러 나라에서 온 재능 있는 젊은이들이 많이 모여 있었다. 나와 비교가 안 될 정도로 덴마크어를 잘하고 세상 물정에도 밝으며, 전공 과학에서도 나보다 훨씬 더 조예가 깊은 사람들이었다. 닐스 보어의 얼굴을 보기도 힘들었다. 보어는 연구소 행정과 관련하여 할 일이 아주 많은 것 같았고, 나는 보어가 연구소의 다른 동료들보다 내게 더 시간을 많이 할애해주리라고 기대해서는 안 된다는 것을 깨달았다. 하지만 며칠 뒤 보어는 내 방에 와서 며칠간 셸란 섬으로 하이킹을 함께 가지 않겠냐고 물었다. 연구소에서는 자세한 이야기를 나눌 기회가 너무 없다며, 나와 시간을 보내고 싶다고 했다.

그리하여 우리는 등에 배낭을 짊어지고 단둘이 여행을 떠났다. 우선은 전차로 코펜하겐의 북쪽 가장자리까지 간 다음, 거기서부터 걸어서 동물원이라 불리는 지역을 통과했다. 그곳은 옛 사냥터로 한가운데에 작은 성을 연상시키는 예쁜 산장이 있고, 숲 속 빈터에는 사슴과 노루 떼가 있었다. 그 뒤 계속해서 북쪽으로 걸었다. 때로는 해안을 따라가기도 하고, 때로는 숲이나 호수를 지나기도 했다. 이른 봄, 호수는 막 푸른 싹이 돋아나기 시작한 덤불들 사이에 고요히 놓여 있었고, 호숫가에는 여름 별장들이 창문이 굳게 잠긴 채 잠들어 있었다. 우리의 대화 주제는 곧 독일의 상황으로 넘어갔다. 보어는 그로부터 10년 전 1차 대전이 발발했을 때 내가 겪었던 일을 듣고 싶어했다.

보어가 말했다.

"나는 전쟁이 시작되었을 즈음의 이야기를 종종 들었어요.

친구들 중 1914년 8월 초 독일을 여행하던 사람들이 있었고, 그들은 커다란 열광의 물결이 온 독일 민족을 사로잡고 심지어는 외국인들에게까지 미칠 정도였는데, 정말이지 몸서리가 쳐지더라고 했지요. 한 민족이 그렇게 열광적으로 전쟁의 길에 들어설 수 있다니 정말 이상하지 않나요? 아군과 적군을 막론하고 많은 희생자가 발생하고, 양측에서 많은 불의가 저질러지리라는 걸 아는데도 말이에요. 그런 상황을 어떻게 설명할 수 있을까요?"

난 이렇게 대답했던 것 같다.

"저는 당시 열두 살 학생이었고, 부모님이나 조부모님이 하시는 말들을 듣고 상황을 파악했던 것 같습니다. 그런데 '열광'이라는 말은 당시 독일 사람들의 상태를 제대로 묘사하는 말은 아닌 것 같습니다. 제가 알기로 독일인들 중 그 누구도 다가올 일을 기뻐하지 않았습니다. 아무도 전쟁이 일어나는 걸 좋게 생각하지 않았습니다. 당시의 일을 저더러 묘사하라고 한다면, 당시 우리 모두는 갑자기 사태가 심각해졌음을 느꼈다고 말할 수 있을 겁니다. 그때까지 우리를 두르고 있던 많은 아름다운 허상들이 오스트리아 황태자의 암살로 인해 사라졌고, 그 뒤에서 현실의 딱딱한 속심이 드러났던 겁니다. 그것은 이제 우리 조국과 우리 모두가 피해갈 수 없는 통과의례처럼 여겨졌습니다. 사람들은 아주 깊은 우려를 안고, 그러나 온 마음을 다해 그런 요구를 향해 나아갔습니다.

물론 그것이 옳다고 확신했습니다. 우리는 늘 독일과 오스트리아를 한 쌍으로 보았기 때문에, 세르비아 비밀 조직에 의한 프란츠 페르디난트 대공 부부의 암살을 독일에 가해진 명백히 부당한 행위라고 느꼈습니다. 따라서 방어를 해야 했습니다. 아까 말했던 것처럼 거의 모든 독일인이 온 마음으로 그런 결심을 했을 겁니다.

그렇게 함께 들고 일어난 것에는 뭔가 도취적인 것, 뭔가 끔찍하고 비이성적인 구석이 있습니다. 그건 사실입니다. 저 자신도 1914년 8월 1일에 실제 그런 일을 경험했습니다. 저는 당시 부모님과 함께 뮌헨에서 오스나브뤼크로 갔습니다. 아버지가 오스나브뤼크에서 예비역 장교로 입대를 해야 했거든요. 역마다 소리 지르고, 뛰어다니고, 흥분한 어조로 대화를 나누는 사람들로 가득 차 있었습니다. 거대한 화물열차는 꽃과 나뭇가지로 장식되어 있었고 군인들과 무기들이 실려 있었습니다. 젊은 부인들과 아이들은 마지막 순간까지 기차 곁을 떠나지 않았습니다. 기차가 떠나갈 때까지 울고, 노래를 불렀습니다. 처음 만나는 사람들과도 마치 오래전부터 알아온 사람처럼 그렇게 서로 이야기했습니다. 힘닿는 데까지 서로를 격려했습니다. 오로지 우리 모두에게 밀어닥쳐온 운명에 대한 생각뿐이었습니다. 저는 제 인생에서 그날을 지워버리고 싶지 않습니다. 도저히 잊지 못할 엄청난 날이었습니다. 그렇지만 그날이 일반적으로 전쟁에 대한 열광이나 전쟁에 대한 기뺨이라 할 만한 것과 관계가 있었을까요? 저는 잘 모르겠습니다. 나중에 전쟁이 끝나고 난 뒤 모든 것이 잘못 해석되었다고 생각합니다."

보어가 말했다.

"하지만 덴마크인들의 시각은 좀 달라요. 역사적 언급으로 시작해도 될까요? 독일은 지난 세기에 비교적 쉽게 세력을 확장했어요. 1864년, 우선 우리 덴마크와 전쟁을 했고, 1866년 오스트리아에게서, 1870년 프랑스에게서 승리를 거두었죠. 거대한 중앙유럽 제국을 건설하는 것이 마치 손바닥을 뒤집듯 쉽게 이루어질 수 있을 것처럼 보였을 거예요. 하지만 그건 그리 쉽지 않았어요. 제국을 건설하기 위해서는 물론 폭력이 없이는 안 된다 해도, 합병이라는 새로운 형식에 대해 많은 사람들의 마음이 모아져야 해요.

프로이센은 능력이 있음에도 사람들의 인심을 사는 데는 실패했던 것 같아요. 그들의 생활 방식이 너무 엄격해서 그랬을 수도 있어요. 엄격한 규율 개념이 다른 나라 사람들에게는 잘 먹혀들지 않았기 때문이에요. 독일 사람들은 그들이 다른 나라 사람들을 더 이상 설득할 수 없다는 것을 너무 늦게 깨달았어요. 그래서 작은 나라인 벨기에에 대한 침공은 오스트리아 황태자 암살 사건으로 결코 정당화될 수 없는 순수한 폭력 행위로 보였어요. 벨기에 사람들은 이 암살과 아무 관계도 없었고, 벨기에는 독일에 대항하는 동맹에도 가담하지 않았는데도요."

나는 수긍할 수밖에 없었다.

"우리 독일인들은 이 전쟁에서 많은 불의를 저질렀습니다. 물론 반대편도 그랬고요. 전쟁에서는 많은 불의들이 저질러집니다. 이 일에 유일하게 시비를 가릴 수 있는 세계사는 독일에게 유죄를 선언할 거라는 걸 압니다. 게다가 저는 어떤 정치가들이 어떤 부분에서 옳고 그른 결정을 했는지를 판단하기에는 너무 어렸습니다. 하지만 여기서 두 가지 질문을 드리고 싶습니다. 이런 일의 인간적인 면과 관련된 질문들로 제 마음을 계속 불편하게 했던 질문들이죠. 그에 대한 선생님의 생각을 듣고 싶습니다.

우리는 전쟁이 발발했던 날들에 대해 이야기했습니다. 전쟁이 일어나자마자 며칠 사이에 순식간에 세계가 변해 버렸다는 것에 대해서도요. 전에 우리를 압박했던 일상의 작은 걱정거리들은 사라져 버렸습니다. 전에 삶의 중심에 있었던 가령 부모나 친구와의 관계는 공동 운명에 처한 모든 사람들과의 직접적인 관계에 비하면 중요하지 않은 게 되었습니다. 집, 거리, 숲, 모든 것이 전과는 아주 달라 보였습니다. 야코프 부르크하르트의 말을 빌리자면 '하늘조차 다른 색깔을 띠었죠'.

저보다 몇 살 위로 친하게 지냈던 사촌은 오스나브뤼크에 살았는데 그 역시 군인이 되었습니다. 그가 자원해서 입대를 했는지, 징집을 당했는지는 알지 못합니다. 그런 질문은 아무도 하지 않았으니까요. 커다란 결정은 내려졌고, 신체적으로 쓸 만한 사람은 전부 군인이 되었습니다. 제 사촌은 결코 전쟁을 원한다거나, 독일을 위한 정복 전쟁에 참전한다거나 하는 생각을 하지 않았을 겁니다. 저는 그가 떠나기 전 나눈 마지막 대화를 통해 그것을 분명히 압니다. 승리를 확신했을지 몰라도 추호도 그런 생각은 하지 않았습니다. 하지만 그는 이제 자신이 생명을 걸고 참전해야 한다는 걸 알았습니다. 나의 사촌이나 다른 모든 사람이나 마찬가지였습니다. 나의 사촌은 한순간 아주 아연실색했지만, 다음 순간 모두가 그랬듯 '예스'를 선언했죠. 제 나이가 몇 살 더 되었더라면 저도 똑같이 그랬을 겁니다.

그 뒤 제 사촌은 프랑스에서 전사했습니다. 그는 이 모든 것이 무의미한 것이고, 휩쓸려 가는 것이며 세뇌당하는 것임을, 목숨을 걸고 전쟁에 참여하는 게 말도 안 되는 일임을 생각해야 했을까요? 어떤 심급이 대체 이렇게 말할 권리를 가지고 있었을까요? 정치의 연관성을 제대로 꿰뚫어보지 못하고, '사라예보의 암살' 또는 '벨기에로의 진격'과 같은 이해하기 힘든 개별적인 사실들만 듣고 있는 젊은이의 이성이 그렇게 할 수 있었을까요?"

보어가 대답했다.

"당신의 말은 나를 아주 슬프게 하는군요. 당신의 말을 충분히 이해할 수 있기 때문입니다. 좋은 일이라 확신하고 전쟁에 참전한 젊은이들이 느꼈던 것은 인간이 경험할 수 있는 최고의 행복에 속할 거예요. 그 시점에 그것이 아니라고 말할 수 있는 심급도 없었죠. 하지만 그것이 바로 아주 끔찍한 사실 아닐까요? 당신이 경험한 그런 들뜬 분위기는 가을에 철새들이 모여서 남쪽으로 날아갈 때와 비슷하지 않을까요? 철새 중 아무도 누가 남쪽으로의 이동을 결정하는 건지, 왜 이런 이동이 일어나는 건지 알지 못해요. 하지만 각각의 철새는 그 소망에 함께하려는 공동의 흥분에 사로잡히죠. 그리고 그렇게 함께 날아갈 수 있다는 걸 행복해해요. 그 길에서 많은 새가 죽을지라도 말이에요.

인간의 경우 이런 현상에서 놀라운 것은 이런 현상이 산불이나, 기타 자연법칙에 따라 일어나는 일처럼 인간의 의지로 좌지우지할 수 없다는 거예요. 또 하나 놀라운 것은 다른 한편 그 과정이 거기에 내맡겨진 인간에게 굉장한 해방감을 불러일으킨다는 거예요. 이런 들뜬 분위기에 참여하는 젊은이는 일상적인 걱정과 근심의 짐을 모두 벗어던지게 돼요. 삶과 죽음이 오락가락하는 마당에 평소 삶을 옭죄었던 작은 일들이 뭐가 중요하겠어요. 부차적인 관심사들에는 신경 쓸 필요가 없는 거죠.

전심전력을 다해 하나의 목표, 즉 승리만을 추구할 때 삶은 그 어느 때보다 단순하고 일목요연해지는 거예요. 젊은이의 삶에서 이런 독특한 상황을 실러의 「발렌슈타인」에 나오는 기사의 노래보다 더 잘 묘사한 곳은 없을 거예요. 당신도 그 구절을 알고 있을 거예요. '너희가 목숨을 걸지 않으면, 생명을 얻지 못할지니.' 이것은 아마도 사실일 거예요. 하지만 우리는 그럼에도, 아니 그 때문에 전쟁을 피하기 위해 노력해야 해요. 그리고 그것을 위해 전쟁이 일어날 수 있는 긴장 상황이 조성되지 않도록 해야 하는 것이고요. 이를 위해 우리가 가령 덴마크를 함께 여행하는 것은 좋은 일이에요."

내가 대화를 이어 나갔다.

"이제 두 번째 질문을 드리고 싶습니다. 선생님은 프로이센의 엄격한 규율이 다른 나라 사람들에게는 먹혀들지 않았다고 말씀하셨습니다. 저 자신은 남부 독일에서 성장했고 그러다 보니 전통과 교육에 따라 마그데부르크와 쾨니히스베르크 사이에서 자란 사람들과는 사고방식이 다릅니다. 하지만 프로이센적인 삶의 원칙들, 즉 개개인은 공동체의 일에 복종할 것, 검소한 생활을 영위할 것, 정직할 것, 청렴할 것, 용맹할 것, 예의를 지킬 것, 시간을 정확히 지켜 의무를 이행할 것, 이런 원칙들은 제게 아주 훌륭해 보였습니다. 이런 원칙들이 나중에 정치적으로 오용되었다고 해도, 저는 그것들을 조금도 하찮게 여길 수는 없습니다. 덴마크 사람들은 그에 대해 다르게 생각하는 이유가 무엇일까요?"

보어가 말했다.

"우리 역시 그런 프로이센 덕목의 가치를 알아요. 하지만 우리는 프로이센의 덕목보다 개인의 생각과 계획에 더 많은 비중을 두고 싶어해요. 우리는 다른 사람의 권리를 완전히 존중해주는 자유로운 인간들의 공동체를 원하고 그런 공동체의 일원이 되기를 원해요. 개인의 자유와 독립은 우리에게는 한 공동체의 강도 높은 규율을 통한 힘보다 더 중요하지요. 공동체의 삶의 방식이 종종은 역사적 모범을 통해 결정된다는 것이 신기하기도 해요. 지금은 신화나 전설로만 살아 있다 해도 그런 모범들은 여전히 큰 힘을 발휘하고 있지요. 프로이센의 덕목은 기사도의 형태로 형성되었던 것 같아요. 청빈, 동정, 순종이라는 수도 서원이 거기서 비롯되었고요. 기사들은 이교도에 대한 싸움에서 기독교 교리를 전파하고, 그로 인해 신의 보호 하에 있게 되는 거지요.

덴마크에서는 그와 달리 아이슬란드 전설의 영웅들을 생각해요. 시인이자 전사인 에길 스칼라그림손*을 생각하죠. 에길은 세 살 때 이미 아버지의 뜻을 거역하고 마구간에서 말을 꺼내 아버지를 좇아 여러 마일을 달렸다고 해요. 또는 현자 니알을 생각해요. 니알은 아이슬란드의 그 누구보다 법률에 정통했고 그 때문에 사람들은 분쟁이 있을 때마다 그에게 자문을 구했어요. 이런 사람들, 아니 그 조상들이 아이슬란드로 이주

---

* Egill Skallagrímsson. 기원후 850년부터 1000년까지의 노르웨이의 바이킹의 역사를 담은 서사시 〈에길의 사가〉의 주인공이다. – 역주

했던 이유는 강력한 권력을 가지게 된 노르웨이 왕들의 압제에 굴복하지 않으려 했기 때문이죠. 왕이 전쟁에 출정하라고 강요하는 것을 그들은 견딜 수가 없었어요. 왕이 하는 전쟁이지 그들이 하는 전쟁이 아니었거든요. 이들은 용감하고 호전적인 사람들이었어요. 말이 좀 그렇지만 이들은 해적질을 해서 먹고살았던 것 같아요. 전설을 읽어보면 놀랄 거예요. 싸움과 살인 등 잔인한 이야기도 많이 나오죠. 하지만 이들은 무엇보다 자유롭기를 원했어요. 그 때문에 그들은 다른 사람들이 자유를 누릴 권리도 존중했던 것이지요. 소유나 명예를 놓고서는 싸웠지만 다른 사람을 억누를 권력을 가지려고 싸우지는 않았어요. 물론 이런 전설들이 얼마나 역사적인 사실에 기반한 것인지는 확실하지 않지만, 이런 연대기적 기록들은 시적인 힘을 가지고 있어요. 그 때문에 이런 상들이 오늘날에도 자유에 대한 표상을 좌우하는 것이죠.

일찍이 노르만족이 커다란 역할을 했던 영국의 경우에도 이런 독립 정신이 중요한 영향을 미쳤어요. 영국식 민주주의, 즉 공정성, 타인에 대한 배려, 권리에 대한 중시 등은 모두 이런 뿌리에서 나왔을 거예요. 영국인들이 세계적인 대제국을 건설할 때 이런 특질들이 커다란 역할을 했겠지요. 물론 개별적인 경우에는 옛 바이킹들처럼 아주 많은 폭력이 저질러졌지만요."

오후가 되었다. 우리는 해변가를 따라 작은 어촌들을 걸어

다녔다. 외레순 해협 너머로 노을에 잠긴 스웨덴의 해안이 보였다. 덴마크 해안과 스웨덴 해안은 이 부분에서 불과 몇 킬로미터밖에 떨어져 있지 않았다. 헬싱괴르에 도착했을 때는 이미 날이 저물기 시작했다. 우리는 그냥 들어가지 않고 크론보르 성 외곽을 한 바퀴 빙 돌았다. 크론보르 성은 외레순 해협의 가장 좁은 곳에 위치하여 도항을 제어하는 곳이었다. 성벽에는 오랜 옛날의 권력을 상징하는 옛 대포들이 보였다.

보어는 내게 성의 역사를 설명해주었다. 덴마크의 프레데리크 2세가 16세기 말경에 네덜란드 르네상스 스타일로 요새를 건축했다고 했다. 높이 쌓아올린 벽과 외레순 해협 쪽으로 한껏 밀려난 성루는 이곳에서 군사력이 행사되었음을 상기시켰다. 포곽은 17세기 스웨덴 전쟁에서 포로수용소로 사용되었다. 그러나 우리가 저녁 어스름 속에서 성루 위 옛 대포들 옆에 서서 외레순에 떠 있는 범선들과 높은 르네상스 건축을 번갈아 보았을 때 싸움이 끝난 장소에서 나오는 조화로움이 느껴졌다. 한때 사람들로 하여금 서로에 대해 반목하게 하고 배를 파괴하고 승리의 함성을 지르고, 절망의 외침을 발하게 했던 힘들이 느껴지는 동시에 그 힘들이 더 이상 위험하지 않다는 것, 그것들이 더 이상 삶을 좌우할 수 없음을 아는 데서 비롯되는 느낌이랄까. 그래서 이 모든 것 위에 감도는 고요함이 아주 직접적이다 못해, 거의 몸으로 체감할 수 있을 정도였다.

크론보르 성, 또는 더 정확히는 이 성이 서 있는 장소는 아버지를 독살한 포악한 삼촌의 손을 벗어나기 위해 미쳐 버렸거나 혹은 미친 척했던 덴마크 왕자 햄릿의 전설과 연결되어 있다. 보어는 햄릿 이야기를 하다가 이런 말을 했다.

"신기하게도 햄릿이 여기에 살았다고 생각하면 이 성이 아주 다른 성처럼 느껴지지 않나요? 물리학적으로 말하자면 이 성은 돌로 만들어진 것이고, 우리는 건축가가 그 돌을 짜맞춘 형태를 감상해요. 돌, 고색창연한 초록 지붕, 교회 안의 목재 조각품, 성은 이런 것이죠. 햄릿이 여기 살았다는 사실을 듣게 되어도 이 모든 것은 하나도 변하지 않죠. 그런데도 그 사실을 의식하면 이 성은 다른 성이 돼요. 갑자기 담들과 벽들이 다른 말을 하게 되죠. 성의 뜰은 넓은 세계가 되고, 어두운 구석은 인간 영혼 속의 어둠을 상기시켜요. 우리는 '사느냐 죽느냐 그것이 문제로다'라는 질문을 듣게 되죠. 햄릿에 대해서는 사실 거의 알려진 게 없어요. 13세기 연대기의 아주 짧은 글에 '햄릿'이라는 이름이 들어 있을 뿐이라고 해요. 그가 여기 살았는지는 고사하고, 그가 정말로 실존했던 인물인지도 증명할 수 없어요. 하지만 우리 모두는 셰익스피어가 햄릿과 함께 어떤 질문을 하고 있는지, 어떤 심정을 드러냈는지 잘 알아요. 햄릿은 이 지상에서 한 장소를 얻어야 했고, 여기 크론보르 성이 그 장소가 되었어요. 그 사실을 알면 크론보르 성은 아주 다른 성이 되지요."

날은 거의 칠흑같이 깜깜해졌다. 외레순 해협 위로 차가운

바람이 불어와 우리는 숙소로 발걸음을 재촉했다.

다음 날 아침 바람은 더 거세졌다. 그러나 하늘은 구름 한 점 없었고, 하늘색으로 빛나는 발트해 건너 북쪽으로 스웨덴 해안이 쿨렌 곶에 이르기까지 시야에 훤히 잡혔다. 우리는 섬의 북쪽 가장자리를 따라 서쪽으로 걸어갔다. 여기에서 땅은 해수면보다 약 20~30미터 위에 있어서 여러 곳에서 육지에서 해변까지가 거의 절벽처럼 가팔랐다. 쿨렌 곶을 바라보며 보어는 이렇게 말했다.

"당신은 산과 인접한 뮌헨에서 자랐고, 내게 산행에 대해 많은 이야기를 해주었어요. 산에서 사는 사람들은 덴마크의 지형이 아주 평평하게 느껴져서 영 낯설지도 모르겠어요. 하지만 우리에게는 바다가 아주 중요해요. 바다를 바라보며 우리는 무한의 일부를 포착한다고 생각하죠."

내가 대답했다.

"무슨 말씀인지 잘 알겠습니다. 어제 해변에서 본 어부의 얼굴에서도 이곳 사람들의 시선은 고요히 먼 곳을 향하고 있음을 느낄 수 있었습니다. 산에 사는 우리는 전혀 다릅니다. 그런 지역에서 시선은 가까운 곳의 우연한 것들로부터 울퉁불퉁한 바위나 눈 덮인 산꼭대기를 거쳐 곧장 하늘로 향합니다. 그래서 뮌헨 사람들이 그렇게 떠들썩한 모양입니다."

보어가 말을 이었다.

"덴마크에는 산이 하나밖에 없어요. 높이가 160미터 정도

인데, 아주 높다고 그걸 '하늘산'이라고 부르지요. 덴마크 사람 하나가 노르웨이에서 온 친구에게 이 산을 보여주며 우리에게도 이런 게 있다 하고 좀 뻐기려고 했대요. 그러자 노르웨이에서 온 손님은 그 산 앞에서 콧방귀를 끼며 돌아서더니 '우리 노르웨이에서는 이런 걸 보고 구덩이라고 부르지'라고 했다는군요. 덴마크의 지형에 대해 그렇게 혹평하지 않기를 바라요. 그건 그렇고 당신이 청년운동에서 함께 다닌 하이킹 이야기가 듣고 싶네요. 하이킹이 세부적으로 어떻게 진행되는지 알고 싶어요."

"우리는 종종 몇 주씩 걸어 다닙니다. 작년 여름에는 뷔르츠부르크를 출발하여 뢴을 거쳐 하르츠 산맥 남단까지 걸어 갔습니다. 그러고는 거기서 예나와 바이마르를 거쳐 다시금 튀링어 숲을 통과하여 밤베르크에 이르렀지요. 날씨가 따뜻하면 텐트도 치지 않고 숲에서 잠을 자기도 합니다. 보통은 텐트를 치고 자고, 날씨가 궂으면 농가의 건초 더미 속에서 자기도 합니다. 때로는 그런 잠자리를 이용하기 위해 농가의 일손을 돕기도 하고요. 우리의 일이 농가에 보탬이 된 경우는 푸짐한 식사를 제공받기도 합니다. 하지만 보통은 우리가 스스로 식사를 준비하죠. 대부분은 숲에서 모닥불을 피우고 말입니다. 저녁에는 모닥불 가에 모여 앉아 글도 낭송하고, 노래하고 악기도 연주합니다. 청년운동을 했던 사람들은 많은 옛 민요들을 발굴해서 수집했습니다. 그리고 이런 민요를 다성부의 노래로 편곡하고, 바이올린과 플루트 반주부도 만들어 넣었지요. 노래하고 연주하는 건 아주 즐겁습니다. 서투른 연주라도, 우리 귀에는 괜찮은 소리로 들리지요. 그러다 보면 때로 우리가 중세 초의 유랑 민족이 된 것 같은 기분이 들기도 합니다. 1차 대전의 불행과 뒤이은 내전을 옛날 30년 전쟁 때의 절망적인 상황과 비교하기도 하면서요. 우리가 부르는 멋진 민요 중 많은 것이 30년 전쟁의 그 참혹한 시절에 탄생한 것이라고 들었거든요. 이런 시간들을 통한 연대감이 독일 여러 지역의 젊은이들을 아주 즉흥적으로 사로잡았던 것 같습니다. 한번은 거리에서 낯선 청년이 제게 말을 걸어 와서는 알트뮐 계곡으로 오라고 했습니다. 그곳 성에 모두들 모인다면서요. 정말로 사방에서 젊은이들이 프룬 성으로 집결하고 있었습니다. 프룬 성은 프랑켄 지방으로 뻗은 유라 산맥 속 그림처럼 경치가 좋은 곳에 위치해 있습니다. 거의 수직으로 깎아지른 그곳 절벽 위에서 보면 알트뮐 계곡이 내려다보이죠. 저는 당시 즉흥적으로 형성된 공동체에서 나오는 힘에 다시금 사로잡혔습니다. 어제 이야기드렸듯이 1914년 8월 1일처럼 말이죠. 하지만 그 밖에 청년운동은 정치와는 거의 무관합니다."

"그런 삶은 아주 낭만적으로 느껴지네요. 정말 함께하고 싶을 것 같아요. 여러 대목에서 우리가 어제 이야기했던 기사도 정신이 엿보이고요. 하지만 프리메이슨처럼 청년운동에서도 입단하기 전에 무슨 서약 같은 걸 해야 하는 건 아니겠지요?"

"그런 건 없습니다. 명문화된 규칙은 물론이고, 구전으로 전해지는 규칙 같은 것도 없습니다. 그런 형식이 있었다면 우리 중 많은 사람들이 회의적인 반응을 보였을 겁니다. 하지만 누구도 요구하지 않지만, 사실은 모두가 따르는 규칙이 있다고 말할 수 있을 겁니다. 가령 담배를 피우지 않고, 술도 여간해서는 마시지 않고, 게다가 기성세대의 눈으로 볼 때는 너무 단순하고 격식이 없는 옷차림을 하고요. 그리고 우리 중 그 누구도 밤 문화를 즐기거나 밤에 환락가를 전전하는 사람은 없는 것 같아요. 하지만 결코 엄수해야 할 규칙이 있는 것은 아닙니다."

"그런 보이지 않는 규칙을 어기면 어떻게 되지요?"

"모르겠습니다. 단순히 웃음거리가 되지 않을까요? 하지만 그런 일은 아직 없었습니다."

보어가 말했다.

"옛날의 상들이 그런 힘을 가진다니 정말 기막히지 않아요? 아니 정말 대단하다고 할까요? 그런 상들이 수백 년이 지난 뒤에 명문화된 규칙도, 외부의 강압도 없는데 인간의 삶을 결정짓고 있다니 말이에요. 우리가 어제 이야기한 수도자의 서원 중 첫 두 계명은 오늘날에도 받아들일 수 있는 덕목일 거예요. 그것들은 오늘날 겸손한 삶, 엄격하고 검소한 삶을 살려는 마음으로 이어지죠. 하지만 세 번째 계명인 순종에는 성급하게 중요성이 부여되지 않았으면 좋겠어요. 그 계명을 중요시하다보면 정치적인 커다란 위험이 생겨날 수 있거든요. 당신도 알겠지만 나는 아이슬란드인 에길과 니알을 프로이센의 기사들보다 더 높이 평가해요.

그건 그렇고 뮌헨 시민전쟁에 참여했다고 했죠? 그렇다면 당신은 국가 공동체의 일반적인 문제들에 대해 생각해보았을 거예요. 당시 제기되었던 정치적 문제들에 대한 당신의 입장이 청년운동에 동참하는 것과 관련이 있나요?"

나는 대답했다.

"시민전쟁에서 저는 정부군 편에 섰습니다. 싸움들이 무의미하게 다가왔기 때문이죠. 저는 싸움이 얼른 종식되기를 바랐습니다. 하지만 저는 당시 우리와 반대편에 섰던 사람들에 대해 양심의 가책을 느꼈습니다. 단순하고 소박한 사람들이었죠. 노동자들도 있었고요. 그들은 이 전쟁에서 다른 모든 사람들처럼 목숨 걸고 싸웠습니다. 그리고 다른 사람들과 같이 희생을 치렀습니다. 당시 지도층에 대한 그들의 비판은 전적으로 옳은 것이었습니다. 지도자들이 독일 민족에게 해결할 수 없는 과제를 안겨준 건 틀림없었거든요. 그 때문에 저는 시민전쟁이 끝난 뒤 가능하면 빠른 시일 안에 이런 소박한 사람들과 우호적인 관계를 맺는 게 중요하다고 생각했습니다. 이것은 당시 청년운동에서 폭넓게 공유된 생각이었죠.

그래서 4년 전 우리는 뮌헨에서 민중대학 강좌들을 개설하는 걸 도왔습니다. 저는 주제넘지만 야간 천문학 코스를 개설해, 이삼백 명의 노동자들과 그들의 부인들에게 밤하늘을 올려다보며 별자리를 설명해 주었습니다. 행성의 운동과 태양과 지구의 거리를 알려주었고 은하계의 구조에 대한 관심을 불어넣었습니다. 한번은 비슷한 청중들 앞에서 한 젊은 숙녀와 함께 독일 오페라 강의도 했습니다. 그녀는 아리아들을 불렀고 저는 피아노 반주를 했습니다. 그 숙녀가 오페라의 역사와 구성에 대해 설명을 해주었고요. 물론 우리로서는 참으로 당찬 일이었습니다. 하지만 노동자들은 우리의 선의를 이해했고 우리와 마찬가지로 강좌에 즐겁게 참여했던 것 같습니다. 또한 당시 청년운동을 했던 많은 젊은이들이 국민학교 교사로 방향을 틀었습니다. 그래서 저는 오늘날 국민학교 교사 중에 상급 학교 교사들보다 더 나은 교사들이 많다고 자부합니다.

외국에서 보면 독일의 청년운동이 너무 낭만적이고 이상주의적으로 보이고, 그 때문에 이런 운동이 정치적으로 잘못된 방향으로 나아가지나 않을까 하는 우려도 있는 것 같습니다. 하지만 저는 현재로서는 그런 걱정은 하지 않습니다. 많은 좋은 일들이 청년운동에서 비롯되었습니다. 바흐 음악과 이전 시대의 교회음악, 민속음악 등 옛 음악에 대한 관심을 새로이 일깨웠고, 그 혜택이 부자들에게만 돌아가지 않는 새롭고 단순한 수공예품을 보급시키고자 노력했습니다. 아마추어 연극이나 음악을 통해 민중들에게 예술의 즐거움도 알리고자 했고요."

보어가 말했다.

"당신은 아주 낙천적이라 좋군요. 하지만 신문을 보다 보면 간혹 독일에서 어두운 반유대적인 분위기가 조성되고 있다는 기사를 읽게 돼요. 물론 선동가들이 과장한 면도 있겠지만…… 이에 대해 뭔가 아는 것이 있나요?"

"네, 뮌헨에도 그런 분위기를 조성하는 단체들이 있습니다. 그들은 아직도 지난 전쟁의 패배를 인정하지 못하는 옛 장교들과 손을 잡았습니다. 하지만 우리는 그런 사람들에게 그리 신경을 쓰지 않습니다. 순전히 복수심으로는 이성적인 정치를 할 수 없습니다. 하지만 유감스러운 것은 실력 있는 학자들 중에도 그런 말도 안 되는 일에 동조하는 사람들이 있다는 겁니다."

나는, 상대성이론에 정치적 수단을 이용해 대항하려 했던 학자들을 목격했던, 라이프치히 학회에서 있었던 그 씁쓸한 경험을 이야기했다. 당시 보어와 나는 이렇듯 별로 중요하지 않아 보이는 정치적인 일탈로부터 나중에 얼마나 끔찍한 일이 벌어질지 꿈에도 몰랐다.

하지만 아직 그 이야기를 할 계제는 아니다. 아무튼 보어는 옛 장교들과 상대성이론을 받아들이지 못하는 물리학자들을 같은 선상에서 언급했다.

"봐요, 이 자리에서 나는 다시금 영국적인 태도가 프로이센적인 태도보다 몇 가지 점에서 우월하다는 것을 명백히 느껴요. 영국에서는 패배를 깨끗하게 인정하는 것이 가장 고상한 덕목 중 하나예요. 반면 프로이센에서는 숙이고 들어가는 건 치욕이지요. 프로이센에서는 패배자들에게 아량을 베푸는 승자를 추앙해요. 그것은 정말 칭찬할 만한 것이죠. 하지만 영국에서는 패배를 깨끗이 인정하고 감수하면서 승자에게 너그러운 태도를 보이는 패자를 존경해요. 패자가 이런 태도를 보이는 건 승자가 관용을 보이는 것보다 더 힘들 거예요. 하지만 이런 태도를 보일 수 있는 패자는 그로써 다시금 거의 승자의 지위에 오르게 되는 것이죠. 그는 다른 자유로운 사람들과 더불어 자유인으로 남아요. 당신은 내가 다시금 옛 바이킹 이야기를 하고 있다는 걸 알 거예요. 당신은 이런 게 너무 낭만적이라고 생각할지도 모르지만, 난 꽤나 진지하게 말하는 거랍니다."

"천만의 말씀이에요. 진지한 말씀이라는 걸 전적으로 이해합니다"라고 나는 말했다.

이런 대화를 하면서 우리는 셀란 섬 최북단에 위치한 휴양지 길렐레예까지 이르러 해변가 백사장을 거닐었다. 여름에는 해수욕객들로 북적거리는 곳이었지만, 이런 추운 날에 백사장에는 우리뿐이었다. 바닷물 가까이에 예쁘고 납작한 돌이 많아서 우리는 그 돌들로 물수제비를 뜨거나 저만치 물에 떠다니는 나무 바구니나 각목을 맞히려고 해보았다. 그러면서 보어는 전쟁이 끝나고 크라머스와 함께 이곳 해변에 왔던 이야기를 해주었다. 그때 그들은 물가에 있었는데 물속 바닥에 뭔가가 있기에 보았더니 독일 기뢰더라고 했다. 온전한 상태로 해변으로 떠밀려왔었는지 수면 위에서도 뇌관이 똑똑히 분간되었다. 뇌관을 맞히려고 했다면, 몇 번 만에 맞힐 수 있었을지도 몰랐다. 하지만 맞히면 어떻게 될지 보기도 전에 그들의 목숨이 날아가 버릴 것이 분명했다. 그런 판단에 이르자 그들은 다른 목표물을 향해 돌을 던졌다고 했다.

우리는 여행을 하면서 계속해서 멀리 있는 대상에 돌을 던져 맞히는 일을 되풀이했다. 그러면서 다시 한 번 상들이 어떤 힘을 갖는지를 이야기하기도 했다. 우리 앞에 저만치 길 옆으로 전봇대가 서 있었는데 상당히 멀리 떨어져 있어서 돌을 아주 세게 던져도 전봇대를 맞히기가 힘들 것 같았다. 그런데 뜻밖에도 나는 돌을 던져 단번에 그 전봇대를 맞혔다. 그러자 보어는 잠시 생각에 잠기더니 이렇게 말했다.

"목표를 정하고 어떻게 던질까, 팔을 어떻게 움직여야 할까를 곰곰이 생각하면 맞힐 확률이 거의 없어요. 하지만 머리를 쓰지 않고 그냥 맞힐 수 있을 거라고 생각하면, 상황은 또 달라지고 정말로 맞힐 수 있게 되지요."

이어 우리는 오랫동안 원자물리학에서의 상과 표상의 의미에 대해 이야기했다. 하지만 이런 이야기는 여기에는 기록하지 않겠다.

그날 밤 우리는 그 섬의 북서쪽 숲 가장자리에 있는 한적한 여관에 묵었다. 다음 날 아침 보어는 내게 티스빌데에 있는 자신의 별장을 보여주었다. 이곳에서 훗날 원자물리학에 대한 우리의 많은 대화가 이루어질 터였다. 그러나 이 계절에는 아직 그곳에서 손님을 맞을 준비는 되어 있지 않았다. 코펜하겐으로 돌아오는 길에 우리는 유명한 프레데릭스보르 성을 보기 위해 힐레뢰드 역에 들렀다. 호수와 공원에 둘러싸여 옛날에 왕과 귀족들에게 사냥의 즐거움을 허락해 주었을 것으로 보이는, 네덜란드 르네상스 양식으로 지어진 화려한 성이었다. 보어는 궁정생활을 즐기기 위해 지어진 프레데릭스보르 성보다는 햄릿의 성인 크론보르 성에 한결 관심이 많다는 것이 확연히 느껴졌다. 그리하여 대화는 곧 다시금 원자물리학으로 넘어갔다. 앞으로 우리의 온 생각을 사로잡고, 우리 삶의 가장 중요한 부분을 이루게 될 주제로 말이다.

5
양자역학과 **아인슈타인**과의 대화
1925 ~ 1926

세상이 어지러운 시대, 원자물리학은 닐스 보어가 하인베르크를 산책할 때 예측했던 것처럼 전개되었다. 원자와 그 안정성에 대한 이해를 둘러싼 어려움과 내적인 모순은 줄어들 수도 없고, 제거될 수도 없었다. 반대였다. 어려움은 점점 더 첨예하게 불거졌다. 기존의 물리학에서 통용되던 개념으로 원자물리학을 이해하려는 시도는 애초부터 실패가 예정된 것처럼 보였다.

가령 미국의 물리학자 콤프턴은 빛(더 정확히는 X선)이 전자에 부딪혀 산란이 일어날 때 빛의 진동수가 변한다는 것을 발견했는데, 이런 결과는 빛이 아인슈타인이 제안한 대로 작은 입자나 에너지 덩어리로 되어 있으며, 입자들이 공간 속에서 빠른 속도로 움직이다가 간혹 전자와 부딪혀 산란된다고 가정해야 설명할 수 있는 것이었다. 그러나 한편으로는 파장만 더짧을 뿐, 빛 역시 전파와 기본적으로는 전혀 다르지 않음을 뒷받침하는 실험들도 많았다. 따라서 빛은 입자의 흐름이 아니라 파동이라는 것이었다. 네덜란드의 학자 온스타인의 측정 결과들도 기묘했다. 온스타인은 스펙트럼선들의 강도를 비교하는 실험(비강도법)을 했는데, 그 비율은 보어의 이론으로 예측할 수 있었다. 그리고 실험 결과 보어의 이론에서 도출된 공식들이 처음에는 맞지 않지만, 관계식을 조금만 변화시키면 실험에 정확히 들어맞는 새로운 공식에 이를 수 있는 것으로 드러났다.

학자들은 이런 어려움에 차츰 적응해 가고 있었다. 기존의 물리학에서 유래한 개념들이 원자의 영역에서 반쯤만 맞고 반쯤은 틀리는 상황에 익숙해져서, 그런 개념들을 너무 엄격하게 적용하지 않게 되었으며 다른 한편 이런 자유를 능란하게 활용하여 간혹 올바른 수식을 추측해 내기도 했다.

그리하여 1924년 막스 보른의 지도 하에 괴팅겐에서 있었던 여름 세미나에서는 새로운 양자역학에 대한 논의가 이루어지기 시작했다. 후에 뉴턴역학의 뒤를 잇게 될 양자역학은 당시 아직은 군데군데 윤곽만을 가늠할 수 있는 과학이었다. 뒤이은 겨울 세미나에서도 역시—나는 이때 다시 일시적으로 코펜하겐에서 연구를 하며 분산 현상에 대한 크라머스의 이론을 확장하고자 노력하고 있었는데—올바른 수식을 도출할 수는 없었지만, 고전역학의 비슷한 공식으로부터 올바른 수식을 이끌어내고자 모두가 애썼다.

당시의 원자 이론을 생각할 때면 나는 늘 1924년 늦가을 청년운동을 함께 했던 몇몇 친구들과 함께 크로이트와 아헨 호수 사이의 산들을 누비고 다녔던 일이 떠오른다. 당시 계곡은 날씨가 상당히 흐렸고 구름이 낮게 드리워져 있었다. 산에 오르는 중에 안개는 점점 더 짙게 우리의 좁은 길을 막아서더니 조금 더 지나자 급기야는 바위도 나무도 전혀 구분할 수 없는 상황이 되었다. 아무리 애써도 길을 분간할 수 없었다. 우리는 그럼에도 산을 오르고 있었지만, 위급한 경우 돌아가는 길이라도 찾을 수 있을지 약간 두려움이 들었다.

하지만 조금 더 올라가자 신기한 현상이 나타났다. 군데군데 짙은 안개로 친구들의 모습이 보이지 않아 서로 소리 질러 확인할 정도였지만, 동시에 우리의 위쪽이 밝아졌다. 그리고 짙은 안개와 옅은 안개가 교대되기 시작했다. 안개가 걷히는 부분에 도달한 것이 틀림없었다. 그러더니 갑자기 두 개의 짙은 안개구름 사이에서 태양이 밝게 비쳐드는 높은 바위벽이 눈에 들어왔다. 지도를 통해 익히 알고 있던 바위벽이었다. 이런 식으로 몇 번 밝은 부분을 보는 것만으로도 우리는 전체적인 지형을 명확히 파악할 수 있었다. 거기서 10분 정도 계속 가파른 길을 오르자 우리는 안개 바다 위의 해가 드는 부분으로 나오게 되었다. 남쪽으로는 존벤트 산 봉우리들, 그 뒤로 중앙 알프스의 눈 덮인 봉우리들이 훤히 보였다. 거기서부터는 올라가는 길은 전혀 헷갈리지 않았다.

1924년과 1925년의 겨울, 우리는 원자물리학에서 이처럼 안개가 종종은 전혀 앞이 안 보일 정도로 짙지만, 위쪽은 이미 밝아지고 있는 그런 영역에 도달해 있었던 게 틀림없다. 약간 씩 밝아지는 부분이 결정적인 통찰의 가능성들을 예고해 주었다.

1924년 7월 이래 나는 괴팅겐 대학의 강사로 일했다. 1925년에 다시금 괴팅겐에서 연구를 하게 되면서 나는 코펜하겐에서 크라머스와 함께 연구할 때 활용했던 방법으로 수소 스펙트럼선들의 세기에 대한 올바른 공식을 얻기 위해 애썼다. 그러나 아무리 애써도 잘 되지 않았다. 복잡한 수식이 얽히고 설켜 도저히 출구를 발견할 수가 없었다. 하지만 이렇게 애를 쓰는 가운데 내 안에서 원자 속 전자의 궤도를 묻지 말고, 전체의 진동 주파수와 스펙트럼선의 세기를 결정하는 크기(이른바 진폭)를 궤도 대신으로 삼아야 하겠다는 생각이 굳어졌다. 이런 물리량들은 여하튼 직접적으로 관찰할 수 있는 것들이었으므로, 발헨 호숫가에서 자전거 하이킹을 할 때 우리의 친구 오토가 아인슈타인의 입장이라고 주장했던 의미로, 이런 물리량만이 원자를 결정하는 요소라고 보아야 한다고 생각했다. 나는 맨 처음 이런 방법을 수소 원자에 적용해 보고자 했지만, 계산이 복잡해서 좌절하고 말았다. 그리하여 내가 계산할 수 있는 수학적으로 더 간단한 역학계mechanical system를 물색했고, 진동하는 진자, 더 일반적으로는 원자물리학에서 분자 진동 모델로 여겨지는 조화진동자*가 그런 계로서 드러났다. 그 뒤 외적인 장애물이 앞을 가로막았는데, 이번에는 이런 장애물을 통해 내 연구가 방해받기보다 오히려 촉진되는 일이 일어났다.

외적인 장애물은 바로 병이었다. 1925년 5월 말 나는 건초열을 심하게 앓는 바람에 보른 교수에게 2주간의 휴가를 요청했다. 꽃가루의 진원지로부터 멀리 떨어져 헬골란트 섬에 가서 바닷바람을 쐬면서 건초열을 다스리고 싶었다. 헬골란트에 도착했을 때 내 얼굴은 퉁퉁 부어올라 아주 볼품없는 모습이었던 것 같았다. 그도 그럴 것이 집주인 아주머니가 나를 보더니 전날 밤 어디서 흠씬 두들겨 맞은 줄 알고 얼른 회복하라고 걱정을 해주었던 것이다. 내가 묵은 곳은 이 바위섬의 남쪽 가장자리 고지대에 위치해 있어 아래쪽 시가지와 그 뒤로 사구와 바다까지 내려다보이는 아주 전망 좋은 집이었고, 내 방은 그 집의 2층에 있었다. 나는 그 방의 발코니에 앉아서, 종종 바다를 바라보며 무한의 일부를 포착한다고 믿는다는 보어의 말을 떠올리곤 했다.

헬골란트에서는 매일 고지대를 산책하고 사구 쪽으로 나가

---

* 주기적인 운동을 나타내는 고유한 모형으로서 용수철이나 흔들이처럼 그 움직임을 삼각함수를 이용하여 묘사할 수 있는 경우를 조화진동이라 하며, 그러한 운동 양상을 보이는 대상을 통틀어 조화진동자라 한다. 복잡한 운동도 조화진동자의 합으로 서술할 수 있기 때문에 가장 기본적인 운동이라 할 수 있다.

서 일광욕을 하는 것 외에는 계속해서 연구 과제를 붙들고 늘어질 수 있었으므로 나의 계산은 괴팅겐에서보다 훨씬 빠르게 진척을 보였다. 이삼일 만에 그런 경우 초기에 반드시 나타나는 수학적으로 거추장스러운 부분들을 모두 떨쳐 버리고 내 질문에 대한 단순한 수식을 발견할 수 있었다. 거기서 이삼일이 더 흐르자 나는 관찰할 수 있는 크기만이 중요한 역할을 하게 될 물리학에서 보어-조머펠트 양자조건의 자리에 올 수 있는 게 무엇인지 확실히 알 수 있었다. 이런 추가 조건과 더불어 이론의 핵심적인 부분이 정리되었고, 이제 거의 틀이 잡혀 가는 느낌이었다. 그러나 그 뒤 나는 이렇게 탄생한 수식을 모순 없이 활용할 수 있음을 보증하는 게 아무것도 없다는 것을 깨달았다. 특히나 이런 식에서 에너지 보존 법칙이 여전히 통하는지도 알 수 없었다. 에너지 보존 법칙이 통하지 않으면 전체 식이 그저 휴지조각에 불과할 것이다. 한편으로는 계산하는 중에 에너지 보존 법칙만 증명할 수 있다면 내 눈 앞에 아른거리는 수학이 정말로 모순이 없고 일관된 것이 될 수 있으리라는 암시가 많이 나타났다. 그리하여 나는 에너지 보존 법칙이 성립하는지 알아보는 데 몰두했고, 어느 날 저녁 상당히 까다로운 계산 끝에 에너지표, 오늘날로 말하자면 에너지 행렬의 각 항을 규정하는 데까지 이르렀다. 첫 항들에서 에너지 보존 법칙이 성립하는 것으로 나오자 나는 흥분한 나머지 이어지는 계산에서 계속해서 실수를 저질렀다. 그리하여 최종적인 계산 결과가 나왔을 때는 이미 새벽 3시가 가까워져 있었다. 에너지 보존 법칙은 모든 항에서 만족되었고—계산이 술술 풀리는 것으로 보아—앞으로 전모가 드러날 양자역학이 수학적으로 모순이 없고 완결된 것임을 의심할 수 없었다. 첫 순간 나는 너무나 놀랐다. 마치 표면적인 원자 현상을 통해 그 현상 배후에 깊숙이 숨겨진 아름다운 근원을 들여다 본 느낌이었다. 이제 자연이 그 깊은 곳에서 내게 펼쳐 놓은 충만한 수학적 구조들을 좇아가야 한다고 생각하자 나는 거의 현기증을 느낄 지경이었다. 나는 너무나 흥분해서 잠자리에 들 수가 없었다. 세상은 이미 새벽노을로 물들고 있었고 나는 그 시간에 집을 나와 고지대의 남쪽 끝까지 갔다. 그곳에 바다 쪽으로 비쭉 내민 형태로 바위산이 하나 외따로 서 있었고 나는 늘 언젠가는 그곳에 한번 올라가봐야지 하고 벼르던 참이었다. 나는 이제 별로 힘들이지 않고 그 바위산에 올라 꼭대기에서 일출을 기다렸다.

내가 헬골란트에서 그날 밤에 보았던 것은 물론 아헨 호수 근처의 산에서 보았던, 태양이 비치던 바위 모서리로부터 많이 나아간 것은 아니었다. 하지만 평소에는 그렇게 비판적인 볼프강 파울리마저도 내가 결과들을 전해주자 그 방향으로 계속 나아가 보라며 격려해 주었다. 괴팅겐에서는 보른과 요르단이 이 새로운 가능성을 받아들였고, 케임브리지에서 공부하는 영국 청년 디랙*은 여기에서 제기된 문제를 해결하기 위한 자신만의 수학적 방법을 개발했다. 그리하여 이런 물리학자들이 부지런히 연구한 끝에 몇 달 되지 않아 완결된 수학적 구조물이 탄생했고, 이런 구조물이 원자물리학의 다양한 경험에 부합하기를 기대할 수 있었다. 뒤이은 몇 달간 숨 막히게 진행되었던 강도 높은 연구에 대해서는 여기서는 이야기하지 않겠다. 하지만 베를린에서 새로운 양자역학에 대해 강연을 한 뒤 아인슈타인과 나누었던 대화는 이야기하고 넘어가야 할 것 같다.

베를린 대학은 당시 독일 물리학의 아성으로 여겨졌다. 플랑크, 아인슈타인, 폰 라우에,** 네른스트*** 등이 베를린에서 활약했고, 플랑크가 양자론을 발견하고, 루벤스****가 열복사를

---

* Paul Dirac(1902~1984). 영국의 이론물리학자. 양자역학을 변환이론에 입각하여 만들고 또한 전자기 이론을 양자역학과 결합시킨 양자전기역학을 만들었다. 그를 바탕으로 스핀이 1/2인 입자의 장을 기술하는 디랙 방정식을 제안했고 양전자의 존재를 예측했다. 1933년 노벨 물리학상을 수상했다.

** Max von Laue(1879~1960). 독일의 물리학자. 결정의 엑스선 회절을 발견한 공로로 1914년 노벨 물리학상을 수상했다. 광학, 결정학, 양자론, 초전도, 상대성이론 등 물리학의 각 방면에서 많은 업적을 남겼다. 나치에 적극적으로 반대했으며, 전후 독일 과학을 재건하는 데 중요한 역할을 했다.

*** Walther Nernst(1864~1941). 독일의 화학자. 화학적 친화도의 이론을 밝히고 특히 열역학 셋째 법칙을 세운 공로로 1920년 노벨 화학상을 받았다.

**** Heinrich Rubens(1865~1922). 독일의 물리학자. 베를린-샤를로텐부르크 공과대학 교수로서 1900년 흑체복사의 정밀한 실험 측정을 통해 양자론의 출발점을 제공했다.

측정함으로써 그 이론을 확인한 곳도 베를린이었다. 아인슈타인도 1916년 이곳에서 일반상대성이론과 중력 이론을 정립한 바 있었다. 이런 과학의 중심지 베를린에서는 물리학 콜로키움이 과학 활동에 중요한 역할을 했다. 콜로키움은 헬름홀츠 시대부터 이어져 온 것으로 콜로키움이 열리면 물리학 교수들이 다수 참석했다. 1926년 봄 나는 이 콜로키움에 초대를 받았다. 새로 전개되고 있는 양자역학에 대해 보고해달라는 내용이었다. 이름만 들어보았던 유명한 학자들을 처음으로 개인적으로 알게 되는 자리이니만큼 나는 심혈을 기울여서 기존 물리학에 생소한 개념들을 소개하고, 새로운 이론의 수학적 배경들을 가능하면 명확히 묘사하고자 노력했다. 그렇게 하여 나는 특히 아인슈타인의 관심을 이끌어낼 수 있었다. 콜로키움이 끝나자 아인슈타인은 나에게 함께 자신의 집으로 가서 새로운 생각들에 대해 자세히 이야기해보자고 했다.

집으로 가는 길에 아인슈타인은 내가 공부해온 과정과 지금까지 물리학에서 어느 부분에 관심을 가져왔는지를 물었다. 하지만 집에 도착하자마자 나의 연구의 기본이 되는 철학적 전제에 대해 물으며 단도직입적으로 대화를 시작했다.

"당신이 소개한 내용은 범상치 않게 들려요. 당신은 원자 속에 전자가 있다고 보고 있어요. 그 점은 물론 옳겠지요. 하지만 원자 속의 전자궤도는 폐지하려고 해요. 전자궤도를 안개상자 속에서 직접 볼 수 있는데도 말이에요. 왜 그렇게 이상하게 보게 되었는지 좀 더 자세히 설명해 줄 수 있겠어요?"

나는 이렇게 대답했던 듯하다.

"원자 속 전자궤도는 관찰할 수 없습니다. 하지만 원자를 방전시킬 때 원자에서 나오는 방사선을 통해 원자 속 전자들의 진동수와 진폭은 즉각적으로 알 수 있지요. 기존 물리학에서도 전체의 진동수와 진폭은 전자궤도를 대신할 수 있어요. 하지만 이론에는 무릇 관찰될 수 있는 양만을 받아들여야 하므로, 저는 전자궤도 대신에 이런 진동수와 진폭만을 도입할 수 있다고 보았습니다."

"하지만 당신은 정말로 물리학 이론에서 관찰 가능한 물리량만을 취할 수 있다고 보는 건 아니겠지요?" 아인슈타인이 말했다.

나는 놀라서 물었다.

"바로 선생님이 그런 생각을 상대성이론의 토대로 삼지 않으셨나요? 선생님은 절대시간은 관찰할 수 없으므로 절대시간을 이야기해서는 안 된다고 강조하셨습니다. 움직이는 계든 정지해 있는 계든 시계가 표시하는 것만이 시간 결정의 기준이 된다고요."

아인슈타인이 대답했다.

"그래요. 나는 그런 식의 철학을 활용했어요. 하지만 그럼에도 그것은 말도 안 되는 것이에요. 좀 더 신중하게 말하자면 그런 철학은 정말로 관찰하고 있는 것에 대해 주목하도록 돕는 역할을 해요. 하지만 원리적으로 보면 관찰할 수 있는 크기만을 토대로 이론을 만들려고 하는 건 잘못된 거예요. 실제로는 정반대니까요. 사실은 이론이 비로소 무엇을 관찰할 수 있을지를 결정해요. 관찰은 일반적으로 아주 복합적인 과정이에요. 그러므로 관찰하고자 하는 현상이 비로소 우리의 측정 도구에 영향을 미쳐요. 그러면 그 결과로 이런 도구에서 계속적인 과정이 진행되고, 우회를 거쳐 우리의 의식 속에서 감각적 인상을 불러일으키고, 결과를 확인시켜 주지요.

우리 의식 속에 결과가 확정되기까지의 이런 긴 과정에서 우리는 자연이 어떻게 기능하는지를 알아야 해요. 우리가 뭔가를 관찰했다고 주장하려면 최소한 그와 관련한 자연법칙을 알아야 하지요. 따라서 이론, 즉 자연법칙을 아는 것만이 우리로 하여금 감각적 인상을 토대로 배후의 과정을 추론할 수 있게 해줘요. 따라서 뭔가를 관찰할 수 있다고 주장한다면, 그것이 기존의 자연법칙과 일치하지 않는 새로운 자연법칙을 정리해 내는 작업이라 해도, 관찰할 수 있는 과정에서 시작하여 의식에 이르는 길에서 기존의 자연법칙이 정확히 기능하여 우리가 그 법칙을 신뢰할 수 있고, 그럼으로써 관찰에 대해 이야기해도 된다는 의미예요.

상대성이론에서는 가령 움직이는 계에서도 시계로부터 관찰자의 눈에 이르는 광선이 충분히 전에 기대했던 대로 기능한다는 것을 전제로 해요. 당신의 이론에서도 마찬가지로 진동하는 원자로부터 스펙트럼 분석기 혹은 눈에 이르기까지 광선의 전 메커니즘이 정확히 예상했던 대로, 즉 기본적으로 맥스웰의 법칙대로 기능한다는 것을 전제로 하고 있는 것이죠. 그렇게 되지 않는다면 당신이 관찰할 수 있다고 보았던 크기들을 더 이상 관찰할 수 없게 되는 것이니까요. 따라서 관찰할 수 있는 크기만을 도입한다는 주장은 사실은 당신이 정리해내고자 하는 이론의 특성에 대한 추측이 들어간 거예요. 당신의 이론이 기존의 방사 과정에 대한 진술을 손상시키지 않을 거라고 상정하는 것이죠. 당신 생각은 옳을 수도 있어요. 하지만 결코 확실한 것은 아니에요."

나는 아인슈타인의 논지를 명확히 이해했음에도 이런 생각에 대해 몹시 놀랐다. 그리하여 나는 이렇게 되물었다.

"물리학자이자 철학자인 마흐는 이론은 본래 사고의 경제성이라는 원리 아래 관찰을 종합하는 것일 뿐이라고 했다고 들었습니다. 선생님은 이런 마흐의 생각을 상대성이론에서 결정적으로 활용했다고 알고 있고요. 그런데 선생님이 지금 말한 내용은 그와는 정반대로 들립니다. 제가 이제 어떻게 이해해야 할까요. 아니 선생님은 이 부분을 어떻게 생각하십니까?"

"이야기하자면 길어요. 하지만 좀 자세히 이야기해 봅시다. 마흐의 사고의 경제성에 대한 개념은 어느 정도 일리가 있어요. 하지만 그 개념은 내겐 너무 진부해요. 우선 마흐의 생각을 몇 가지 열거해 볼게요. 우리가 세계를 다루는 것은 우리의 감각을 통해서 이루어져요. 어렸을 때 언어와 사고를 배울 때도 그렇게 되죠. 복잡하지만 서로 연결된 감각적 인상들을 한 단어로 표현할 수 있는 가능성을 알게 되는 거예요. 가령 '공'이라는 단어 같은 것으로 말이에요. 아이들은 어른들로부터 이런 방식을 배우고 그러면서 행복해해요. 의사소통이 가능해지니까요. 따라서 단어, 즉 '공'이라는 개념의 형성은 경제적인 사고 행위라고 말할 수 있어요. 복잡한 감각적 인상을 단순히 통합할 수 있도록 하니까요.

마흐는 여기서 의사소통이 가능하기 위해 인간에게—여기서는 어린아이에게—어떤 정신적 신체적 전제가 있어야 하는지에 대해서는 언급하지 않아요. 알다시피 동물은 인간에 비해 의사소통 능력이 훨씬 떨어져요. 하지만 그에 대해서는 말할 필요가 없겠죠. 마흐는 자연과학 이론의—아주 복잡한 이론의 경우에도—형성도 기본적으로 비슷하다는 생각이에요. 우리는 현상들을 통합적으로 정리하고, 그것들을 단순한 것으로 환원시키려 한다는 거죠. 몇몇 개념의 도움으로 아주 다양한 현상들을 이해할 수 있을 때까지 말이에요. '이해한다'는 말은 단순한 개념들로 다양한 현상들을 포착할 수 있다는 말인 셈이죠. 이 모든 논지는 설득력 있게 들려요. 하지만 '사고의 경제성'이라는 원리가 여기서 과연 무슨 의미인지를 물어야 해요. 그것이 심리적 경제성인지, 아니면 논리적 경제성인지, 달리 말하자면 현상의 주관적 측면이 문제인지, 아니면 객관적 측면이 문제인지를 말이에요.

아이가 '공'이라는 개념을 갖게 된다는 것은 복잡한 감각적 인상들을 이런 개념으로 통합하면서 단지 심리적인 단순화에 도달한다는 이야기일까요? 아니면 정말로 공이 존재하는 것일까요? 마흐는 아마, '공이 정말로 있다'라는 문장은 그와 관련한 감각적 인상들을 쉽게 통합할 수 있다는 말일 따름이다, 라고 대답할 거예요. 하지만 여기서 마흐는 틀렸어요. 첫째 '공이 정말로 있다'는 문장은 미래에 주어지는 감각적 인상에 대한 발언도 포함하고 있기 때문이죠. 가능한 것, 즉 기대할 수 있는 것은 우리의 현실의 중요한 구성 요소예요. 이를 간과해서는 안 되지요. 둘째, 감각적 인상들을 표상이나 사물로 추론하는 것이 바로 사고의 기본 전제라는 점을 생각해야 해요. 따라서 감각적 인상에 대해서만 말하고자 한다면, 언어나 사고는 단념해야 하는 거죠. 다른 말로 하면 마흐는 세상이 진짜로 있다, 우리의 감각적 인상의 배후에 뭔가 객관적인 것이 있다는 사실을 무시하고 있어요.

나는 단지 소박한 실재론을 옹호하려는 게 아니에요. 이것이 아주 어려운 질문이라는 걸 알고 있어요. 하지만 나는 마흐가 생각하는 '관찰'이라는 개념은 너무 순진하다고 생각해요. 마흐는 '관찰'이라는 말이 무슨 의미인지 이미 알고 있다는 듯이 행동해요. 마흐는 여기서는 '객관과 주관'을 따질 필요가 없다고 생각하기 때문에, 그의 철학이 사고의 경제성이라는 의심스러운 상업적 특성을 가지게 된 거죠. 이런 개념에는 상당히 주관적인 색채가 들어 있어요. 사실 자연법칙이 단순하다는 것은 객관적인 사실이기도 해요. 그러므로 적절한 개념을 만들려면 이렇듯 단순함의 주관적인 측면과 객관적인 측면이 적절히 균형을 이루게 하는 것이 중요할 거예요. 물론 어렵겠지만요.

자 이쯤에서 당신 강연의 주제로 돌아가는 것이 좋을 것 같군요. 내 생각에 당신은 나중에 지금 우리가 이야기한 이런 부분에서 어려움을 겪게 될 것 같아요. 조금 더 자세히 설명해볼게요. 당신은 관찰과 관련하여 모든 것을 지금까지 해왔던 대로 할 수 있을 것처럼 생각해요. 즉 관찰한 것에 대해 기존 물리학의 언어로 이야기할 수 있을 것처럼요. 하지만 그러면 당신은 안개상자에서 상자를 통과하는 전자궤도를 관찰할 수 있다고 말해야 해요. 그러나 당신은 원자 내부에서는 전자궤도의 존재를 인정하지 않지요. 이것은 사실 말이 안 되는 거예요. 전자가 그 안에서 움직이는 공간이 줄어든다고 해서 궤도 개념이 무효화될 수는 없잖아요."

나는 이제 새로운 양자역학을 변호하려고 애써야 했다.

"지금으로서는 우리가 어떤 언어로 원자 속의 사건을 말할 수 있을지 알지 못합니다. 우리는 수학적 언어, 즉 수학적 틀을 가지고 있습니다. 그것을 통해 우리는 원자의 정상상태 또는 한 상태에서 다른 상태로의 전이확률*을 계산할 수 있습니다. 하지만 이런 수학적 언어를 보통의 언어와 어떻게 연결시켜야 할지 적어도 일반적인 수준에서는 아직 알지 못합니다. 물론 이론을 실험에 적용시킬 수 있으려면 이런 연결이 필요하죠. 실험에 대해 이야기할 때는 늘 일반적인 언어, 즉 고전 물리학에서 사용해온 언어로 말을 하니까요. 따라서 저는 우리가 양자역학을 이미 이해했다고 주장할 수 없습니다. 수학적 틀은 이미 나왔지만, 일반적인 언어와 연결하는 작업이 아직 안 되어 있으니까요. 언젠가 그 작업이 이루어지면 안개상자 속의 전자궤도에 대해서도 말할 수 있게 되어서 내적인 모순이 없어질 겁니다. 그러니까 선생님이 제기하신 어려움을

---

* 하이젠베르크는 이 대목에서 '전이확률(Übergangswahrscheinlich-keit)'이라는 단어를 명시적으로 사용하고 있다. 그러나 양자역학에서 계산할 수 있는 양이 전이확률이라는 걸 처음 제안하고 주장한 사람은 막스 보른이며, 그 논문은 1926년 6월 25일에 투고되었다. 막스 폰 라우에가 베를린 대학의 콜로키움에 하이젠베르크를 초대한 것은 4월이었고, 하이젠베르크 자신은 보른의 통계적 해석을 알지 못하고 있었다. 1926년 10월 19일에 파울리가 하이젠베르크에게 보낸 편지에서 보른의 통계적 해석을 설득하고 있는데, 하이젠베르크는 1927년 3월 19일에 보어에게 보낸 편지에서 비로소 처음으로 확률 해석에 대해 말하고 있다. 따라서 하이젠베르크가 1969년에 출판된 이 책에서 1926년 4월에 이미 아인슈타인과 전이확률에 대해 말했다는 것은 올바른 기억이 아니다. 그런데 독일어에서 Wahrscheinlichkeit는 확률만이 아니라 개연성이라는 뜻도 있기 때문에 '전이확률'이라는 명시적 표현 대신 '옮겨갈 개연성'이라는 추상적인 표현으로 번역할 수도 있다.

해결하는 데는 아직 역부족인 셈입니다."

"좋아요, 그건 그렇다 칩시다. 우리는 몇 년 뒤에 다시 한번 이런 이야기를 할 수 있을 것 같네요. 하지만 당신의 강연에 대해 또 한 가지 궁금한 게 있어요. 양자론은 서로 다른 두 측면을 가지고 있어요. 한편으로 양자론은 특히 보어가 늘 강조하듯이 원자의 안정성을 상정해요. 그로 인해 늘 같은 형태의 원자가 생겨나는 것이죠. 다른 한편 양자론은 불연속성 즉 자연의 변덕이라는 독특한 요소를 말하고 있어요. 이 불연속성은 가령 방사성 시료에서 나오는 섬광을 암실 속의 형광판에서 관찰할 때 분명하게 알 수 있지요. 이런 두 측면은 물론 연관되어 있어요. 당신이 말하는 양자역학에서는 가령 원자에서 방출되는 빛에 대해 말할 때 이 두 측면을 모두 언급해야 할 거예요. 당신은 정상상태의 불연속적인 에너지 값을 계산할 수 있어요. 따라서 당신의 이론으로 서로 연속적으로 넘나들지 않고 제한된 양만큼씩 변화하며, 다시금 형성될 수 있는 형태의 안정성에 대해서도 계산을 할 수 있을 것으로 보여요. 하지만 빛이 방출될 때는 어떤 일이 일어날까요? 당신도 알다시피, 나는 원자가 어느 에너지 준위(한 정상상태의 에너지 값)에서 다른 에너지 준위로 어느 정도 갑자기 떨어지면서 에너지 차이를 에너지 덩어리로, 소위 광양자로 방출한다는 생각을 시도했어요. 이것은 그 불연속성이라는 요소를 보여주는 특히나 극명한 예일 거예요. 이런 생각이 맞는다고 믿나요? 한 정상상태에서 다른 정상상태로 옮겨가는 것을 더 정확하게 묘사할 수 있나요?"

나는 보어의 생각을 끌어다 대답을 해야 했다.

"제가 보어에게서 배운 바에 따르면 이런 과정은 기존의 개념으로는 설명하기 어렵습니다. 아무튼 시간과 공간 속에서 일어나는 과정으로는 묘사할 수 없죠. 물론 이런 말은 사실 하나마나한 이야기입니다. 그에 대해 아무것도 모른다는 이야기밖에는 안 되니까요. 광양자를 믿어야 할지 말지를 저는 결정할 수 없습니다. 복사는 선생님의 광양자 가설에서처럼 불연속성의 요소를 가지고 있음에 틀림없습니다. 그러나 다른 한편으로는 간섭현상에서 볼 수 있듯이 빛의 파동 이론으로 간단하게 묘사할 수 있는 뚜렷한 연속성의 요소도 가지고 있지요. 아직 완전히 이해되지 않은 새로운 양자역학이 이런 어려운 문제들에 대해 어떤 대답을 줄 것인가 궁금해하시는 것은 당연한 일입니다. 양자역학이 그런 답변을 줄 수 있다고 기대해도 좋다고 생각합니다. 가령 원자가 주변의 다른 원자들이나 복사파와 에너지 교환을 하는 것을 관찰하면 흥미로운 정보를 얻을 수 있으리라고 상상할 수 있습니다. 그러면 원자 속의 에너지 편차에 대해 물을 수 있을 테지요. 선생님이 광양자 가설에서 기대하는 것처럼 에너지가 불연속적으로 변화하면, 요동, 또는 수학적으로 더 정확히 표현하면 평균 제곱 편차는 에너지가 연속적으로 변화할 때보다 더 커질 겁니다. 저는 양자역학으로부터 이런 더 큰 값이 나올 거라고 믿습니다. 따라서 불연속성을 직접적으로 볼 수 있게 될 거라고요. 그러나 다른 한편 간섭 실험에서 나타나는 연속성도 부인할 수 없습니다. 하나의 정상상태에서 다른 정상상태로 옮겨가는 것을 여러 영화에서 장면이 바뀔 때처럼 상상해야 할지도 모릅니다. 변화가 갑자기 일어나지 않고, 한 장면이 서서히 약해지는 한편 다른 장면이 서서히 떠오르게 되는 것처럼 말입니다. 그리하여 한동안 두 장면이 서로 중첩되고 이것이 무엇을 의미하는 것인지 알지 못할 수도 있어요. 따라서 원자가 위쪽 상태에 있는지 아니면 아래쪽 상태에 있는지 알지 못하는 중간 상태가 있을 수도 있습니다."

"당신의 생각은 꽤 위험한 쪽으로 가고 있군요" 아인슈타인이 경고했다. "당신은 갑자기 자연에 대해 무엇을 알고 있는지를 이야기하고 있어요. 자연이 진짜로 무엇을 하는지에 대해 이야기를 하는 게 아니라요. 하지만 자연과학에서는 다만 자연이 정말로 무엇을 하는가 그것을 밝혀내야 해요. 당신과 나는 자연에 대해 약간 다른 것을 알고 있을 수도 있어요. 하지만 누가 그것에 관심을 갖겠어요. 기껏해야 당신과 나만 관심이 있겠지요. 다른 사람들에게는 상관없는 일일 수 있어요. 따라서 당신의 이론이 맞는다면, 당신은 언젠가 내게 빛의 방출을 통해 한 정상상태에서 다른 정상상태로 옮겨갈 때에 원자가 실제로 무엇을 하는지를 말해 주어야 할 거예요."

나는 약간 머뭇거리면서 말했다.

"그럴 수도 있겠네요. 다만 선생님은 언어를 좀 엄격하게 사용하시는 것 같습니다. 하지만 지금 제가 무슨 대답을 해도 그건 게으른 변명에 불과할 겁니다. 따라서 일단 원자 이론이 앞으로 어떻게 전개되는지 기다려보는 것이 좋을 것 같습니다."

아인슈타인은 이제 약간 미심쩍은 시선으로 나를 쳐다보았다

"그런데 그렇게 많은 중요한 질문들이 아직 완전히 규명되지 않았는데 당신은 어째서 당신의 이론을 그렇게 굳게 믿고 있는 거죠?"

아인슈타인의 이 질문에 대답하기까지 꽤 시간이 걸렸던 듯하다. 그리고 다음과 같이 대답했던 것 같다.

"저는 선생님과 마찬가지로 단순함을 자연법칙이 갖는 객관적인 특성이라고 믿습니다. 사고의 경제성 때문에 어쩔 수 없이 도입하는 것이 아니라요. 자연의 인도를 받아 단순하고 아름다운 수학적 형태에 이르게 되면—여기서 형태라는 것은 기본적인 가정, 공리 등의 완결된 계를 말하는 것입니다—아무튼 지금까지 아무도 생각하지 못했던 형태에 이르게 되면, 그것이 '진짜'라고, 그것이 자연의 진면목을 보여주는 것이라고 믿을 수밖에 없을 겁니다. 이런 형태가 자연과 우리의 관계를 보여주는 것일 수도 있습니다. 그 안에 사고의 경제성의 요

소가 있을 수도 있고요. 그러나 스스로 의도한 형태가 아니라, 자연이 인도해준 것이기에 그 형태들은 현실에 대한 우리의 생각에 속할 뿐 아니라 또한 현실 자체에 속합니다.

선생님은 제가 여기서 단순함과 아름다움이라는 미학적인 판단 기준을 사용한다고 뭐라고 하실지도 모르겠어요. 하지만 제게는 자연이 암시하는 수식의 단순성과 아름다움이 굉장히 커다란 설득력을 지닙니다. 선생님 역시 준비도 되지 않은 상태에서 자연이 갑자기 펼쳐 보이는 단순성과 완결성 앞에서 거의 기겁했던 경험을 해보셨을 겁니다. 그런 걸 보게 될 때 밀려오는 감정은 가령—물리학적인 것이든, 물리학과는 상관없는 것이든—어떤 작업을 잘 해냈다는 생각이 들 때 느껴지는 기쁨과는 아주 다른 것입니다. 그래서 저는 앞에서 이야기했던 어려움들도 어떻게든 해결될 거라고 생각합니다. 그밖에도 수식의 단순성 덕분에 우리는 결과를 상당히 정확하게 예측할 수 있는 여러 실험을 생각할 수 있습니다. 실험들이 이루어지고 예측된 결과가 도출되면 이 이론이 이 분야에서 자연을 적절히 묘사하고 있음을 거의 의심할 수 없게 되겠지요."

아인슈타인이 말했다.

"실험을 통한 검증은 한 이론의 정당성을 알려주는 당연한 전제조건이에요. 하지만 결코 모든 것을 검증할 수는 없어요. 그래서 나는 단순함에 대한 당신의 이야기에 더 관심이 가는

군요. 그렇다고 내가 정말로 자연법칙의 단순함이 무슨 의미인지 이해했다는 건 아니고요."

물리학에서의 진리 기준에 대해 한동안 이야기를 더 나눈 뒤 나는 아인슈타인과 헤어졌다. 우리는 1년 반 뒤 브뤼셀의 솔베이 물리학회*에서 다시 만나 물리학 이론의 인식론적, 철학적 토대에 대해 다시 한번 뜨거운 토론을 벌이게 된다.

---

* 벨기에의 화학자이자 사업가인 에르네스트 솔베이(Ernest Solvay, 1838~1922)는 탄산나트륨을 생산할 수 있는 암모니아-소다 공정을 개발하여 막대한 부를 축적했다. 솔베이는 자신의 부를 학문 발전을 위해 사용할 수 있도록 벨기에 대학에 사회과학 연구소를 설립하고, 1911년부터 가장 뛰어난 소수의 물리학자들을 모아 브뤼셀에서 학술회의를 할 수 있도록 재정 지원을 했다. 20세기 물리학의 성과들 중 다수가 이 솔베이 회의에서 탄생했으며, 유럽과 미국의 물리학자들이 다양한 방식으로 교류하는 중요한 창구 역할을 했다.

6

신대륙으로 떠나는 길

1926 ~1927

아메리카 대륙을 발견한 크리스토퍼 콜럼버스의 가장 커다란 업적이 무엇일까? 지구가 둥글게 생겼다는 것을 이용하여 서쪽 길로 인도에 가려고 했던 것? 아니다. 그런 생각은 다른 사람들도 했다. 그렇다면 탐험을 세심하게 준비하고, 배에 필수적이고 전문적인 장비를 갖추었던 것? 아니다. 이 역시 다른 사람들도 할 수 있었던 일이다. 콜럼버스 탐험의 가장 어려운 결정은 바로 지금까지 알려져 있던 모든 땅을 떠나 서쪽으로 멀리 항해하기로 했던 것, 기존에 배에 실은 비축물로는 돌아오는 것이 더 이상 가능하지 않은 지점에서도 굴하지 않고 서쪽으로 더 멀리 멀리 떠났던 것이다.

과학의 신대륙 역시 결정적인 부분에서 기존의 과학이 토대로 하고 있던 기반을 떠나 아무것도 없는 곳으로 뛰어들 각오가 되어 있을 때라야 발견할 수 있는 것 같다. 아인슈타인은 상대성이론에서 이전의 물리학이 확고한 기반으로 삼았던 동시성의 개념을 포기했다. 하지만 비중 있는 물리학자와 철학자들을 포함하여 많은 학자들은 이 개념을 포기하지 못해 상대성이론의 격렬한 반대자가 되었다. 과학의 진보는 과학을 하는 사람들에게 새로운 생각의 산물을 받아들이고 다루도록 요구한다. 과학을 하는 사람들은 늘 그럴 준비가 되어 있다. 그러나 진짜 신대륙으로 발을 디디려면 새로운 내용을 받아들일 뿐 아니라, 새로운 것을 이해하기 위해 사고 구조를 변화시켜야 하기도 한다. 많은 학자들은 사고 구조까지 바꿀 마음은 없거나, 아니면 바꿀 능력이 없는 것 같다. 나는 라이프치히의 자연과학자 학회에서 이런 결정적인 걸음을 내딛는 것이 얼마나 어려운 일인지를 뼈저리게 느꼈다. 그리하여 원자의 양자론에서도 우리에게 어려움이 닥칠 수도 있음을 각오해야 했다.

1926년 초, 내가 베를린에서 앞에서 이야기했던 강연을 했을 즈음 우리 괴팅겐의 연구자들은 빈 출신의 슈뢰딩거*라는 물리학자의 논문을 알게 되었다. 이 논문은 원자 이론의 문제들을 매우 새로운 측면에서 접근하고 있었다. 일 년 전에 이미 프랑스의 루이 드 브로이**가 빛 현상에서 당시로서는 합리적인 설명을 할 수 없게 했던 그 이상한 파동 – 입자 이중성이 전

---

* Erwin Schrödinger(1887~1961). 오스트리아의 물리학자. 파동역학이라는 이름으로 양자역학의 한 형태를 고안함으로써 현대 물리학에 가장 큰 기여를 한 인물 중 한 명으로 여겨진다. 1933년 노벨 물리학상을 수상했다.

자 같은 물질에서도 나타날 수 있음을 지적한 바 있었다. 슈뢰딩거는 이런 생각을 발전시켜 물질파가 전자기력의 장에서 전파되는 법칙을 파동방정식으로 정리했다. 이런 표상에 따르면 원자껍질의 정상상태는 하나의 계, 가령 진동하는 현의 정상파와 비교될 수 있었다. 하지만 이 과정에서 정상상태의 에너지라고 생각했던 양들은 여기서는 정상파의 진동수로 나타났다. 슈뢰딩거가 이런 방식으로 얻은 결과들은 새로운 양자역학의 결과들에 잘 들어맞았다. 슈뢰딩거는 또한 그의 파동역학이 수학적으로 양자역학과 동등하다는 것, 따라서 자신의 파동역학과 우리의 양자역학은 같은 사실을 수학적으로 서로 다르게 정리한 것이라는 것을 곧 증명할 수 있었다. 우리는 이 일을 아주 기뻐했다. 이를 통해 새로운 수학적 형식이 옳다는 믿음이 한층 커졌기 때문이다. 게다가 슈뢰딩거 방정식으로 양자역학에서 매우 복잡했던 많은 계산들을 수행할 수도 있었다.

그러나 수식을 물리학적으로 해석하는 작업에서 어려움은 이미 시작되었다. 슈뢰딩거는 입자에 대한 표상을 버리고 물질파로 전환함으로써 오랫동안 양자론에 대한 이해를 그리도

** Louis de Broglie(1892~1987). 프랑스의 물리학자. 물질파 이론으로 1929년 노벨 물리학상을 수상했다. 빛이 입자인 동시에 파동이라면, 전자와 같은 입자들도 파동의 속성을 가질 수 있으리라는 가설을 제시하고, 이를 통해 보어의 원자 모형을 설명해 냈다.

어렵게 만들었던 모순을 제거할 수 있을 거라고 믿었다. 따라서 물질파는 전자기파 또는 음파처럼 시간과 공간 속에서 나타나는 명백한 과정이며, '양자 도약'이라든가 그리도 이해하기 힘든 불연속성은 양자론에서 완전히 폐지되어야 한다고 보았다. 나는 이런 생각이 우리 코펜하겐학파의 생각과 완전히 배치되었기에 슈뢰딩거의 해석을 믿을 수가 없었다. 그리고 많은 물리학자들이 슈뢰딩거의 해석을 해방으로 느끼는 모습을 불안한 마음으로 지켜보아야 했다. 몇 년에 걸쳐 닐스 보어, 볼프강 파울리, 그 외 많은 다른 학자들과 나누었던 수많은 대화들을 통해 우리는 원자 속 과정에 대해서는 명료한 시공간적 묘사가 불가능하다는 것을 완전히 확신하고 있었다. 베를린의 아인슈타인 역시 원자 현상의 특수성이라고 보았던 불연속성이 그런 묘사를 허락하지 않기 때문이었다. 물론 그것은 우선은 소극적인 확인일 따름이었고, 양자역학을 물리적으로 완전히 해석하는 데 이르기까지는 아직 갈 길이 멀었다. 하지만 우리는 공간과 시간에서 진행되는 일에 대한 객관적 표상을 버려야 한다고 믿었다. 그런데 슈뢰딩거의 해석은 이와 반대로 이제—아주 놀랍게도—이런 불연속성이 존재한다는 걸 그냥 부인하는 것으로 나아갔다. 원자가 하나의 정상상태에서 다른 정상상태로 이행할 때 그 에너지를 갑자기 변화시키고 잉여 에너지를 아인슈타인이 가정한 광양자의 형태로 방출하는 게 아니라고 주장했다. 오히려 두 정상 물질이 동시에 진동하고, 이런 진동의 간섭이 빛의 파동 같은 전자기파를 방출시킴으로써 빛의 복사가 생겨난다는 것이었다. 이런 가설은 내게 너무 대담하게 느껴졌다. 그리하여 나는 불연속성이 물리학적 현실을 보여주는 진정한 특성임을 증명하는 모든 논지들을 모았다. 가장 우선적인 논지는 물론 플랑크의 복사 공식이었다. 이 복사 공식은 불연속적인 에너지 값에 대한 플랑크 명제의 출발점이었고 이것이 실증적으로 누누이 확인된다는 것은 의심할 수 없는 사실이었다.

1926년 여름학기가 끝날 즈음 조머펠트는 뮌헨의 세미나에 와서 강연을 해달라고 슈뢰딩거를 초청했고 나는 처음으로 슈뢰딩거와 토론할 기회를 얻게 되었다. 나는 그 학기에 다시금 코펜하겐에서 연구를 했고 헬륨 원자를 연구하면서 슈뢰딩거의 이론에 대해서도 숙지한 바 있었다. 이어 노르웨이의 미에사 호숫가로 휴가를 가서 논문을 마무리한 다음 배낭에 원고를 넣어가지고서는 혼자서 구드브란스달렌에서 출발하여 여러 개의 산을 넘고 험한 길을 통과하여 송네 피오르까지 하이킹을 했다. 그러고는 코펜하겐에 잠시 머물렀다가 휴가의 마지막 날들을 부모님 집에서 보내기 위해 뮌헨으로 돌아왔고, 마침 슈뢰딩거의 강연을 들을 수 있었다. 그날 세미나에는 평소 조머펠트의 '원자신비주의'를 굉장히 미심쩍어하는 뮌헨대학 실험물리학 연구소장 빌헬름 빈도 모습을 드러냈다.

슈뢰딩거는 우선 수소 원자에서의 파동역학의 수학적 원리들을 설명했고 우리는 모두 볼프강 파울리가 양자역학적 방법으로 아주 힘들고 복잡하게 풀어냈던 문제를 평범한 수학적 방법으로 우아하고 단순하게 해결해 낸 것에 감탄을 금할 수 없었다. 그러나 마지막에 슈뢰딩거는 내가 믿기 힘들었던 바로 그 파동역학을 이야기했고, 뒤이은 토론에서 나는 슈뢰딩거에게 이의를 제기했다.

나는 특히 슈뢰딩거의 가설로는 도저히 플랑크의 복사법칙을 설명할 수 없다는 점을 지적했다. 그러나 나의 비판은 먹혀들지 않았다. 빌헬름 빈은 이제 양자역학이 막을 내리고, 양자도약과 같은 그 모든 황당한 일에 대해 더 이상 논할 필요도 없게 된 것에 내가 아쉬움을 느끼는 점은 이해가 가지만, 슈뢰딩거는 내가 언급한 어려움을 짧은 시일 내에 해결할 것이라고 날카롭게 일축했다. 슈뢰딩거 역시 얼마나 빠를지 자신할 수는 없지만, 아무튼 내가 제기한 질문을 해결하는 것은 시간문제라고 본다고 답변했다. 아무도 나의 논지에 주목하려 하지 않았고, 믿었던 조머펠트조차 슈뢰딩거 수학의 설득력에서 벗어나지 못했다.

나는 약간 침울한 상태로 집에 돌아갔고, 그날 저녁 닐스 보어에게 편지를 써서 그날의 아쉬운 토론 이야기를 했던 것 같다. 보어가 슈뢰딩거에게 초대장을 보내 9월에 한두 주 쯤을 내어 코펜하겐에 와서, 양자역학 내지 파동역학을 좀 더 자세히 해석해 보자고 제안한 것은 나의 편지 때문이었을 것이다.

슈뢰딩거는 흔쾌히 그러겠다고 했고, 나 역시 이런 중요한 토론 자리에 함께하기 위해 코펜하겐으로 갔다.

보어와 슈뢰딩거 사이의 토론은 코펜하겐 역에서부터 이미 시작되었고 매일 이른 아침부터 밤늦게까지 계속되었다. 슈뢰딩거는 보어의 집에서 지냈기 때문에 외부적인 이유로 대화가 중단되는 일은 거의 없었다. 평소 사람들을 대할 때 늘 사려 깊고 친절한 보어도 이때는 거의 무슨 광신자처럼 대화 파트너에게 한걸음도 양보하거나 조금의 불명확함도 허락하려 하지 않았다. 이 양측의 토론이 얼마나 정열적으로 진행되었는지, 보어와 슈뢰딩거 모두 얼마나 깊은 확신을 가지고 자신의 견해를 펼쳤는지 이 자리에서 재현하는 것은 거의 불가능하리라. 그리하여 아래에 내가 소개하는 요약은 새로이 얻은 자연에 대한 수학적 표현을 해석하고자 안간힘을 다했던 실제 대화의 흐릿한 모사 정도에 지나지 않는다고 할 수 있다.

슈뢰딩거: 보어, 당신은 양자 도약이라는 것이 정말로 말도 안 되는 것이라는 걸 알아야 해요. 한 원자 속 정상상태의 전자가 우선은 방사되지 않고 그 어떤 궤도를 주기적으로 회전하고 있다고 하는데, 그렇다면 왜 복사가 일어나지 않는 거지요? 맥스웰 이론에 따르면 필연적으로 복사가 일어날 수밖에 없는데요. 당신들은 한 궤도의 전자가 다른 궤도로 도약하며, 그럴 때 복사된다고 해요. 그렇

다면 이렇게 이행하는 것이 서서히 이루어지는 것일까요, 아니면 갑자기 이루어지는 것일까요? 서서히 이루어진다고 하면 전자는 자신의 회전 진동수와 에너지를 서서히 변화시킬 것이 틀림없어요. 그런데 그렇게 보면 스펙트럼선 진동수가 왜 그렇게 선명한지 이해가 가지 않아요. 하지만 이런 이행이 갑자기 이루어진다면, 즉 소위 도약을 한다면, 아인슈타인의 광양자 가설을 사용하여 빛의 올바른 진동수에 이를 수 있어요. 하지만 그러려면 전자가 도약을 할 때 어떻게 움직이는지를 설명해야 해요. 전자는 왜 그 과정에서 전자기 이론이 요구하는 연속적인 스펙트럼을 방사하지 않는 걸까요? 그리고 도약할 때 전자의 움직임은 어떤 법칙으로 규정될 수 있을까요? 따라서 양자도약은 단순히 말도 안 되는 것이 틀림없어요.

보어: 그래요. 당신의 이야기는 다 맞아요. 그럼에도 당신의 이야기는 양자 도약이 없다는 걸 증명하지는 못해요. 그런 이야기는 우리가 양자 도약을 상상할 수 없다는 것, 즉 일상에서 일어나는 일들과 기존 물리학에서의 실험을 기술하는 직관적인 개념들로는 양자 도약을 서술하는 게 힘들다는 것을 증명할 뿐이에요. 하지만 여기서 다루어지는 과정들이 직접적인 경험의 대상일 수 없다는 점을 생각하면 이것은 그리 이상한 일이 아니에요. 우리가 그것들을 직접 경험할 수 없기에, 우리의 개념으로 그 일들을 정리

하기가 힘들다는 걸 염두에 두어야죠.

슈뢰딩거: 나는 당신과 개념 형성에 대한 철학적 토론을 하고 싶지 않아요. 그것은 나중에 철학자들이 해야 할 일이니까요. 나는 그저 원자 안에서 무슨 일이 일어나는지를 알고 싶어요. 어떤 언어로 이야기하든, 상관없어요. 원자 안에 전자들이 있고 그것들이 우리가 지금까지 생각했듯이 입자들이라면, 그 입자들은 아무튼 움직이지 않을까요? 물론 지금 당장 이런 움직임을 정확히 묘사해야 하는 것은 아니지만, 결국은 전자들이 정상상태에서 어떻게 행동하는지, 그리고 한 상태에서 다른 상태로 이행할 때 어떻게 행동하는지를 알아내야 해요. 하지만 파동역학이나 양자역학의 정식화로는 이런 질문에 대해 합리적인 답변을 도출할 수 없어요. 그러나 시각을 전환하기만 하면, 따라서 입자로서의 전자는 존재하지 않고, 전자파, 또는 물질파가 존재한다고 시각을 바꾸기만 하면 모든 것이 달라 보이게 돼요. 그러면 우리는 진동 주파수가 선명한 것을 더 이상 이상하게 생각할 필요가 없어요. 빛의 복사 방출을 송신자의 안테나에서 라디오파를 보내는 것처럼 이해하면 되니까요. 그러면 그동안 해결할 수 없었던 모순들이 사라지는 거죠.

보어: 아니, 유감스럽게도 그렇지 않아요. 모순은 사라지지 않아요. 다만 다른 자리로 밀려날 뿐이죠. 당신은 가령 원

자가 빛을 방출하는 것이나 더 일반적으로는 원자와 그 주변의 복사장과의 상호 작용에 대해서 이야기해요. 그리고 물질파는 있지만 양자 도약은 없다는 가정을 통해 어려움들이 제거될 거라고 말하지요. 하지만 원자와 복사장 사이의 열역학적 균형을 한번 생각해 봐요. 가령 아인슈타인이 플랑크의 복사법칙을 유도해 냈던 연구도 그렇고요. 이런 법칙의 유도에 결정적인 역할을 한 것은 원자의 에너지가 불연속적인 값을 가지며, 때때로 불연속적으로 변한다는 사실이에요. 고유진동 주파수의 불연속적인 값들은 전혀 도움이 되지 않아요. 당신은 양자론의 토대 전체를 문제로 삼을 수는 없어요.

슈뢰딩거: 나는 물론 이런 연관들을 이미 완전히 이해했다고 주장하는 것은 아니에요. 하지만 당신 역시 물리학적으로 양자역학에 대한 만족스러운 해석을 가지고 있지는 않잖아요? 물질파 이론을 열 이론에 적용함으로써 플랑크 공식을 잘 설명할 수 있게 될지도 모르잖아요? 그런 기대를 갖지 말아야 할 이유는 없어요. 물론 그렇게 되면 지금까지의 설명과는 약간 달라지겠지만요.

보어: 아니 그런 것을 희망하면 안 돼요. 플랑크 공식이 의미하는 바는 이미 25년 전부터 잘 알려져 있으니까요. 그 밖에도 우리는 섬광판이나 안개상자에서 이런 불연속성, 즉 원자 도약을 직접적으로 볼 수 있어요. 갑자기 빛의 섬광

이 판에 보이거나, 갑작스럽게 전자가 안개상자를 가로질러 가는 걸 보지요. 당신은 이런 도약들을 그냥 무시해 버리거나, 그것들이 존재하지 않는 것처럼 말할 수는 없어요.

슈뢰딩거: 그런 망할 양자 도약에 머물러야 한다면, 지금껏 제가 양자론에 관여했던 것이 유감스러울 따름이에요.

보어: 하지만 우리는 당신의 연구에 감사하고 있어요. 당신의 파동역학은 수학적 명확성과 단순성에서 기존의 양자역학에 비해 크게 진보한 것이기 때문이죠.

토론은 합의에 도달하지 못한 채 밤낮을 가리지 않고 여러 시간 이어졌다. 며칠 뒤 슈뢰딩거는 병이 났다. 연일 이어진 엄청나게 힘든 토론 탓이었을 것이다. 슈뢰딩거는 고열을 수반한 감기로 침대를 지켜야 했고, 보어 부인은 슈뢰딩거를 정성껏 간호해주며 차와 케이크를 가져다주었다. 그러나 닐스 보어는 침대 가장자리에 앉아서도 슈뢰딩거에게 "하지만 당신은 이러이러한 것을 알아야 해요" 하면서 말을 걸었다. 당시 진정한 소통은 할 수가 없었다. 양측 모두 양자역학에 대한 완전하고, 완결된 해석을 제공할 수 없었기 때문이었다.

하지만 이 방문이 막바지에 이르렀을 때 우리 코펜하겐 연구자들은 올바른 길로 가고 있다고 굳게 확신을 하게 되었다. 그러나 동시에 원자 과정에 대한 시공간적 묘사가 불가능하다는 사실에 대해 최고의 물리학자들을 설득시키는 것조차 어렵다는 점을 뼈저리게 깨달았다.

　이어지는 몇 달간 보어와 나는 입만 떼면 양자역학을 물리학적으로 해석하는 데 열을 올렸다. 나는 당시 연구소 건물의 맨 위층에 살았다. 비스듬한 벽으로 된, 예쁘게 꾸며진 작은 다락방으로, 창을 통해 펠레드 공원 입구의 나무들이 내려다보였다. 보어는 종종 밤늦게 내 방으로 왔고, 우리는 양자론을 정말로 이미 완벽하게 이해했는지를 확인하기 위해 온갖 가능한 사고실험들을 했다. 그 가운데 보어와 내가 어려움을 약간 다른 방향으로 해결하고자 한다는 것이 곧 드러났다. 보어는 두 가지 명료한 표상, 즉 입자상과 파동상을 동등한 것으로서 나란히 위치시키는 쪽으로 갔고, 이런 표상들이 서로 배제적이기는 하지만, 둘을 함께 고려해야 비로소 원자적 사건을 완벽히 묘사할 수 있다고 정리하고자 했다.

　나는 이런 식의 생각이 그다지 유쾌하지 않았다. 나는 양자역학이 당시 알려져 있는 형태로 이미 그 안에서 나타나는 몇몇 물리량, 가령 에너지의 전기 모멘트, 운동량의 시간 평균값, 진동 평균값 등에 대한 분명한 물리학적 해석을 제공하는 것으로 보고자 했다. 따라서 물리학적 해석과 관련하여 거의 더 이상의 자유가 없다고 생각했다. 오히려 이미 존재하는 특수한 경우의 해석으로부터 논리적 추론을 통해 올바른 일반적 해석에 도달할 수 있다고 보았다. 그리하여 나는―부당하게도—괴팅겐의 연구자 보른의 탁월한 논문을 탐탁하게 여기지 않았다. 그 논문에서 보른은 충돌 과정을 슈뢰딩거의 방법으로 다루고, 슈뢰딩거의 파동함수의 제곱은 해당하는 장소에서 전자를 발견할 확률에 대한 척도가 될 수 있다는 가설을 세웠다. 나는 보른의 명제를 옳다고 여기고는 있었지만, 여기서 마치 해석에 어느 정도의 자유가 있는 것처럼 보이는 점이 마음에 들지 않았다. 나는 보른의 명제가 양자역학의 특수한 값에 대한 이미 확정된 해석의 필연적인 결과라고 확신했다. 이런 확신은 디랙과 요르단의 통찰력 있는 수학 연구를 통해 더욱 굳어졌다.

다행히 보어와 나는 저녁 토론에서 대부분 주어진 물리학적 실험과 관련하여 동일한 결론에 도달했기에 우리는 접근 방법은 서로 다르지만, 결국은 같은 결과에 도달할 수도 있다는 기대를 했다. 물론 우리 둘은 안개상자 속의 전자궤도와 같은 단순한 현상을 양자역학 또는 파동역학의 수식과 어떻게 조화시킬 수 있을지 알지 못했다. 양자역학에서는 궤도의 개념이 나타나지 않았다. 파동역학에서는 좁은 반경에서 뻗어나가는 물질 복사는 있을 수 있었지만, 이런 복사선은 점차 전자의 지름보다 훨씬 커다란 반경으로 퍼져 나갈 터였다. 그리하여 실험적 상황에 도무지 부합하지 않았다. 우리의 대화는 종종 자정을 지나서까지 계속되었고 몇 달 동안 계속 애를 썼음에도 만족스러운 결론에 이르지 못해 우리는 지치기 시작했다. 생각이 서로 다르다 보니 긴장이 조성되기도 했다.

1927년 2월 보어는 노르웨이로 스키 여행을 떠나겠다고 했고, 그 소식을 들은 나는 코펜하겐에 혼자 남아 이런 엄청나게 어려운 문제들을 고민해 볼 수 있게 된 것이 내심 기뻤다. 나는 이제 양자역학에서 안개상자 속의 전자궤도를 수학적으로 어떻게 묘사할 것인가 하는 질문에 골몰했다. 그러나 며칠 되지 않아 극복할 수 없는 어려움에 부딪히자 나는 질문이 잘못된 것이 아닌지 자문했다. 하지만 무엇이 잘못된 것일까? 안개상자 속 전자궤도는 있었다. 그것은 관찰할 수 있었다. 양자역학 수식도 있었다. 그 수식은 변화를 주기에는 너무도 확신이 가는 것이었다. 따라서―겉보기에는 불가능해 보이지만―이 둘을 연결시킬 수 있어야 했다.

그러던 어느 날 밤 자정 무렵, 아인슈타인과 나누었던 대화를 생각하는 가운데 갑자기 아인슈타인이 했던 말이 떠올랐다. '이론이 비로소 무엇을 관찰할 수 있을지를 결정한다.' 나는 곧 오랫동안 막혀 있었던 문의 열쇠를 이 지점에서 찾아야 한다는 걸 깨달았다. 그리하여 아인슈타인이 한 말을 곱씹어 보기 위해 펠레드 공원으로 산책을 나갔다. 우리는 늘 안개상자 속에서 전자궤도를 관찰할 수 있다고 쉽게 말했었다. 그러나 진짜로 우리가 관찰하는 것은 전자궤도가 아닐 것이다. 전자가 놓여 있는 불확정적인 위치에 대한 불연속적인 결과만 지각할 수 있는 건지도 몰랐다. 실제로 안개상자에서는 몇몇 작은 물방울만을 볼 수 있을 따름이며, 이것들은 전자보다 많이 확대된 것이리라. 따라서 올바른 질문은 다음과 같아야 할 것이다. 양자역학에서 한 전자가 대략적으로—즉 어느 정도 부정확하게—주어진 위치에 놓여 있는 동시에, 대략적으로—즉 어느 정도 부정확하게—주어진 속도를 갖는 상황을 묘사할 수 있을까? 이런 부정확성을 최소화하여 실험 결과와도 모순을 빚지 않도록 할 수 있을까?

연구소로 돌아와 잠시 계산을 해보니 그런 상황을 수학적으로 묘사할 수 있고, 그런 부정확성에 대해 훗날 양자역학의 불확정성 원리라 불리게 되는 관계가 성립한다는 것을 확인할 수 있었다. 불확정성의 특징을 갖는 위치와 운동량(운동량은 질량과 속도의 곱이다)의 곱은 플랑크의 작용양자보다 작을 수 없다. 그로써 내게는 안개상자에서 관찰할 수 있는 것과 양자역학의 수학이 드디어 연결된 것으로 보였다. 물론 이제 임의의 모든 실험이 불확정성 원리를 만족시킨다는 것을 증명해야 했다. 하지만 그 점에 대해서는 처음부터 확신이 갔다. 실험 과정, 즉 관찰 과정들은 불확정성 원리만이 아니라 나아가 양자역학의 법칙도 만족시켜야 하기 때문이었다. 따라서 여기서는 양자역학을 전제로 하는 것인데, 실험에서 어떻게 양자역학에 맞지 않는 상황들이 일어날 수가 있단 말인가. '이론이 비로소 무엇을 관찰할 수 있을지를 정하는' 것인데 말이다. 나는 이후 며칠 동안 각각의 단순한 실험들과 관련하여 이를 계산해 보기로 했다.

여기서도 언젠가 괴팅겐에서 함께 연구하던 친구 부르크하르트 드루데와 나누었던 대화를 떠올린 것이 도움이 되었다. 원자 속 전자궤도를 상정하는 것에 대한 어려움에 대해 이야기하면서 부르크하르트 드루데는 엄청나게 높은 해상도를 가진 현미경을 만들어 전자궤도를 직접 관찰할 수 있을 수도 있지 않겠느냐는 가능성을 제기했다. 그런 현미경은 가시광선이 아니라, 강한 감마선을 활용하는 것이어야 할 것이고, 그런 현미경을 만들면 원리적으로는 원자 속 전자궤도의 사진을 찍을 수 있을 터였다. 그러므로 이제 나는 그런 현미경도 불확정성 원리로 말미암아 주어진 경계를 넘어설 수 없으리란 것을 증명해내야 했다. 이런 증명은 성공했고 새로운 해석을 더욱 확신하게 해주었다. 이런 식의 계산을 몇 번 더 해본 뒤 나는 나의 연구 결과들을 편지에 길게 정리하여 볼프강 파울리에게 보냈고 함부르크에 있던 볼프강 파울리에게서 나의 결과에 동의한다는 답장이 오자 나는 매우 고무되었다.

그러고 나서 닐스 보어가 노르웨이로 갔던 스키 여행에서 돌아왔을 때 우리는 다시 한번 어려운 토론을 해야 했다. 보어역시 여행 중에 계속 생각을 정리하는 가운데 우리의 앞선 대화에서 그랬던 것처럼 파동과 입자의 이중성에 기초한 해석을 하고자 했던 것이다. 보어는 이런 해석에 대해 새롭게 '상보성 원리'라는 개념을 도입했다. 이 개념은 같은 사건을 두 개의 서로 다른 관찰 방식으로 파악할 수 있는 상황을 묘사하는 것이었다. 두 가지 관찰 방식이 서로 배제적이기는 하지만 한편으로는 상호 보완적인 것이며, 모순되는 이 두 관찰 방식을 병존시킴으로써만 그 현상을 바르게 볼 수 있다는 것이었다. 보어는 처음에 불확정성 원리에 대해 약간 유보적인 태도를 보이며, 그것이 상보성이라는 일반적인 상황 중의 특수한 경우가 아닌가 생각했다. 하지만 당시 연구차 코펜하겐에 머물고 있던 스웨덴의 물리학자 오스카르 클라인의 도움으로 우리는 곧 불확정성 원리와 상보성 원리가 별 차이가 없는 것이며, 이제 이런 새로운 내용을 사람들이 이해할 수 있도록 잘 정리해서 발표하는 일만 남았다는 것을 깨달았다.

물리학적 발표는 그 뒤 1927년 가을 두 행사에서 이루어졌다. 하나는 코모에서 열린 일반 물리학회로, 거기서 보어는 새로운 상황을 개괄하는 강연을 했다. 이어 브뤼셀에서 열린 솔베이 회의에서도 발표가 이루어졌다. 이 회의에는 솔베이 재단이 선정한 소수의 전문가들만이 초빙되어 양자론에 대한 열띤 토론이 이루어졌다. 참가자들은 모두 같은 호텔에 묵었고 가장 격렬한 토론은 회의실이 아닌, 호텔에서 식사를 하면서 벌어졌다. 보어와 아인슈타인이 양자론에 대한 새로운 해석을 둘러싼 논쟁의 주역을 담당했다. 아인슈타인은 새로운 양자론이 갖는 통계적 특성을 받아들이려고 하지 않았다. 아인슈타인은 물론 해당하는 계의 모든 결정 요소들을 정확히 알지 못하는 경우에는 확률적 진술을 하는 것에 반대하지 않았다. 이전의 통계적 열 이론이 그런 진술에 기초했던 것이다. 그러나 아인슈타인은 양자론에서는 현상을 완벽하게 규정하기 위해 필요한 모든 결정 요소들을 아는 것이 근본적으로 불가능하다는 점을 인정하려 하지 않았다. 아인슈타인은 이런 토론에서 종종 "신은 주사위 놀이를 하지 않는다"고 받아쳤다. 아인슈타인은 불확정성 원리를 받아들일 수 없었고, 불확정성 원리가 통하지 않는 실험들을 생각해 내고자 애썼다. 토론은 이른 아침 식사를 하는 자리에서 아인슈타인이 불확정성 원리를 반박하는 새로운 사고실험을 제안하는 것으로 이미 시작되었다. 우리는 곧장 분석을 시작했고, 회의실로 가는 중에―나는 대부분 보어, 아인슈타인과 동행했다―아인슈타인의 의문과 주장에 대한 첫 번째 해명을 하는 데에 이르렀다. 그러고 나서 하루를 보내며 그에 대한 많은 대화가 이루어졌고, 저녁쯤 되면 저녁 식탁에서 닐스 보어가 아인슈타인이 제안한 실험이 불확정성 원리를 피해갈 수 없다는 것을 증명해 보였다. 그러면 아인슈타인은 약간 불안해했다. 그러나 다음 날 아침이면 다시 새로운 사고실험을 들고 나타났다. 이전보다 더 복잡한 사고실험으로 이제는 정말로 불확정성 원리가 맞지 않는다는 걸 보여줄 거라고 장담했다. 그러나 이런 사고실험 역시 저녁쯤이면 이전 것보다 더 낫지 않은 것으로 밝혀졌고, 이런 일이 며칠 계속되자 아인슈타인의 친구이자 네덜란드 레이덴의 물리학자 파울 에렌페스트는 아인슈타인에게 이렇게 말했다.

"아인슈타인, 난 자네가 부끄러워. 자네는 새로운 양자론에 대해 예전에 자네의 상대성이론 반대자들처럼 반박하고 있잖아."

하지만 이런 우정 어린 충고도 아인슈타인을 설득시키지는 못했다.

나는 다시금 기존의 과학 및 사고의 토대가 되었던 생각들을 포기한다는 것이 참으로 얼마나 어려운 것인지를 뼈저리게 느꼈다. 아인슈타인은 커다란 시간과 공간을 배경으로 우리와 무관하게 확고한 법칙으로 돌아가는 객관적인 물리학을 연구하는 데 삶을 바쳐왔다. 이론물리학의 수학은 이런 객관적 세계를 모사하는 것이어야 했고, 그로써 이 세계의 미래의 행동을 예측할 수 있는 것이어야 했다. 그런데 이제 양자론은 원자에 이르러서는 공간과 시간 속에 객관적인 세계가 존재하지 않고, 이론물리학의 수학은 사실이 아니라 가능성만을 보여준다고 주장하는 것이다. 아인슈타인은 자신이 발로 디디고 있는 단단한 바닥을 떠날 준비가 되어 있지 않았다.

훗날 양자역학이 어엿한 물리학의 한 분야로 확고히 자리 잡았을 때도 아인슈타인은 자신의 입장을 철회하지 않았다. 그는 양자론을 한시적으로만 통용되는 가설이지, 원자 현상에 대한 최종적인 해답은 아닌 것으로 여겼다. "신은 주사위 놀이를 하지 않는다." 아인슈타인은 이런 원리를 굳게 부여잡았다. 보어는 그런 아인슈타인에게 이렇게 응수할 뿐이었다.

"하지만 신이 어떻게 세계를 다스릴지 신에게 제시해주는 것도 우리의 과제는 아닌 듯합니다."

7

자연과학과 **종교**의 관계에 대한 첫 번째 대화

1927

우리가 솔베이 회의차 브뤼셀의 호텔에 머무르던 어느 날 밤 회의에 참가한 몇몇 젊은 멤버들이 로비에 모였다. 볼프강 파울리와 나도 거기에 끼었고 잠시 뒤 폴 디랙도 합류했다. 이야기 중에 이런 질문이 나왔다.

"아인슈타인은 늘 사랑의 하느님 운운하잖아. 그걸 대체 어떻게 생각해야 해? 아인슈타인 같은 과학자가 종교적 전통에 그렇게 매여 있다니 이해가 안 가."

누군가 이렇게 대답했다.

"종교에 매여 있는 건 아인슈타인이 아닐걸, 막스 플랑크가 더할 거야. 플랑크는 종교와 과학의 관계에 대해 그 둘 사이에는 아무런 모순이 없고, 종교와 과학이 서로 하나가 될 수 있다고 말하니까."

그러자 한 사람이 내게 이 분야에 대한 플랑크의 견해를 알고 있느냐고, 그에 대해 어떻게 생각하느냐고 물었다. 나는 플랑크와 몇 번 이야기를 나눈 적이 있었지만 대부분 물리학에 관한 이야기였고, 일반적인 주제들에 관한 것은 아니었다. 하지만 나는 플랑크와 친한 친구들을 몇 명 알고 있었고, 그들로부터 플랑크의 이야기를 많이 듣고 있었으므로 플랑크의 견해를 좀 알고 있다고 생각했다. 그래서 이렇게 대답했던 듯하다.

"내가 보기에 플랑크가 종교와 과학이 하나가 될 수 있다고 말한 건, 그가 그 두 가지가 현실의 전혀 다른 영역을 문제 삼고 있다고 전제하기 때문이야. 자연과학은 객관적 물질적인 세계를 다뤄. 자연과학의 과제는 객관적인 세계를 올바르게 진술하고, 그 연관들을 이해하는 거야. 그러나 종교는 가치의 세계를 다뤄. 종교는 사실 그 자체보다는 어떤 일이 이루어져야 하는가, 우리가 어떤 행동을 해야 하는가를 이야기하지. 자연과학에서는 옳고 그름이 문제가 되는 거고, 종교에서는 선악, 즉 가치 있는 것과 무가치한 것이 문제가 되는 거지. 자연과학은 기술적으로 합목적적인 행동의 기반이고, 종교는 윤리의 기반이야.

이런 시각으로 보면 18세기 이래 있어온 종교와 과학 간의 갈등은 오해에서 비롯된 것 같아. 종교적 상들과 비유들을 자연과학적인 주장으로 해석하다 보니 갈등이 생겨났던 거지. 우리 부모님도 이런 견해를 가지고 있는데, 이렇게 보면 자연과학과 종교는 서로 명백히 구분돼. 하나는 세계의 객관적인 면에 속하고, 하나는 주관적인 면에 속하지. 자연과학은 우리가 세계의 객관적인 측면을 대하는 방식이고. 종교는 우리가 가치를 부여하고, 그 가치를 따라 살아가는 주관적 결정의 표현인 거야.

우리는 보통 가족이든, 민족이든, 문화권이든 간에 자신이 속한 공동체의 영향 속에서 이런 결정을 내려. 교육과 환경이 이런 결정에 강한 영향을 미치지. 하지만 결국 그 결정은 주관적인 것이고, 그 때문에 '옳은가 그른가' 하는 판단은 할 수가 없어. 내가 이해한 바가 맞는다면 막스 플랑크는 이런 자유를 이용하여 기독교를 선택한 거야. 인간관계도 그렇고, 그의 모든 사고와 행동은 절대적으로 이런 전통 가운데 이루어지지. 물론 그의 그런 면을 존중해야 할 거야. 그가 보기에는 두 영역, 즉 세계의 객관적 측면과 주관적 측면은 명백히 구분되는 거니까. 하지만 난 이렇게 구분하는 것이 마음에 들지 않아. 인간 공동체가 장기적으로 이렇듯 지식과 믿음을 명확히 구분하면서 살아갈 수 있을지 의심스러워."

볼프강도 나의 이런 염려에 동조했다.

"그래, 장기적으로 그런 식으로 살아가기는 힘들 거야. 종교가 처음 발생했던 시대에는 해당 공동체가 보유한 지식이 그 시대의 정신적 형식과 일치했지. 당대 지식의 가장 중요한 내용은 해당 종교의 가치와 사상이었고. 이런 정신적인 형식은 그 공동체의 가장 단순한 사람도 이해할 수 있는 것이어야 했어. 원래의 가치와 사상이 갖는 의미가 비유와 상들을 통해 모호한 감정으로만 전달된다고 해도 말이야. 그래서 그 가치를 기준으로 살아가는 사람은 그런 정신적인 형식이 곧 공동체의 전체적인 지식이 되기에 충분하다고 생각했을 거야. 믿음은 '옳게 여기는 바'가 아니라 '가치를 통한 인도에 스스로를 맡기는 것'이니까. 그래서 이제 역사가 흐르는 가운데 새로운 지식을 얻게 되면서 이런 지식이 옛 정신적 형식을 날려 버릴 위험이 커졌지. 지식과 믿음을 서로 명백하게 구분하는 것은 이런 아주 제한된 시기의 응급처치에 불과할 거야. 가령 서구 문화권에서는 머지않아 기존 종교의 비유와 상들이 단순한 사람들에게까지도 설득력을 발휘하지 못하게 되는 시점이 올 수 있어. 그렇게 되면 기존의 윤리 역시 단기간에 무너질 수도 있고, 우리가 아직은 상상할 수 없는 끔찍한 일들이 일어날지도 몰라.

따라서 플랑크의 생각이 논리적이고, 거기서 비롯된 행동은 바람직하지만, 난 플랑크의 생각은 별로야. 나는 아인슈타인의 견해에 더 가까워. 아인슈타인이 즐겨 언급하는 사랑하는 하느님은 변치 않는 자연법칙과 관계가 있어. 아인슈타인은 사물의 중심 질서에 대한 감각을 가지고 있어. 그는 자연법칙의 단순함에서 이런 질서를 느끼지. 아인슈타인은 상대성이론을 발견할 때 이런 단순함을 아주 강하게 직접적으로 경험했을 거야. 물론 거기서 종교까지는 아직 거리가 있지. 아인슈타인은 종교에 거의 구애받지 않아. 나는 인격적인 하느님에 대한 표상이 아인슈타인에게는 굉장히 낯설 거라고 생각해. 하지만 그에게는 과학과 종교의 구분이 없어. 그에게 중심 질서는 객관적 영역과 주관적 영역에 동일하게 속하는 것이야. 내가 보기에는 그것이 더 나은 출발점인 것 같아."

내가 고개를 갸우뚱하며 물었다.

"무엇을 위한 출발점? 커다란 연관에 대해 어떤 입장을 갖든 그저 개인적인 문제라고 본다면 아인슈타인의 태도는 충분히 이해할 수 있지만, 이런 태도가 어떤 것의 출발점이 되지는 않아."

"그렇지 않아. 지난 200년간 자연과학의 발전은 인간의 사고를 총체적으로 변화시켰어. 기독교 문화권을 넘어서서도 말이야. 따라서 물리학자들의 생각은 꽤 중요해. 공간과 시간 속에서 인과법칙에 따라 돌아가는 객관적 세계에 대한 편협한 개념들이 바로 다양한 종교의 정신 형식과 갈등을 일으켰지. 자연과학이 스스로 이런 좁은 틀을 깨뜨려 버리면—자연과학은 상대성이론에서 그렇게 했고, 우리가 지금 격렬하게 토론하고 있는 양자론에서는 더 많은 것을 할 수 있을 테지—종교가 그것의 정신적 형식으로 포착하고자 하는 내용과 자연과학의 관계는 다시금 달라질 거야. 우리는 지난 30년간 자연과학에서 배운 연관들을 통해 사고의 지평을 더 넓혔어.

가령 닐스 보어가 이제 양자론 해석에서 전면에 내세우고 있는 상보성의 개념은 철학 같은 정신과학에서는 결코 새로운 게 아니야. 명백하게 말로 정리되지는 않았을지 몰라도 말이지. 하지만 그런 개념이 정확함을 표방했던 자연과학에서 등장했다는 것은 결정적인 변화를 의미해. 상보성의 개념은 비로소 관찰 방식과 무관한 물질적 객체라는 개념이 현실에 부합하지 않는 관념적인 추론이었음을 보여줘. 동양철학과 동양의 종교들에서는 물질적 객체에 대한 상보적인 표상으로 어떤 객체에도 개의치 않는 인식의 순수 주체라는 것이 있어. 이런 표상 역시 정신적, 영적 현실에 부합하지 않는 관념적인 추론이지. 우리가 커다란 연관들을 생각한다면 미래에는—보어의 상보성의 원리에서 볼 수 있듯이—중용을 취할 수밖에 없을 거야. 이런 식의 사고에 부응하는 과학은 다양한 형식의 종교에 더 관용적이 될 뿐 아니라, 전체를 더 잘 조망할 수 있기에 가치의 세계에도 기여할 수 있을 거야."

이런 대화가 진행되는 동안 어느 틈엔가 우리에게 합류해 있던 폴 디랙은—그는 당시 25세도 채 안 된 나이였다—더 이상 인내심을 발휘하지 못하고 이의를 제기했다.

"난 왜 우리가 여기서 종교 이야기를 해야 하는지 모르겠어. 솔직하게 말하자면—자연과학자로서 무엇보다 솔직해야 하잖아—종교에서 하는 말은 현실에서는 도저히 정당화될 수 없는 거짓이라는 것을 인정해야 해. '신'이라는 개념 자체가 이미 인간들의 환상의 산물이야. 지금의 우리보다 자연의 위력에 훨씬 노출된 삶을 살았던 원시 부족들이 두려움으로 말미암아 이런 힘들을 의인화해서 신이라는 개념에 이르렀던 거야. 하지만 이제 자연의 연관들을 이해하고 있는 우리의 세계에서는 더 이상 그런 표상들이 필요하지 않아. 전능한 신이 존재한다고 가정하는 것이 우리에게 무슨 도움이 되는지 잘 모르겠어. 이런 가정은 공연히 쓸데없는 질문만 만들어내는 것 같아. 가령 신은 왜 이 땅에서 불행과 불의를 허락하는가, 어찌하여 부유한 자들이 가난한 자를 억압하게 내버려두는가, 왜 모든 끔찍한 일을 막아주지 않는가 이런 질문들 말이지.

  우리 시대에 아직도 종교를 가르친다면, 종교가 아직도 우리에게 설득력이 있어서가 아니라, 민중들, 곧 순진한 사람들을 회유하려는 의도임이 틀림없어. 자족하는 사람들은 불안하고 불만족스러운 사람들보다 통치하기 쉬우니까. 착취하고 이용해 먹기가 더 쉽지. 종교는 일종의 아편이야. 민중이 행복한 소망 가운데 취하여 자신들이 당하는 불의를 용납하도록 건네진 아편이지. 국가와 교회라는 양대 정치 세력이 그렇게 쉽게 연대할 수 있는 것도 그래서야. 이 두 세력은 자비로운 신이 불의에 항거하지 않고 묵묵하고 참을성 있게 자신의 의무를 다한 사람들에게 이 땅에서가 아니라 하늘나라에서 상을 준다는 환상을 불러일으킬 필요가 있는 거야. 이런 신은 인간의 환상의 산물일 따름이라고 솔직하게 말하는 것은 물론 용서받을 수 없는 죄로 여겨질 테고."

  내가 말했다.

"폴, 자네는 종교가 정치적으로 남용되는 경우를 이야기하고 있어. 하지만 그렇게 따지면 세상의 거의 모든 것이 남용될 수 있어. 자네가 최근에 이야기했던 공산주의 이데올로기도 말이야. 그래서 종교를 그렇게 판단하는 건 옳지 않을 거야. 결국 인간의 공동체는 늘 존재하는 것이고, 그런 공동체들은 죽음과 삶에 대해, 공동체의 생활이 진행되는 커다란 연관에 대해 공동의 언어를 찾아야 하지. 역사 속에서 이렇듯 공동의 언어를 찾고자 하는 가운데 전개된 정신적인 형식들은 커다란 설득력을 가지고 있어. 아주 많은 사람들이 수백 년간 이런 형식에 맞추어 삶을 살아왔기 때문이야. 그래서 지금 자네처럼 종교를 그리 쉽게 비하할 수는 없어. 자네한테는 인격적인 신이 등장하는 종교보다 고대 중국의 종교 같은 기타 종교들이 더 커다란 설득력으로 다가올 것 같은데."

폴 디랙이 대답했다.

"난 아무튼 종교와는 친하지 않아. 여러 종교의 신화들이 서로 모순되기 때문이기도 하지. 내가 아시아가 아닌 여기 유럽에서 태어난 것은 순전한 우연이고, 무엇이 진실인지, 내가 무엇을 믿을지에 영향을 미치지 못해. 나는 다만 진실만을 믿을 수 있어. 어떻게 행동할까 하는 것이야 상황에 따라 이성적으로 판단해 결정할 수 있으니까 공동체 속에서 다른 사람들과 함께 지내는 데는 무리가 없어. 나는 기본적으로 공동체 안에서 타인에게 동등한 삶의 권리를 인정해. 그들도 내게 그런 권리를 부여해줄 것을 요구하고. 이해관계가 공정하게 해결되도록 애를 써야 해. 그 이상은 필요하지 않아. 하느님의 뜻, 죄, 회개, 내세에 대한 모든 말들은 그저 거칠고 황량한 현실을 가리는 역할을 할 뿐이야.

신에 대한 믿음은 또한 높은 권력에 복종하는 것이 하느님의 뜻이라고 생각하게 해. 예전에는 자연스러웠을지 몰라도 오늘날의 세계에는 더 이상 맞지 않는 사회구조가 그런 식으로 다시금 공고해지는 거야. 나는 사실 커다란 연관 운운하는 것만으로도 비위에 거슬려. 과학에서나 일상생활에서나 마찬가지야. 우리는 어려움 앞에 서 있고 그것을 해결하고자 노력하고 있어. 그리고 언제나 한 가지 어려움만을 해결할 수 있고, 결코 한꺼번에 여러 개를 해결할 수는 없어. 따라서 연관에 대해 이야기하는 것은 쓸데없는 사상적 사족을 덧붙이는 꼴이야."

한동안 옥신각신 의견이 엇갈렸고, 우리는 볼프강이 이런 논쟁에 참여하지 않고 가만히 있는 것에 놀랐다. 볼프강은 가만히 경청했다. 때로는 약간 불만족스러운 표정이었고, 때로는 실실 웃기도 했지만, 아무 말도 하지 않았다. 그러다 결국 그에 대해 어떻게 생각하느냐는 질문을 받게 되자, 볼프강은 화들짝 놀란 듯한 표정으로 이렇게 말했다.

"네, 네, 우리 친구 디랙에겐 종교가 있어요. 이 종교의 모토는 '신은 없으며 디랙이 그 종교의 선지자이다'라는 겁니다."

디랙을 포함하여 우리 모두는 볼프강의 말에 폭소를 터뜨렸고 그로써 호텔 로비에서 벌어진 우리의 저녁 토론은 막을 내렸다.

얼마 뒤, 코펜하겐에서였던 것 같은데, 나는 닐스에게 우리가 나누었던 대화를 들려주었다. 그러자 닐스는 곧장 우리 그룹의 최연소 멤버를 두둔했다.

"나는 폴 디랙이 타협하지 않는 태도로 논리적 언어로 명확하게 표현할 수 있는 것만을 두둔하는 것이 대단하다고 생각해요. 디랙은 말할 수 있는 거라면 명확하게 말할 수 있어야 한다는 거지요. 비트겐슈타인의 말을 빌리자면, 말할 수 없는 것에 대해서는 입을 다물어야 한다는 거예요. 디랙이 내게 새로운 논문을 제출하면, 그 원고는 아주 분명하고, 수정한 데 하나 없이 손글씨로 쓰여 있어요. 바라보는 것만으로도 미학적인 즐거움을 주지요. 그리고 내가 그에게 이런저런 부분을 좀 바꿔 보라고 제안을 하면, 디랙은 아주 의기소침해져요. 그리고 대부분은 아무것도 고치지 않지요. 아무튼 그의 논문은 자체로 아주 뛰어난 논문이에요. 최근에 나는 디랙과 소규모 미술 전시회에 갔었어요. 전시회에 이탈리아를 배경으로 한 마네의 풍경화가 하나 있었지요. 멋진 청회색 톤의 바닷가 풍경이었는데 전면에는 배 한 척이 보이고, 그 옆으로는 물에 쥐색 점이 하나 있었어요. 왜 그런 점이 찍혀 있는지 이해할 수가 없었지요. 디랙은 그걸 보고 '이런 점은 허용될 수 없다'고

하는 거예요. 그것은 예술 작품을 관찰하는 아주 특이한 방식이었어요. 하지만 디랙이 옳을 거예요. 좋은 예술 작품이나 좋은 과학적 논문에는 모든 세세한 것이 명백히 확정되어 있어야 해요. 우연한 것은 있을 수 없어요.

그럼에도 종교에 대해서는 그렇게 말할 수 없어요. 나 역시 인격적인 신의 표상이 낯선 것은 디랙과 마찬가지예요. 하지만 종교의 언어는 과학과는 다르게 쓰인다는 것을 분명히 해야 해요. 종교의 언어는 과학의 언어보다는 문학의 언어와 비슷해요. 물론 처음에는 과학에서는 객관적인 사실에 대한 정보가 중요하고, 문학에서는 주관적인 감정을 일깨우는 것이 중요하다고 생각하기 쉬워요. 그렇게 보면 종교는 엄연히 객관적 진실을 말하고 있으니 과학적 기준을 충족시켜야 하죠. 하지만 세계를 이렇듯 객관적인 면과 주관적인 면으로 가를 수는 없는 것 같아요. 모든 시대의 종교가 비유와 상과 역설로 이야기된다면, 그것은 종교적 현실을 파악할 다른 가능성이 없다는 뜻일 거예요. 하지만 그것이 곧 종교가 거짓이라는 뜻은 아니지요. 이런 현실을 객관적인 측면과 주관적인 측면으로 분할하는 것은 별로 바람직하지 않아요.

그래서 나는 최근 수십 년간 물리학에서 '객관', '주관'이라는 개념이 얼마나 문제의 소지가 있는지를 배우게 된 게 사고의 해방으로 느껴져요. 그것은 상대성이론에서 이미 시작되었지요. 예전에 두 사건이 동시적이라는 진술은 언어로 명백히 재현할 수 있고, 그로써 임의의 모든 관찰자가 검증할 수 있는 객관적 확인으로 여겨졌어요. 그러나 오늘날 우리는 '동시성'의 개념이 주관적인 요소를 가지고 있다는 것을 알고 있어요. 정지해 있는 관찰자에게는 동시적으로 여겨질 두 사건이 움직이는 관찰자에게는 꼭 동시적이지 않다는 점에서 말이지요. 그러나 상대성이론은 모든 관찰자가 다른 사람이 무엇을 지각하게 될지 혹은 지각했는지를 계산할 수 있다는 점에서는 여전히 객관적이에요. 옛 고전물리학이 표방하던 객관적인 진술의 이상에서는 약간 멀어졌지만 말이에요.

양자역학은 이런 이상으로부터 꽤 급진적으로 돌아섰어요. 우리가 이전 물리학의 객관적인 언어로 전달할 수 있는 것은 여기에서 사진 건판이 검게 되었다, 또는 여기에서 안개방울이 만들어졌다는 식의 사실에 대한 진술뿐이에요. 원자에 대해 진술할 수는 없어요. 그러나 이런 확인으로부터 미래를 추론하는 일은 관찰자가 자유로이 결정하는 실험적 문제 제기에 따라 달라지죠. 관찰자가 사람이든, 동물이든, 기구이든 상관없어요. 하지만 미래의 사건을 예측하는 것은 관찰자나 관찰 수단과 관련 없이는 발언할 수 없어요. 이런 점에서 오늘날 자연과학의 물리학적 사실은 객관적이면서 주관적 특징을 지니고 있어요.

우리가 지금 알고 있듯이 지난 세기 자연과학의 객관적 세계는 이상적인 극한 개념이지 현실 자체는 아니었어요. 물론 앞으로도 현실을 대할 때 객관적 측면과 주관적 측면을 구분하고, 양 측면들을 가르는 것은 필요한 일이에요. 하지만 그렇게 나누는 위치는 관찰 방식에 달려 있을 수도 있고, 어느 정도는 자의적으로 정해질 수도 있어요. 그래서 나는 종교적 내용을 객관적인 언어로 말할 수 없다는 것도 이해가 가요. 다양한 종교들이 이런 내용을 다양한 정신적 형식으로 형상화하고자 한다는 사실은 종교의 본질에 대한 반론이 될 수 없어요. 이런 다양한 형식을 상보적인 서술 방식으로 이해해야 할 거예요. 이런 서술 방식은 서로 배제적이지만, 전체로서 비로소 인간과 커다란 연관과의 관계에서 나오는 충만함을 전달하게 되는 거예요."

내가 말했다

"종교의 언어를 과학의 언어나 예술의 언어와 그렇게 명백하게 구분한다면, 종종 언급되는 '살아 있는 신이 존재한다', '불멸하는 영혼이 존재한다'와 같은 문장은 무슨 의미일까요? 이런 말 속에서 '존재한다'라는 단어는 무슨 의미일까요? 아시다시피 과학의 비판, 그리고 디랙의 비판 역시 이런 말들을 겨냥하고 있습니다. 그 문제를 우선 다음 비교를 통해 인식론적 측면에서 한번 살펴보겠습니다.

수학에서 우리는 아시다시피 허수, 즉 −1의 제곱근을 가지고 계산을 합니다. 쓰기는 $\sqrt{-1}$이라고 쓰고, i라는 기호를 도입하지요. 우리는 이런 i라는 수가 자연수 가운데 없다는 것을 알고 있습니다. 그럼에도 해석함수론과 같은 수학의 주요 분야는 이런 허수를 도입함으로써 성립하지요. 즉 $\sqrt{-1}$이 추가적으로 존재한다는 뜻이에요. 제가 '$\sqrt{-1}$이 존재한다'고 하는 문장이 다름 아닌 '$\sqrt{-1}$이라는 개념을 도입함으로써 가장 쉽게 표현할 수 있는 중요한 수학적 연관이 있다'라는 의미라고 말한다면 아마 동의하실 겁니다. 그러나 연관들은 이런 도입이 없이도 존재하기에, 이런 종류의 수학을 자연과학과 공학에도 실제적으로 응용할 수 있지요. 가령 함수론에서 중요한 것은 연속적으로 변하는 변수들 사이에 중요한 수학적 법칙이 존재한다는 것입니다. 이런 연관은 $\sqrt{-1}$이라는 추상적 개념을 만들면 더 쉽게 이해할 수 있습니다. 이 개념이 이해에 근본적으로 필요하지 않고, 자연수 중에서 그와 상대되는 개념이 없어도 말이지요.

비슷한 추상적 개념이 바로 극한 개념입니다. 역시나 그에 대응하는 것이 없고, 이 개념을 도입함으로써 커다란 어려움에 빠지게 될지라도 무한은 현대 수학에서 아주 중요한 역할을 하는 개념이죠. 따라서 수학에서는 번번이 더 높은 추상의 단계에 이르게 되고 대신에 더 커다란 영역들의 전체적인 이해를 얻게 됩니다. 우리의 처음 질문으로 돌아가자면, 종교에서 '존재한다'라는 말을 이와 마찬가지로 더 높은 추상의 단계로 올라가는 것이라고 이해할 수 있을까요? 이렇게 올라가는 것은 우리에게 세계의 연관들을 더 쉽게 이해할 수 있도록 해주는 것이지만 그 이상은 아니죠. 그러나 우리가 어떤 정신적인 형식으로 이해하려 하든 간에 연관들은 늘 실재합니다."

보어가 대답했다.

"인식론적 측면에서 본다면 그런 비교는 가능할 거예요. 하지만 다른 측면에서 보면 불충분해요. 수학에서 우리는 주장의 내용과 내면적으로 거리를 둘 수가 있어요. 결국 그 내용은 사고의 유희고, 우리는 거기에 관여하거나 관여하지 않을 수 있지요. 그러나 종교는 우리 자신에 대한 문제예요. 우리의 삶과 죽음에 대한 거지요. 거기서 교리는 행동의 토대가 되고, 최소한 간접적으로는 실존의 토대가 돼요. 따라서 그냥 무관하게 밖에서 바라볼 수 없어요. 종교 문제에 대한 우리의 태도 역시 인간 공동체 속의 우리 입장과 구분될 수 없고요. 종교가 인간 공동체의 정신 구조에서 생겨난 것이라고 할 때, 종교를 역사가 진행되는 가운데 공동체를 만들어내는 가장 강력한 힘이라고 볼 것인지, 아니면 이미 존재하는 공동체가 종교와 같은 정신 구조를 발전시켜 나가고, 그 구조의 지식에 맞추어나간 것인지는 분명하지 않은 것 같아요.

우리 시대에 개개인은 어떤 정신 구조에 맞추어 생각하고 행동할지 자유롭게 선택할 수 있는 듯해요. 이런 자유에서 다양한 문화권과 인간 공동체 사이의 경계들이 유연해지고 무너지기 시작했다는 것을 알 수 있어요. 하지만 개개인이 독립적인 존재가 되려고 애쓸지라도, 알게 모르게 기존 정신 구조의 영향을 상당히 많이 받게 되어 있어요. 자신이 살아가는 공동체의 다른 구성원들과 더불어 삶과 죽음, 그 외 일반적인 연관들에 대해 이야기를 하게 될 테니까 말이죠. 자녀들도 그 공동체의 모범에 따라 키울 것이고, 공동체에 맞추어 생활하겠지요. 그래서 여기서 인식론적인 궤변은 도움이 되지 않는 거예요. 우리는 여기서도 종교에 대한 비판적인 숙고와 종교라는 정신 구조를 택해서 비롯되는 행동 사이에 상보적인 관계가 있다는 것을 확실히 해야 돼요. 의식적으로 이루어진 결정은 개개인의 행동을 인도하고, 불안을 극복할 수 있게끔 도와주는 힘의 근원이 되지요. 위기 가운데서는 커다란 연관 가운데 안전하고 보호되고 있다는 위로를 선사해주고요. 그리하여 종교는 공동체 생활이 조화를 이루게끔 해줘요. 비유적이고 상징적인 언어로 커다란 연관을 상기시키는 것은 그들의 가장 중요한 과제에 속하지요."

나는 궁금한 점들을 또 물었다.

"선생님은 종종 개인의 자유로운 선택에 대해 말씀하십니다. 원자물리학자가 이런 식으로 혹은 저런 식으로 자유롭게 그의 실험을 다루는 것에 비교하시곤 하죠. 고전물리학에서는 이런 식의 비교의 여지 자체가 없었어요. 하지만 선생님은 오늘날 물리학의 특수성을 자유의지의 문제와 더 직접적으로 연결시킬 수 있나요? 선생님도 아시다시피 원자물리학에서 사건을 완벽하게 규정할 수 없다는 것이 개인의 자유의지나

신의 개입을 위한 여지를 주는 논지로 이용되고 있습니다."

보어가 말했다.

"아, 그건 완전히 오해예요. 서로 다른 질문을 그렇게 혼동하면 안 돼요. 내가 생각하기에 그런 질문들은 서로 다른, 즉 상보적인 관찰 방식에 속해요. 자유의지는 우리가 결정을 내려야 하는 상황에 작용해요. 이런 상황들은 우리가 행동의 동기를 분석하거나, 두뇌 속 전기화학 과정처럼 생리적인 과정을 연구할 때 같은 상황과는 상호 배타적인 관계에 있어요. 전형적으로 상보적인 상황들이에요. 그래서 자연법칙이 사건을 완전히 규정할 수 있는지, 아니면 통계적으로만 규정할 수 있는지는 자유의지에 대한 질문과 직접적으로 관계가 없어요. 물론 서로 다른 관찰 방식이 결국은 조화를 이루어야 하겠지요. 두 방식 모두 같은 현실에 속한 것으로 인정할 수 있어야 할 거예요. 그러나 어떻게 해야 그럴 수 있는지는 지금으로서는 알지 못해요. 마지막으로 신의 개입 운운한다면, 그것은 사건의 자연과학적인 조건이 아니라, 그 사건을 다른 것들, 또는 인간의 사고와 연결시키는 맥락에서 하는 이야기예요. 이런 맥락 역시 자연과학적 조건과 마찬가지로 세계의 현실에 속하지요. 그런 것들을 현실의 주관적인 측면으로만 치부해 버리는 것은 너무 단순화시켜 버리는 처사일 거예요.

하지만 여기서도 자연과학의 비슷한 상황들로부터 배울 수 있어요. 알다시피 생물학에는 본질상 인과적이지 않고, 합목적적인 연관들이 있어요. 가령 생물체에게서 나타나는 상처 치유 과정 같은 것이 그런 거죠. 이런 궁극적인 해석은 물리학적, 화학적, 원자물리학적 법칙에 따른 진술과 전형적으로 상보적인 관계에 있어요. 전자의 경우 우리는 그 과정이 원하는 목표, 즉 유기체의 정상적인 상황을 회복시키는 것으로 이어지는지를 묻고, 후자의 경우는 분자적 과정의 인과적인 과정을 묻지요. 두 개의 서술 방식은 상호 배타적이에요. 하지만 그렇다고 반드시 모순인 것은 아니에요. 우리는 죽은 물질에서와 똑같이 살아 있는 유기체에서도 양자역학 법칙을 확인할 수 있을 거라고 보고 있어요. 그럼에도 합목적적 진술 역시 옳은 거예요. 나는 원자물리학을 통해 우리가 지금까지보다 훨씬 더 세심하게 사고해야 한다는 걸 배웠다고 생각해요."

내가 이의를 제기했다.

"우리는 너무 쉽게 종교의 인식론적 측면으로 돌아가는 것 같습니다. 종교에 대한 디랙의 반박은 사실 윤리적 측면과 관계되어 있습니다. 디랙은 무엇보다 부정직성, 또는 너무 쉽게 종교를 끌어다대는 자기기만을 비판하고자 했습니다. 그런 경향은 참을 수 없는 것이니까요. 하지만 그러다가 디랙은 이성의 광신자가 되어 버렸습니다. 이성주의로는 충분하지 않은 것 같은데 말이죠."

"디랙이 자기기만과 내적 모순의 위험을 강력하게 지적한 것은 매우 훌륭했다고 생각해요. 하지만 볼프강이 마지막에 농담으로 이성주의의 위험을 완전히 피하기가 얼마나 어려운 지를 상기시킨 것 역시 정말로 필요한 일이었을 거예요."

닐스는 그런 상황에서 그가 즐겨 언급하곤 하는 이야기로 대화를 끝마쳤다.

"우리 티스빌데 별장 근처에 사는 어떤 남자는 자기 집 현 관 앞에 말편자를 걸어놓았어요. 미신에 따르면 말편자는 행 운을 가져다준다고 하죠. 한 지인이 그에게 물었어요. '그런데 자네 그렇게 미신적인 사람이었나? 정말로 말편자가 행운을 가져다준다고 믿어?' 그러자 그는 이렇게 대답했어요. '물론 믿지 않아. 하지만 저건 믿지 않아도 행운을 가져다준다고 하 더라구.'"

8
원자물리학과 **실용주의적** 사고방식
1929

원자 이론의 발전에 함께했던 젊은이들은 훗날 브뤼셀 솔베이 회의 후 5년간을 '원자물리학의 황금시대'라 불렀다. 되돌아보면 그 기간이 너무나 빛나는 세월이었기 때문이었다. 이전에 우리를 그토록 힘들게 했던 커다란 문제들이 이 기간에 해결되었고, 원자껍질의 양자역학이라는 새로운 과학으로 나아가는 문이 활짝 열렸다. 그리고 이 분야에서 연구하고 협력하며 열매들을 수확하고자 하는 사람들은 이전에 해결할 수 없었던 수많은 문제들을 새로운 방법으로 다루고 결정할 수 있었다. 그리하여 전에 순전히 경험적인 규칙들, 부정확한 표상, 모호한 관념이 진정한 이해를 대신했던 많은 부분들—고체물리학, 강자성ferromagnetism, 화학결합 등—을 새로운 방법들로 명확하게 이해할 수 있게 되었다. 나아가 새로운 물리학은 철학적인 측면에서도 중요한 부분에서 이전의 물리학을 능가하는, 더 넓고 관용적인 물리학으로 느껴졌다.

1927년 늦가을 라이프치히 대학과 취리히 대학에서 교수

자리를 맡아달라는 제안이 왔을 때 나는 라이프치히 대학을 선택했다. 탁월한 실험물리학자인 페터 드베이어*와 함께 연구를 할 수 있다는 점이 자못 매혹적으로 다가왔기 때문이다. 나의 첫 원자 이론 세미나를 신청한 학생은 단 한 명뿐이었지만, 나는 시간이 지나면 많은 젊은이들이 새로운 원자물리학에 관심을 갖게 될 것으로 확신했다.

나는 우선 일 년 동안 미국을 여행하며 새로운 양자역학에 대해 강연을 한 뒤, 라이프치히 대학에 부임하는 조건으로 교수직을 수락했고, 1929년 2월 혹독하게 추운 날 브레머 항에서 뉴욕으로 가는 여객선에 올랐다. 하지만 항구를 빠져나가는 것만도 몹시 어려워 이틀이나 걸렸다. 바다로 나가는 항로가 두꺼운 얼음으로 막혀 있었기 때문이다. 항해 동안에도 내가 난생처음 경험하는 심한 폭풍우가 몰아쳐, 15일간의 힘든 항해 후에야 롱아일랜드 연안에 이르렀고, 이윽고 노을 속으로 뉴욕의 마천루가 시야에 들어왔다.

신세계는 첫날부터 나를 매혹시켰다. 젊은이들의 자유롭고 스스럼없는 행동들, 그들의 진솔한 환대와 친절, 그들에게서 묻어나는 즐거운 낙천주의, 이 모든 것이 합쳐져 내 어깨의 짐

---

* Peter Debye(1884~1966). 네덜란드 출신의 물리학자. 원래의 이름은 페트뤼스 드베이어(Petrus Debije)이지만 독일에서 주로 활동하면서 이름을 페터로 바꾸었고, 나중에 미국으로 가서 국적을 바꾼 뒤로는 '피터 디바이'로 불렸다. 1936년 노벨 화학상을 받았다.

들이 모두 떨어져 나가는 듯한 해방감을 주었다. 새로운 원자 이론에 대한 미국 연구자들의 관심은 대단했다. 나는 여러 대학을 다니며 강연을 하는 가운데 미국이라는 나라의 다양한 면들을 알 수 있었다. 꽤 오래 머문 곳에서는 테니스를 치고, 요트를 타는 등 사람들과 교제했고, 최근의 연구 동향에 대해 자세한 대화를 나누기도 했다. 그중 특히 기억에 남는 것은 나의 테니스 파트너였던 바튼*과 나누었던 대화다. 바튼은 시카고의 젊은 실험물리학자로, 시카고 북쪽의 한적한 호숫가에서 며칠간 낚시를 하자며 나를 초대했다

나는 바튼에게 미국에서 강연을 다니면서 계속하여 놀랄 수밖에 없었다고 이야기했다. 유럽에서는 새로운 원자 이론의 불확실한 특성들, 즉 입자와 파동의 이중성, 통계적으로밖에 파악할 수 없는 자연법칙 같은 것이 계속하여 격렬한 토론을 불러일으키며, 이런 새로운 생각을 가차 없이 거부하는 일도 일어나는데, 대부분의 미국 물리학자들은 새로운 관찰 방식을 전혀 주저하지 않고 받아들이는 것 같다고 말했다. 정말이지 미국의 학자들은 새로운 물리학을 받아들이는 것이 전혀 어렵지 않은 듯했다. 바튼에게 이런 차이를 어떻게 설명할 수 있

---

* J. Barton Hoag(1898~1962)은 미국의 실험물리학자로 극자외선 분광학을 주로 연구했으며 전자 및 핵물리학에 관한 교과서로 널리 알려져 있다.

겠느냐고 묻자 바튼은 이렇게 대답했다.

"당신네 유럽인들, 특히 독일인들은 그런 인식을 너무 원칙적으로 받아들이는 경향이 있어요. 우리는 그것을 훨씬 더 간단하게 봐요. 전에 뉴턴역학은 관찰되는 사실을 충분히 정확하게 묘사했어요. 그리고 나서 전자기 현상이 알려졌고, 뉴턴역학이 그것에는 충분하지 않다는 것이 밝혀졌죠. 하지만 맥스웰 방정식이 이런 현상을 기술하기에 일단은 충분했어요. 그러다가 원자 과정에 대한 연구가 고전역학과 전자기역학으로는 관찰되는 결과를 설명할 수 없다는 것을 보여주었죠. 따라서 이전의 법칙 또는 방정식을 개선해야 할 필요가 있었어요. 그렇게 해서 양자역학이 탄생한 것이고요. 여기서 기본적으로 물리학자는―이론물리학자도 마찬가지고요―다리를 건설하고자 하는 엔지니어와 비슷해요. 엔지니어가 지금까지 활용했던 정역학 공식이 새로운 다리를 건설하는 데 미흡하다는 걸 알게 된다고 해봐요. 그는 풍압, 재료의 노후 정도, 기온 변화 등등과 관련하여 수정한 내용을 기존의 공식에 추가로 반영해 넣을 거예요. 그렇게 해서 더 나은 공식, 더 믿을 만한 설계도를 얻게 될 것이고, 모두가 이런 진보를 기뻐하겠지요. 하지만 기본적으로는 변한 것은 아무것도 없어요.

나는 물리학도 이와 비슷하다고 봐요. 그런데 당신들은 자연법칙을 절대적인 것으로 선언하는 실수를 저지르는 것 같아요. 그러고는 그 법칙을 변경시켜야 할 때면 몹시 놀라지요.

내 생각에는 '자연법칙'이라는 표현 자체가 이미 어떤 정리를 지나치게 추앙하거나 신성시하는 것으로 보여요. 이런 정리는 기본적으로는 해당 분야의 자연을 취급하기 위한 실질적인 규정에 불과할 텐데 말이에요. 따라서 나는 어떤 것이든 절대적으로 생각해서는 안 된다고 봐요. 그러면 어려움이 없어져요."

나는 이의를 제기했다

"그러니까 당신은 전자가 어느 때는 입자로, 또 어느 때는 파동으로 보이는 것이 전혀 놀랍지 않은 거로군요. 당신에게 그것은 단지—물론 이런 형식일 거라고는 기대하지 않았겠지만—예전의 물리학을 확장하는 것일 뿐이니까요."

"나도 놀랍긴 해요. 하지만 나는 자연에서 무슨 일이 일어나는지를 보고, 그것을 받아들이는 수밖에 없어요. 어느 때는 파동처럼, 어느 때는 입자처럼 행동하는 것이 있다고 한다면, 새로운 개념을 만들면 되는 거죠. 그것을 '벨리켈'*이라고 부르든지요. 그러면 양자역학은 이런 '벨리켈'의 행동을 수학적으로 묘사하는 것이 되겠죠."

"그런 대답은 내게는 너무 단순하게 생각돼요. 입자와 파동 두 가지 특성을 갖는 것은 결코 전자의 특별한 성질이 아니라,

---

* Wellikel. 독일어에서 파동을 뜻하는 Welle과 입자를 뜻하는 Partikel을 합친 말. 영어로는 wave와 particle을 합쳐 wavicle이라고 한다.

모든 물질과 모든 빛의 성질이라고요. 전자건, 광원이건, 벤젠 분자건, 돌이건 간에 늘 두 가지 특성, 즉 파동성과 입자성이 나타나는 거예요. 그러니까 기본적으로는 자연법칙의 이런 통계적 특성을 모든 곳에서 지각할 수 있는 거죠. 이런 양자역학적 특성이 일상에서 경험할 수 있는 대상보다는 원자에서 훨씬 더 눈에 띄게 드러나는 것뿐이고요."

"좋아요. 그래서 당신들은 뉴턴 법칙과 맥스웰의 법칙을 약간 변화시켰어요. 관찰자의 입장에서는 이런 변화가 원자 현상에서 뚜렷이 드러나지요. 일상적 영역에서는 거의 보기가 힘든 반면에 말이에요. 아무튼 그런 식으로 어느 정도 효과적인 개선이 이루어져요. 양자역학도 앞으로 더 개선되겠죠. 아직은 알지 못하지만 다른 현상들을 더 적절히 묘사할 수 있기 위해서요. 하지만 당분간 양자역학은 원자 영역의 모든 실험에 유용한, 탁월하게 입증된 행동 규정으로 보여요."

나는 바튼의 이런 관찰 방식에 동의할 수 없었고, 내 생각을 이해시키기 위해 조금 더 자세히 정리를 하고자 했다. 그래서 나는 약간 신랄한 어조로 답변을 했다.

"나는 뉴턴역학은 도저히 개선할 수 없다고 생각해요. 그 말은 어떤 현상을 뉴턴역학으로, 즉 위치, 속도, 가속도, 질량, 힘 등으로 묘사할 수 있는 한, 뉴턴의 법칙은 여전히 유효하다는 뜻이에요. 앞으로 10만년이 지난다 해도 그 점은 변함이 없을 거예요. 다시 말해 뉴턴의 개념으로 현상들을 정확히 기술할 수 있는 곳에서는 뉴턴의 법칙이 통하는 거죠. 물론 이런 정확성에 한계가 있다는 것은 고전물리학에서도 의식하고 있는 부분이었어요. 임의의 정확성을 가지고 측정할 수 있는 사람은 아무도 없기 때문이죠. 하지만 불확정성 원리가 표명하고 있듯이 측정의 정확성에 '원칙적인' 한계가 있다는 것은 원자 영역에서 비로소 새롭게 경험하게 된 내용이에요. 하지만 지금 그런 이야기는 할 필요가 없겠고. 아무튼 간에 정확히 측정할 수 있는 한, 뉴턴역학이 유효하고, 앞으로도 유효할 것이라는 사실은 변함이 없어요."

바튼이 대답했다.

"이해가 안 가네요. 상대성이론의 역학은 뉴턴역학에 비해 개선된 것이 아닌가요? 불확정성 원리야 말할 필요도 없고요."

내가 계속 설명했다.

"불확정성 원리에 대해서는 여기서 진짜로 말할 필요도 없고요. 시공간 구조, 특히 시간과 공간의 관계에 대해 이야기하는 상대성이론에 관해서 말해보자면, 우리가 관찰자의 위치 및 운동 상태와 무관한, 겉보기에 절대적인 시간에 대해서 이야기하는 한, 특정한 크기를 가진 정지해 있는 물체에 관한 한, 뉴턴의 법칙도 유효해요. 하지만 아주 빠른 속도로 운동하는 물체를 다룰 때는 뉴턴역학의 개념은 더 이상 경험에 부합하지 않는다는 것을 깨닫게 되죠. 움직이는 관찰자의 시계는 정지해 있는 관찰자의 시계보다 더 느리게 가는 것으로 나타나게 되는 거예요. 그럴 때는 상대성이론 역학으로 옮겨가야 해요."

"그러면 당신은 왜 상대성이론 역학을 뉴턴역학보다 더 개선된 것이라고 표현하지 않고자 하는 거죠?"

"내가 '개선'이라는 말을 싫어하는 것은 오해를 피하기 위해서예요. 오해를 할 위험이 없어지면, 그냥 개선이라 말해도 되겠지요. 당신이 앞서 들었던 비유와 관련해서 오해가 있을 수 있거든요. 당신은 엔지니어가 물리학을 실제적으로 응용하면서 꾀해야 하는 개선을 이야기했는데, 뉴턴역학이 상대성이론 또는 양자역학으로 이행하면서 나타나는 근본적인 변화를 엔지니어가 꾀하는 개선과 동급으로 보는 것은 완전히 잘못된 생각이라고 봐요. 엔지니어는 개선할 때 기존의 개념을 변화시킬 필요가 없기 때문이지요. 엔지니어에게 모든 용어는 그 전에 가졌던 의미를 똑같이 가져요. 다만 전에 등한시되었던 영향을 위해 수정이 들어가는 것뿐이죠.

그러나 뉴턴역학에서 그런 종류의 변화는 의미가 없어요. 그런 변화를 꾀하게끔 하는 실험들도 없고요. 뉴턴역학이 여전히 절대적일 수 있는 것은 그 물리학이 적용되는 분야에서는 그것이 결코 조금도 개선될 수 없기에, 즉 여기서는 오래전에 최종적인 형식을 찾았기 때문이에요. 그러나 뉴턴역학의 개념 체계가 더 이상 통하지 않는 경험 영역들이 있어요. 그런 경험 영역들을 위해서 우리는 아주 새로운 개념 구조를 필요로 하지요. 거기서 가령 상대성이론과 양자역학이 새로운 개념 구조를 제시하는 거고요. 그러니까 내가 보기에 중요한 것은 뉴턴역학은 엔지니어의 물리학적 장비는 가질 수 없는 완결성을 지니고 있다는 사실이에요. 완결성은 작은 개선도 용납하지 않지요. 하지만 옛 개념 체계가 새로운 것에서 한계가 있는 것으로 드러날 경우 아주 새로운 개념 체계로 이행하는 것은 가능하지요."

바튼이 물었다.

"그렇다면 물리학의 어떤 분야가 당신이 지금 뉴턴역학에 대해 주장한 것과 같은 완결성을 지니고 있을까요? 완결된 분야와 아직 열려 있는 분야를 나누는 기준은 어떤 것이죠? 당신이 보기에 지금까지의 물리학에서 이런 의미의 완결된 분야는 어떤 것들이 있나요?"

"완결된 분야에 대한 가장 중요한 기준은 정확히 정리할 수 있고, 그 자체로 모순이 없는 공리계가 있어야 한다는 걸 거예요. 공리가 해당 계 안에서 개념들을 통해 법칙적인 관계들을 확정하죠. 그런 공리계가 어느 정도로 현실에 부합하는지는 물론 경험적으로만 결정될 수 있는 것이고요. 그리고 그것이 커다란 경험 영역을 진술할 수 있을 때라야 이론이라고 부를 수 있지요.

이런 기준을 적용한다면 기존의 물리학에서 다음 네 분야를 완결되었다고 말할 수 있을 거예요. 뉴턴역학, 통계적 열이론, 맥스웰의 전자기학 및 특수상대성이론, 마지막으로 새로 탄생한 양자역학이 그것이죠. 이 모든 분야에는 정확히 정리된 개념과 공리계가 있고, 우리가 이런 개념들로 묘사할 수 있는 경험 영역에 머무르는 한, 그 진술은 엄격한 유효성을 가져요. 일반상대성이론은 아직은 완결된 분야라고 할 수 없어요. 일반상대성이론의 공리는 아직 불확실하고 그것을 우주학에 적용하는 것은 아직 명확한 해답을 허락하지 않는 것 같아요. 따라서 일반상대성이론은 당분간은 아직 여러모로 불확실함이 남아 있는 열린 이론으로 보아야 할 거예요.”

바튼은 이런 대답에 어느 정도 만족한 것 같았지만, 완결된 체계를 이렇게 설명하는 동기에 대해 좀 더 알고 싶어했다.

“그런데 당신은 한 분야에서 다른 분야로의 이행, 가령 뉴턴역학에서 양자론으로의 이행이 연속적이지 않고, 어느 정도 불연속적으로 일어난다는 생각을 왜 그렇게 중요시하나요? 틀림없이 당신 말은 옳아요. 새로운 개념이 도입되고, 새로운 영역에서는 질문 자체가 달라져요. 하지만 그게 왜 그렇게 중요한 거죠? 결국 과학의 진보가 중요한 것 아닌가요? 우리가 자연을 더 많이 이해하는 것 말이에요. 이런 진보가 연속적으로 일어나든 불연속적으로 일어나든, 내 생각에는 아무래도 상관없는 것처럼 보이는데요.”

“아니에요. 아무래도 상관없는 게 아니에요. 과학을 엔지니어의 일처럼 연속적인 진보로 보는 것은 우리의 과학에서 모든 힘을, 그러니까 모든 엄격함을 앗아가요. 그렇게 되면 나는 이제 어떤 의미에서 정확한 과학이라는 말을 쓸 수 있을지 모르게 될 거예요. 이런 실용주의적인 입장으로 물리학을 하고자 한다면 실험적으로 잘 접근할 수 있는 그 어떤 부분의 영역을 택해 그 현상들을 근접한 공식을 통해서 묘사하면 될 거예요. 그 묘사가 부정확하면 수정을 덧붙여서 더 정확히 만들면 되겠지요. 하지만 커다란 연관을 물을 이유는 전혀 없어질 거예요. 그리고 단순한 연관을 조망하는 데까지는 이르지 못할 거예요. 뉴턴역학을 프톨레마이오스의 천문학보다 더 뛰어나게 만든 게 바로 그런 단순한 연관들인데 말이죠. 따라서 과학에서 가장 중요한 진리의 시금석이라 할 수 있는 자연법칙의 빛나는 단순성을 잃어버리게 될 거예요.

물론 당신은 이런 단순한 연관을 요구하는 것은 말도 안 되는 절대성에 대한 요구라고 비판할 수도 있어요. 자연법칙은 왜 단순해야 하느냐고, 커다란 경험 영역은 왜 단순하게 묘사해야 하는 거냐고 말이에요. 그러면 나는 지금까지의 물리학의 역사를 상기해보라는 말밖에는 할 수가 없어요. 내가 언급한 네 개의 완결된 분야가 각각 단순한 공리를 가지고 있고, 그런 공리로 아주 광범위한 연관을 묘사한다는 건 당신도 인정할 거예요. 이런 공리가 있을 때 비로소 '자연법칙'이라 불릴 수 있으며, 그런 공리가 존재하지 않는다면, 물리학은 엄밀

과학이라는 명성을 결코 얻지 못했을 거예요.

　이런 단순함은 자연법칙과 우리와의 관계와 관련해 또 다른 측면을 가지고 있어요. 내가 그것을 이해하기 쉽게 표현할 수 있을지 잘 모르겠지만 한번 설명해 볼게요. 이론물리학을 전공하면 처음에는 늘 실험 결과들을 공식으로 정리해야 해요. 그렇게 과정을 현상학적으로 기술할 때, 이런 공식들을 스스로 고안한 듯한 만족감이 찾아오지요. 하지만 공리로 확정될 상당히 단순하고 커다란 연관을 만날 때는 아주 달라요. 그때는 우리의 정신적인 눈앞에 갑자기 연관이 나타나요. 우리 없이도 이미 늘 존재해왔고, 인간의 손을 거치지 않은 게 분명한 연관이 말이에요. 그런 연관이 우리 과학의 원래 내용일 거예요. 그런 연관들의 존재를 그 자체로 받아들였을 때만이 우리의 과학을 정말로 이해할 수 있는 거지요."

　바튼은 가만히 생각에 잠겨 있었다. 그는 반박하지 않았다. 하지만 나의 사고방식이 그에게 여전히 낯설다는 것을 알 수 있었다.

　다행히 우리의 주말은 그런 어려운 대화로만 채워지지는 않았다. 우리는 첫날 저녁을 외딴 호숫가의 작은 산장에서 보냈고, 아침에 한 인디언의 안내로 배를 타고 호수에 낚시를 하러 나갔다. 먹거리는 챙겨갔지만 약간의 별미를 마련하기 위해서였다. 우리는 인디언이 우리를 데려간 곳에서 한 시간 만에 여덟 마리의 커다란 강꼬치고기를 잡아서 우리뿐 아니라

인디언 가족들의 푸짐한 저녁거리를 마련할 수 있었다. 이런 성공에 힘입어 다음 날 아침에는 우리 둘만 다시 낚시하러 갔다. 바람과 날씨는 어제와 거의 동일했고, 우리는 어제 강꼬치고기를 잡았던 지점으로 나아갔다. 그런데 아무리 애를 써봐도 온종일 단 한 마리의 물고기도 걸려들지 않았다. 결국 바튼은 전날 우리가 하던 대화로 돌아가서 이렇게 말했다.

"원자의 세계는 이 고요한 호수와 이 호수 속 물고기와 비슷한 모양입니다. 이곳 인디언들이 바람과 날씨와 물고기의 습성에 친숙하듯이 우리 역시 의식적으로든 무의식적으로든 원자와 친숙해지지 않는 한 원자를 이해하는 건 쉽지 않을 것 같아요."

미국 체류 기간이 막바지에 이를 무렵 나는 폴 디랙과 함께 유럽에 돌아갈 계획을 짰다. 우리는 옐로스톤 공원에서 만나 그 부근을 구경한 뒤, 직접 유럽으로 가지 않고 태평양을 건너 일본에 갔다가 아시아를 거쳐 유럽으로 돌아가기로 했다. 그러기 위해 우선 유명한 간헐천 '올드 페이스풀Old Faithful' 앞의 호텔에서 만나기로 했다. 나는 폴 디랙과 만나기로 한 날보다 하루 앞서 옐로스톤 공원에 도착했으므로, 혼자 산에 올라가보기로 했다. 그런데 올라가면서야 비로소 이곳의 산들은 알프스와 달리 거의 사람의 발이 닿지 않은 고독한 자연이라는 걸 알았다. 길도 없고, 이정표나 표지판도 없었다. 어려움에 빠질 경우 어떤 도움도 기대할 수 없을 것 같았다. 올라갈 때

장시간 헤매느라 몹시 지쳤으므로, 내려가면서 적당해 보이는 곳에서 잠시 쉬려고 풀밭에 누웠는데 곧장 잠이 들었다. 언뜻 깨어보니 곰이 내 얼굴을 핥고 있었다. 나는 놀란 가슴을 안고, 저녁 어스름을 뚫고 힘들게 호텔을 찾아 내려왔다.

약속을 잡느라 폴에게 보낸 편지에서 나는 근처의 간헐천 몇 곳을 둘러보고 간헐천에서 물이 분출하는 모습을 볼 수 있으면 좋을 것이라고 썼었다. 그런데 아니나 다를까 꼼꼼하고 조직적인 성격의 폴 디랙은 이미 갈 만한 간헐천 모든 곳이 표시된 정확한 지도를 마련해 가지고 왔다. 물 분출 시간이 기입되어 있었을 뿐 아니라, 루트도 다 정해서 표시해 놓은 상태였다. 그 루트로 간헐천을 여기저기 옮겨 다니면 가는 곳마다 물이 뿜어져 나오는 시간에 맞출 수 있도록 되어 있어서, 우리는 여러 군데의 자연 분수를 구경하며 즐거운 오후를 보냈다.

샌프란시스코를 출발하여 하와이를 거쳐 요코하마에 이르는 긴 배 여행에서 우리는 무엇보다 과학에 대한 대화를 많이 나눌 수 있었다. 나는 일본 증기선에서 테니스나 셔플 보드 같은 스포츠에도 즐겨 참가했지만, 그래도 늘 시간이 많이 남아 안락의자에 누워 배 주위를 돌고 있는 돌고래나, 우리 증기선에 놀라 떼 지어 수면 위로 날아오르는 물고기들을 즐겁게 구경하곤 했다. 그럴 때면 대개 폴이 내 옆 안락의자를 차지하고 있었기에 우리는 미국에서 있었던 일과 원자물리학에서의 앞으로의 계획들에 대해 상세한 이야기를 나눌 수 있었다.

미국 학자들이 새로운 원자물리학의 모호한 특성들을 기꺼이 받아들이는 점에 대해 폴은 나만큼 감탄스러워하지는 않았다. 폴 역시 과학의 발전을 적잖이 연속적인 과정으로 느끼고 있는 것 같았다. 폴은 각각의 전개 단계에서 나타나는 개념 구조를 묻기보다는 과학을 가능하면 확실하고 빠르게 발전시키기 위해 활용할 수 있는 방법적인 면에 더 비중을 두고 있었다. 실용주의적 사고방식에서 보면 과학의 진보란 계속 확장되는 실험적 경험에 끊임없이 우리의 사고를 맞추어가는 과정이고, 종결이란 없는 과정으로 생각될 것이다. 그리고 그렇게 보면 일시적인 종결이 아니라 맞추어가는 방법 자체가 중요할 것이다.

이런 과정에서 결국 단순한 자연법칙이 '탄생한다는 것', 또는 내가 좋아하는 표현에 따르면 '드러난다는 것'은 폴도 확신하고 있는 바였다. 그러나 방법적으로 그를 애먹게 하는 것은 각각의 출발점이지, 커다란 연관이 아니었다. 나는 디랙의 이야기를 들으며 디랙에게 물리학 연구란 등반가들이 어려운 바위산을 오르는 것과 같겠구나 하는 느낌을 종종 받았다. 즉 언제나 다음 3미터를 더 오르는 것만이 중요하고, 그렇게 한 구간 한 구간 전진하다보면 봉우리에 도달하게 되는 것이다. 전체의 등반 루트와 그에 따른 어려움들을 상상하는 것은 기운만 빠지게 할 뿐, 쓸데없는 일이며, 그 밖에도 진정한 문제는 어려운 지점에 다다라서야 비로소 알 수 있는 것이다. 그러나 나는 그런 타입이 아니었다.

이런 비유를 고수하자면, 나는 전체의 등반 코스가 결정되어야만 시작할 수 있는 타입이었다. 올바른 코스를 찾은 다음에야 비로소 개별적인 어려움을 극복할 수 있다고 확신하기 때문이었다. 내가 보기에 바위산 비유의 오류는 바위산이 정말 오를 수 있는 산인지 결코 확신할 수 없다는 데에 있었다. 나는 자연 속의 연관이 결국은 단순하다는 것을 굳게 믿었다. 자연이 이해할 수 있게끔 만들어져 있다고, 더 적절하게 말하자면 우리의 사고 능력이 자연을 이해할 수 있게끔 만들어져 있다고 확신했다. 이렇게 확신하는 이유는 전에 슈타른베르크 호숫가를 걸을 때 로베르트가 했던 말에 근거했다. 그때 로베르트는 자연을 이 모든 형태로 조성한, 질서를 부여하는 힘이 우리의 정신 구조, 즉 사고 능력의 구조 또한 만들었다고 말했던 것이다.

폴과 나는 이런 방법적 질문에 대해, 앞으로의 과학의 전개와 관련한 희망에 대해 많은 이야기를 나누었다. 우리의 견해 차이를 약간 핵심적으로 표현해 본다면 대략 다음과 같았다. 폴은 "한 번에 한 가지 어려움만을 해결할 수 있어"라고 말했고, 나는 정확히 반대로 "한 번에 한 가지 어려움만을 해결할 수는 없어, 여러 가지를 한꺼번에 해결할 수밖에 없어"라고 말했다. 폴의 말은 자신은 여러 가지 어려움을 한꺼번에 해결하고자 하는 것을 주제넘은 것으로 여긴다는 뜻이었을 것이다. 원자물리학처럼 일상적인 경험을 한참 벗어나는 영역에서는 한 걸음 한 걸음 전진하는 것이 얼마나 고된 작업인지를 생생하게 알고 있기 때문이었다. 한편 내 말은 한 가지 어려움을 진정하게 해결한다는 것은 그 자리에서 단순하고 커다란 연관을 만나는 것이라는 뜻이었다. 단순하고 커다란 연관에 다다르면 처음에는 생각하지 못했던 다른 어려움들까지 없어진다는 의미였다. 따라서 폴의 발언과 나의 발언 모두 상당한 진실을 내포하고 있었다. 우리는 닐스 보어가 곧잘 하는 말을 떠올리면서 둘 사이의 모순을 가볍게 넘길 수 있었다. 닐스는 이렇게 말하곤 했다.

"올바른 주장의 반대는 잘못된 주장이다. 그러나 심오한 진리의 반대는 다시금 심오한 진리일 수 있다."

9

생물학, 물리학, 화학의 관계에 대한 대화

1930〜1932

　미국과 일본 방문을 마치고 돌아온 뒤 나는 라이프치히에서 여러 가지 의무를 감당했다. 강의를 하고 과제를 내주고, 교수 회의에 참석하고 시험에도 관여했다. 소규모 이론물리학 연구소의 꼴을 갖추고, 원자물리학 세미나에서 젊은 물리학자들을 양자론의 세계로 인도하는 일도 했다. 이런 다방면의 일은 내게는 새롭고 즐거운 것이었다. 하지만 닐스 보어를 위시한 코펜하겐학파와 협력 연구를 하는 것 또한 시간이 흐르면서 포기할 수 없는 일이 되어버려서, 나는 휴가를 받으면 대개 코펜하겐으로 가서 몇 주간 닐스를 비롯한 코펜하겐 팀과 양자역학에 대해 토론했다. 그럴 때면 중요한 대화는 보어의 연구소가 아니라 티스빌데에 있는 보어의 시골집이나 요트 위에서 이루어졌다. 닐스는 몇몇 친구들과 함께 코펜하겐 항구에 요트를 하나 마련해 놓고 있었기에, 그것을 타고 발트해로 멀리 나가고는 했다.

　보어의 시골집은 셀란 섬 북쪽, 해변으로부터 몇 킬로미터 떨어진, 커다란 숲 가장자리에 위치해 있었다. 전에 보어와 처음으로 하이킹을 할 때 보았던 집이었다. 우리는 이 집에서 종종 해수욕을 했는데, 보어의 시골집에서 해수욕을 할 수 있는 곳까지 가려면 모래가 깔린 넓은 숲길을 걸어가야 했다. 길이 직선으로 쭉 뻗은 것으로 보아, 숲 전체가 폭풍우와 사구의 모래바람을 대비해 인공적으로 조성된 것임을 알 수 있었다. 당시 닐스의 자녀들이 아직 어렸기에 닐스는 말 한 마리와 시골 마차를 한 대 가지고 있었고, 나는 닐스의 아이 중 하나를 데리고 단둘이 마차를 타고 숲으로 갈 수 있을 때면 그 일을 특별한 영광으로 여겼다.

저녁이면 종종 벽난로 가에 둘러앉았다. 그러나 난로에 불을 피우는 것은 쉽지 않았다. 거실 문들이 닫혀 있으면 연기가 자욱해졌기에, 최소한 문 하나를 열어놓을 수밖에 없었는데, 문을 열어놓으면 통풍이 잘되어 불이 타닥타닥 소리를 내면서 활활 타올랐지만, 차가운 바깥 공기가 들어와 방은 몹시 추워졌다. 그리하여 평소 역설적인 표현을 자주 쓰는 닐스는 난로는 방을 춥게 만드는 용도로 마련된 것이라고 주장했다. 그럼에도 난롯가 자리는 아늑하고 인기가 높았다. 특히나 코펜하겐에서 다른 물리학자들이 방문할 때면 벽난로 가에서 이야기꽃이 피고는 했다. 그중에서 어느 날 저녁 나누었던 대화는 특히 기억에 남아 있다. 그날 우리의 대화 파트너는 크라머스와 오스카르 클라인이었던 것으로 기억한다. 종종 그랬듯이 우리는 그날도 전에 아인슈타인과 벌였던 논쟁을 떠올리며 아인슈타인은 왜 그다지도 새로운 양자역학의 통계적 특성을 받아들이지 못했던 것일까 의아해했다.

오스카르 클라인이 말을 꺼냈다.

"아인슈타인이 원자물리학에서 우연의 역할을 받아들이기를 힘들어한다는 거 이상하지 않아요? 그는 대부분의 물리학자들보다 통계적 열 이론을 잘 알고 있잖아요. 스스로 플랑크의 복사 공식을 통계적으로 유도하기도 했고요. 그래서 이런 생각들이 낯설지 않을 텐데 우연이 양자역학에서 근본적인 의미를 갖는다는 이유로 양자역학에 그토록 거부감을 표시하는 이유는 무엇일까요?"

내가 대답했다.

"아인슈타인이 불편해하는 것은 바로 이 근본적이라는 것이에요. 통에 물이 가득할 때 각각의 물 분자들이 어떻게 움직이는지를 모르는 것은 당연한 것이죠. 그래서 여기서는 물리학자들이 통계를 활용하는 걸 아무도 이상하게 생각하지 않아요. 생명보험사가 보험 가입자들의 기대수명에 대해 통계적인 계산을 해야 하는 것처럼 말이지요. 하지만 고전물리학에서는 최소한 근본적으로는 개개 분자의 운동을 추적하고 뉴턴역학의 법칙에 따라 그것을 규정할 수 있다고 받아들여요. 따라서 매순간에 자연의 객관적인 상태가 존재하고, 그로부터 다음 순간의 상태를 확정할 수 있다고 말이지요. 그러나 양자역학에서는 이것이 통하지 않아요. 양자역학에서는 관찰하는 현상을 방해하지 않고는 관찰을 할 수 없어요. 그리고 관찰 수단에 작용하는 양자 효과는 관찰해야 하는 현상에서 자연스럽게 불확정성을 초래하지요. 아인슈타인은 이 사실을 잘 알고 있음에도 받아들이려 하지 않는 거예요. 아인슈타인은 우리의 해석은 현상에 대한 완전한 분석이 아니라고 생각해요. 따라서 앞으로 사건을 새롭게 확정할 수 있는 요소들이 발견될 거라고 생각하지요. 그러면 그런 요소들의 도움으로 현상을 객관적이고 완벽하게 확정할 수 있다고 보는 거예요. 하지만 분명 틀린 생각이지요."

닐스가 끼어들었다.

"베르너, 난 당신의 말에 전적으로 동의하지는 않아요. 옛 통계적 열 이론과 양자역학 간에 근본적인 차이는 물론 있어요. 하지만 당신은 그 의미를 많이 과장하고 있어요. 그 밖에 나는 '관찰이 현상을 방해한다'는 식의 말은 부정확하고 사실을 오도하는 것이라고 생각해요. 사실 우리는 원자 현상에서 실험 규정 내지 관찰 수단이 어떤 것인지를 언급하지 않고서는 '현상'이라는 말을 결코 사용할 수 없다는 것을 알았어요. 특정한 실험 규정이 기술되고 특정 관찰 결과가 주어지는 경우는 현상에 대해 말할 수 있지요. 그러나 관찰이 현상을 방해한다고는 할 수 없어요. 다양한 관찰 결과를 더 이상 이전의 물리학에서처럼 서로 간단하게 연관 지을 수 없는 것은 사실이지만. 그러나 그것이 곧 관찰이 현상을 방해하는 것이라고 볼 수는 없어요. 오히려 관찰 결과를 고전물리학이나 일상적 경험에서처럼 객관화시킬 수 없다고 말해야 할 거예요.

서로 다른 관찰 상황들은—그러니까 실험 규정이나 실험 도구를 읽는 것 등 전체적인 상황은—종종 서로 상보적이에 요. 즉 서로 배제적이며, 동시에 실행될 수 없어요. 하나의 결과를 다른 결과와 비교할 수 없지요. 그래서 나는 양자역학과 열 이론 사이에 그렇게 원칙적인 차이가 있다고 보지 않아요. 온도를 측정하거나 명시할 때의 관찰 상황 역시 참여하는 모든 입자의 좌표와 속도를 규정할 수 있는 다른 관찰 상황과는 배제적인 관계에 있어요. 온도라는 개념은 표준 분포를 보이는 계의 아주 작은 결정 요소에 대한 무지의 정도를 말하는 것이거든요. 좀 더 쉬운 말로 하자면 이런 거예요. 많은 작은 부분으로 이루어진 한 계가 주변 또는 다른 커다란 계와 계속하여 에너지를 교환하게 되면, 각 입자의 에너지는 계속하여 요동을 하게 되고, 계 전체의 에너지도 그렇게 되지요. 하지만 많은 입자들을 대상으로 오랜 시간에 걸쳐 평균치를 내보면 그의 정규 분포 또는 '정준' 분포에 대한 평균치와 일치하는 거예요. 기브스*가 이미 말한 바와 같아요. 온도는 에너지 교

---

* Josiah Willard Gibbs(1839~1903), 맥스웰, 볼츠만과 독립적으로 통계 역학을 제안하고 체계화한 미국의 물리학자.

환으로서만 정의할 수 있어요. 따라서 온도를 정확하게 안다고 해서 분자들의 위치와 속도를 정확히 알 수 있는 건 아니에요."

내가 되물었다.

"그렇다면 온도가 결코 객관적인 속성이 아니라는 건가요? 지금까지 우리는 '주전자에 담긴 차의 온도가 70도다'라는 말을 객관적인 발언이라고 생각해왔는데요. 즉 누가 어떻게 측정하는가와는 상관없이 찻주전자 속 온도는 70도로 나타날 거라고요. 하지만 온도라는 개념이 원래 차라는 액체 속의 분자 운동에 대한 지식 내지 무지의 정도에 대한 발언이라면, 계의 실제 상태는 똑같아도 온도는 관찰자마다 서로 다를 수도 있지 않을까요? 서로 다른 관찰자는 아는 정도가 서로 다를 수 있으니까요."

닐스가 내 말을 끊었다.

"아니 그렇지 않아요. '온도'라는 말이 이미—온도계가 가진 그 밖의 속성과는 무관하게—차와 온도계 사이에 에너지 교환이 일어나는 관찰 상황과 관련되어 있어요. 따라서 측정하고자 하는 계—그러니까 여기서는 차—와 온도계의 분자 운동이 필요한 수준의 정확성으로 '표준' 분포에 상응할 때만 이 온도계는 진짜 온도계인 거지요. 이런 조건에서 모든 온도계는 동일한 결과 값을 내요. 그런 점에서 온도는 객관적인 속성이에요. 이것만 봐도 다시금 우리가 지금까지 가볍게 사용해온 '객관'과 '주관'이라는 개념이 얼마나 문제가 있는지를 알 수 있지요."

하지만 크라머스는 온도에 대한 이런 해석이 약간 탐탁지 않은지 닐스가 말한 어떤 계의 온도라는 것이 무슨 의미인지 더 정확히 알고자 했다.

크라머스가 말했다.

"선생님은 찻주전자의 상황을 마치 찻주전자의 온도와 에너지 사이에 일종의 불확정성의 관계가 있다고 말씀하시려는 것 같네요. 하지만 최소한 고전물리학의 입장에서 볼 때는 그렇게 말할 수 없겠지요?"

닐스가 말했다.

"어느 정도까지는 그렇게 말할 수 있어요. 이것은 차 속의 각 수소 원자의 성격을 물을 때 가장 잘 알 수 있을 거예요. 수소 원자의 온도는 말하자면 차의 온도와 똑같아서, 가령 70도예요. 차 속의 다른 분자들과 열 교환을 하고 있기 때문이지요. 하지만 에너지 교환으로 인해 수소 원자의 에너지는 요동해요. 따라서 이런 에너지는 확률분포로만 제시할 수 있지요. 바꿔 말해 수소 원자의 온도가 아니라 에너지만을 측정했다면, 이런 에너지로부터 확실한 차 온도를 유추할 수 없어요. 다시금 온도에 대한 확률분포만을 제시할 수 있을 따름이지요. 이런 확률분포의 상대적인 폭, 즉 온도 또는 에너지 값의 부정확성은 수소 원자와 같은 미시적인 대상에서는 상대적으로 커요. 그 때문에 더 눈에 띄지요. 더 커다란 대상, 가령 전체 차 중의 일부인 적은 양의 차 같은 대상에서 그런 부정확성은 훨씬 더 작아질 것이고 무시할 수 있을 정도겠지요."

크라머스가 계속 질문을 던졌다.

"하지만 우리가 강의에서 가르치고 있는 것처럼 고전 열역학에서는 한 대상의 에너지와 온도를 동시에 이야기할 수 있어요. 이 크기들 사이의 부정확성 내지 불확정성은 이야기하지 않지요. 이것이 선생님의 견해와 어떻게 합치될 수 있을까요?"

닐스가 대답했다.

"이 과거의 열역학과 통계적 열 이론의 관계는 고전역학과 양자역학과의 관계와 비슷해요. 커다란 대상에서는 온도와 에너지에 동시에 특정 값을 허락해도 이렇다 할 오류가 생기지 않아요. 고전역학에서 거시적인 대상에는 위치와 속도 모두에 특정 값을 허락할 수 있는 것과 마찬가지죠. 그러나 미시적인 대상에는 두 경우 모두 그렇게 할 수가 없어요. 지금까지 열 이론에서는 이런 작은 대상들이 에너지는 가지지만 온도는 가지지 않는다고 말하곤 했죠. 그러나 그것은 내가 보기에 좋은 표현은 아니에요. 미시적인 대상과 거시적인 대상을 가르는 경계가 어디인지조차도 알 수가 없으니까요."

우리는 이제 닐스가 아인슈타인과는 달리 열 이론의 통계적 법칙과 양자역학의 통계적 법칙 사이의 원칙적인 차이를 그다지 중요하게 여기지 않는 이유를 이해할 수 있었다. 닐스는 상보성을 자연 기술의 중심적인 특성으로 느끼고 있었으며 그것이 옛 통계적 열 이론, 특히 기브스의 이론에 이미 존재했지만 충분히 주목받지 못했다고 보는 입장이었다. 반면 아인슈타인은 여전히 뉴턴역학 또는 맥스웰 장 이론의 표상에서부터 출발했고, 통계적 열역학에 나타나는 상보적 특성을 전혀 인지하지 못하고 있었다.

우리의 토론은 상보성 개념을 또 어디에 적용할 수 있을 것인지로 옮겨갔고 닐스는 이런 개념이 생물학적 현상과 물리적, 화학적 법칙을 가르는 데에도 중요할 수 있다고 했다. 그러나 이 주제는 그 뒤 요트 여행에서 자세히 논의되었으므로, 이제 긴긴 밤 동안 요트 위에서 나누었던 대화로 말머리를 돌려야 할 듯하다.

요트의 선장은 코펜하겐 대학의 물리화학자 비에룸이었다. 나이 든 뱃사람 특유의 천연덕스러운 유머와 항해에 대한 전문 지식을 갖춘 사람이었다. 그 배에 처음 방문했을 때부터 나는 비에룸의 인격에 반해 그를 매우 신뢰하게 되었고 어떤 상황에서라도 그의 말을 무조건 따를 자세가 되어 있었다. 닐 외에 외과의사인 시비츠*도 요트 여행에 함께했다. 시비츠는 배

---

* 보어의 오랜 벗으로 고등학교 때까지 보어와 같은 책상을 쓴 동창. 1차 대전과 핀란드 독립 전쟁 때 적십자를 통해 자원봉사를 한 것으로 널리 알려졌다. 비에룸 역시 보어의 오랜 친구이다.

에서 일어나는 일에 늘 반어적으로 토를 달면서 주로 선장에게 비아냥거렸다. 물론 애정 어린 비아냥거림이었는데, 비에룸은 그런 비아냥거림을 잘 받아쳤으므로, 두 사람이 티격태격하는 소리를 듣고 있으면 정말 재미있었다. 이 외에도 요트 여행에 두 사람이 더 있었는데, 그들의 이름은 지금은 기억이 나지 않는다.

매년 여름이 끝날 무렵이면 비에룸은 요트 치타를 코펜하겐에서 퓐 섬의 스벤보르까지 몰고 가야 했다. 요트를 겨울 내내 그곳에 정박시켜 놓고 필요한 수선 작업 같은 것을 해야 했기 때문이다. 스벤보르까지의 여행은 아무리 바람이 좋아도 하루 일정으로는 무리였으므로, 우리는 며칠 일정으로 요트 여행을 계획했다. 우리는 새벽같이 코펜하겐을 출발했다. 북서풍이 신선하게 불어왔고 하늘은 맑았다. 우리는 얼마 되지 않아 아마거 섬 남쪽 끝부분을 지나 남서쪽으로 탁 트인 쾨게 만으로 나아갔다. 몇 시간 더 가자 높이 솟은 스테운스클린트 절벽이 눈에 들어왔다. 하지만 이곳을 지나친 뒤에는 바람이 잦아들었다. 우리는 거의 움직이지 못하고 고요한 물 위에 떠 있었는데, 한두 시간이 더 지나자 초조해지기 시작했다. 게다가 불행으로 끝난 북극 탐험 이야기가 나왔던 차였기에 시비츠가 비에룸에게 말했다.

"바람 상황이 계속 이러면 비축 식량이 금방 바닥이 나겠는걸. 그러면 우리는 누가 제일 먼저 다른 사람들의 식량이 될지

제비를 뽑아서 정해야 할 거야."

그러자 비에룸은 시비츠에게 맥주 한 병을 건네면서 이렇게 말했다.

"시비츠, 자네가 이렇게 빨리 정신강장제를 필요로 하게 될 줄은 정말 몰랐군. 자, 이거 한 병이면 한 시간 정도는 잠잠히 있을 테지."

하지만 국면의 변화는 우리가 예상했던 것보다 더 빠르게 찾아왔다. 바람의 방향이 완전히 바뀌어 남동풍이 불어왔고, 하늘이 구름으로 뒤덮이더니 점점 바람이 강해지면서 빗방울이 떨어지기 시작했다. 우리는 선원용 우의를 꺼내 입어야 했다. 셸란 섬과 모엔 섬 사이의 좁은 해협에 들어가면서부터는 강한 남풍과 소나기와 싸워야 했다. 좁은 수로에서 거의 지그재그로 방향을 바꾸어가며 진행해야 했으므로 한두 시간 지나자 모두 기진맥진했다. 계속 닻줄을 잡고 익숙하지 않은 일을 해야 했으므로 손이 아프고 부어올랐다. 시비츠는 이렇게 말했다.

"이보다 좁은 수로는 찾기도 힘들 거야. 하지만 재미삼아 요트 여행을 하는 거니까, 그러려니 해야지 어쩌겠어."

닐스는 매사에 아주 용감하고 대담했다. 게다가 체력은 또 얼마나 좋은지, 감탄이 절로 나왔다.

어스름이 시작될 무렵, 드디어 셸란 섬과 팔스터 섬 사이의 넓은 수로인 스토르스트룀에 이르렀다. 이제는 북서쪽 방향으로 진행해야 했고, 비도 그쳤으므로 거의 순풍을 받으며 고요한 항해를 하면 되었다. 그리하여 우리는 한숨 돌리고 이야기도 할 수 있었다. 완전히 깜깜해졌으므로, 나침반에 의존하여 항해를 하며, 이따금 멀리 등대의 불빛으로 방향을 잡았다. 몇 사람은 잠시 눈을 붙이기 위해 선실로 내려갔다. 시비츠가 키를 잡았고 닐스는 그의 옆에서 나침반을 점검했으며, 나는 뱃머리에서 우리 배가 다른 배와 부딪히지 않도록 다른 배들의 항해등을 살폈다. 그때 시비츠가 생각에 잠겨서 말했다.

"그래, 항해등은 아주 좋은 거야. 덕분에 우리는 부딪힐 염려가 없지. 하지만 고래가 출몰한다면 어떻게 될까? 고래는 항해등 같은 걸 가지고 있지 않거든. 좌측에 붉은 등, 우측에 초록 등을 가지고 있지 않단 말이지. 그래서 쉽게 부딪힐 수 있어. 하이젠베르크, 고래가 보이나?"

내가 대답했다.

"보이는 건 온통 고래뿐이에요. 하지만 그들 대부분은 커다란 파도처럼 보여요."

"그러길 바라야지. 하지만 우리가 만약 고래와 부딪힌다면 어떻게 될까? 우리의 배와 고래, 둘 모두 구멍이 생기겠지. 하지만 살아 있는 물질과 죽은 물질 사이에는 차이가 있어. 고래에 난 구멍은 저절로 아물겠지만, 우리의 배는 고장 난 상태로 남을 거야. 특히나 그런 충돌로 배가 해저로 가라앉기라도 한다면 말이야. 그렇지 않은 경우는 물론 우리가 배를 다시 고치겠지만."

이제 닐스가 대화에 끼어들었다.

"살아 있는 물질과 죽은 물질 간의 차이는 그렇게 간단하지 않아. 고래의 경우 조형력이 작용해서 상처를 입은 뒤 다시금 온전한 고래가 되는 것은 사실이야. 물론 고래는 그런 힘에 대해 전혀 알지 못해. 그 힘은 고래의 생물학적 유전 물질 안에 아직 알려지지 않은 방식으로 들어 있지. 하지만 배 역시 완전히 죽은 대상은 아니야. 배와 인간의 관계는 거미줄과 거미, 혹은 둥지와 새의 관계와 같아. 여기서 조형력은 인간에게서 나오지. 따라서 배를 수선하는 것은 어떤 의미에서는 고래에게서 상처가 아무는 것에 해당돼. 살아 있는 생물, 이 경우 인간이 배를 만들지 않는다면, 배는 결코 수선될 수 없을 테니까 말이야. 하지만 중요한 차이는 인간에게서는 이런 조형력이 의식을 통해 나온다는 거지."

내가 물었다.

"조형력 말인데요. 그렇다면 그 힘은 기존 물리학이나 화학, 또는 오늘날의 원자물리학과 상관없는 것인가요? 아니면 이런 힘이 원자의 배열이나 상호 작용, 또는 그 어떤 공명 효과 등에서 표현될 수 있다고 생각하시나요?"

닐스가 대답했다.

"우선 확실히 해야 할 것은 유기체는 총체적인 특성을 지니고 있다는 사실이에요. 고전물리학의 대상인, 많은 원자로 이루어진 단순한 계는 이런 총체성을 결코 가질 수 없어요. 하지만 이제는 더 이상 기존의 물리학이 아니라 양자역학을 이야기해야 해요. 원자나 분자의 정상상태와 같이 양자론에서 수학적으로 묘사되는 총체적 구조들과 생물학적 과정의 결과로 나타나는 상태를 비교해야 돼요. 이 둘 사이에도 특징적인 차이가 있어요. 원자물리학의 총체적인 구조들, 즉 원자, 분자, 결정들은 다 정역학적인 구조물이에요. 그것들은 일정 수의 기본 구성 요소, 즉 원자핵과 전자들로 이루어져 있어서 시간이 흘러도 결코 변화를 보이지 않아요. 외부에서 방해하지 않는 한 말이죠. 외적인 방해가 나타나면, 방해에 반응을 해요. 하지만 방해가 너무 크지 않으면 방해가 소멸된 뒤 다시금 원래의 상태로 되돌아가요. 하지만 유기체들은 정역학적 구조물이 아니에요. 생물을 불꽃에 빗댄 오래된 비유는 살아 있는 유기체가 불꽃처럼 물질이 '흐르는' 형태라는 것을 보여줘요. 가령 측정을 통해 어떤 원자가 생물에 속한 것이고 어떤 것이 그렇지 않은지를 결정하는 것은 가능하지 않을 거예요. 따라서 문제는 물질이 복합적인 화학적 성질을 가지고 한정된 시간 동안 '흐르는' 형상을 이루려는 경향을 양자역학으로 이해할 수 있을까 하는 거예요."

시비츠가 끼어들었다.

"의사가 이런 질문에 답할 필요는 없겠지만 말이야. 의사는 유기체가 방해를 받았을 때―기회를 주는 한―유기체가 정상적인 상황을 다시금 회복하는 경향이 있다고 전제해. 게다가 동시에 그 과정이 인과적으로 진행된다고 확신하지. 가령 역학적 혹은 화학적 개입으로 정확히 물리적, 화학적인 결과들이 초래된다고 말이야. 대부분의 의사는 이 두 사고방식이 원래는 전혀 어울리지 않는다는 걸 의식하지 못해."

닐스가 말했다.

"그것은 두 개의 상보적 관찰 방식의 전형적인 경우야. 우리는 유기체에 대해 이야기할 때 한편으로는 인간의 역사 과정에서 살아 있는 생물을 취급하면서 형성된 개념으로 이야기해. '생명', '장기의 기능', '신진대사', '호흡', '치유 과정' 등등에 대해 이야기하지. 그러나 한편으로는 인과적인 진행을 묻기도 해. 그럴 때는 물리학과 화학 용어들을 사용하고, 신경 전도에서처럼 화학적 혹은 전기적 과정들을 연구하지. 그러면서 물리학적, 화학적 법칙 또는 나아가 양자론의 법칙이 유기체에도 제한 없이 통용된다고 보지. 이 두 관찰 방식은 서로 모순돼. 첫 번째의 경우, 우리는 사건이 목적을 통해 결정된다고 봐. 지향하는 목표를 통해 결정된다고 말이야. 두 번째의 경우는 사건이 직접적으로 선행하는 사건을 통해, 즉 직접적으로 선행하는 상황을 통해 결정된다고 믿어. 이 두 요구가 우연히 같은 결과를 내는 것은 굉장히 개연성이 없는 것처럼 보여. 하지만 두 관찰 방식은 서로를 보완하지. 우리는 생명이 있으므로 이 두 가지가 옳다는 것을 오래전부터 알고 있으니까. 따라서 생물학과 관련하여 제기할 수 있는 질문은 두 관찰 방식 중 어느 것이 옳으냐가 아니라, 자연이 이 두 가지가 어떻게 조화를 이루게끔 했느냐야."

내가 끼어들었다.

"그렇다면 선생님은 오늘날의 원자물리학에서 알려진 힘과 상호 작용 외에 예전에 생기설이 가정했듯, 특별한 생명력 같은 것이 있다는 것을 믿지 않으시겠군요. 살아 있는 유기체의 특별한 행동, 즉 여기서는 고래의 상처가 아무는 것에 관여하는 생명력 말이에요. 그러니까 선생님의 견해에 따르면 무기물에서는 나타나지 않는 전형적인 생물학적 법칙은 지금 막 상보적인 것으로 기술하신 상황을 통해 만들어지는군요"

닐스가 말했다.

"그래요. 나는 그렇게 생각해요. 우리가 이야기한 두 관찰 방식이 상보적인 관찰 상황과 관계된다고 할 수 있어요. 원칙적으로 우리는 세포 속 모든 원자의 위치를 측정할 수 있을 거예요. 하지만 살아 있는 세포를 죽이지 않고서는 그런 측정이 불가능하지요. 우리가 알아낼 수 있는 것은 살아 있는 세포가 아니라 죽은 세포 속의 원자의 배열이에요. 이어 우리가 관찰에서 알아낸 원자의 배열이 계속하여 어떻게 될까를 양자역학에 따라 계산을 하면, 그 세포가 파괴 내지 부패하게 될 거라는 답이 나와요. 굳이 말하고자 한다면 말이에요. 반대로 우리가 세포들을 살려두고자 한다면, 원자 구조에 대해서는 아

210

주 제한된 관찰만을 할 수밖에 없을 것이며, 이런 제한된 결과로부터 나온 진술 역시 옳은 것이겠지만, 그 진술이 세포가 살아 있는지, 죽었는지를 결정할 수는 없어요."

내가 말했다.

"생물학적 법칙이 상보성을 통해 물리학-화학적 법칙과 구분된다고 하는 것은 알겠습니다. 하지만 그렇다 해도 아직 많은 자연과학자들이 급진적으로 다르다고 여기는 두 해석 사이에 선택의 길이 열려 있어요. 앞으로 자연과학에서 생물학이 물리학, 화학과 융합된다고 한번 생각해 보세요. 오늘날의 양자역학에 물리학과 화학이 융합된 것처럼 말이죠. 그런 경우 양자역학의 법칙이 이런 통합 과학의 자연법칙이 될 수 있을까요? 즉 뉴턴역학의 법칙에 온도와 엔트로피 같은 통계적 개념을 부속시킬 수 있는 것처럼 양자역학의 법칙에 생물학적 개념을 그냥 부속시키게 될 거라고 생각하세요? 아니면 이런 통합적인 자연과학에서는 더 포괄적인 자연법칙이 통용되어서, 현재 뉴턴역학을 양자역학의 제한적인 경우로 볼 수 있는 것처럼 양자역학 역시 그저 특수하고 제한적인 경우로 드러나게 될까요? 전자의 경우에는 유기체의 다양성을 설명하기 위해 양자역학의 법칙에 지구사적 발달, 자연선택의 개념을 부가시켜야 하겠죠. 원칙적으로 이런 역사적 요소들을 부가하는 것이 그리 어렵지는 않을 것 같습니다. 유기체는 자연이 수십억 년 동안 지구상에서 양자역학적 법칙의 차원에서 실행해온 형태들일 테니까요. 하지만 후자의 견해에 대해서는 논란이 분분할 수 있어요. 가령 양자론에서는 지금까지 특정한 화학적 성질을 지닌 채 늘 변화하는 물질을 통해 제한된 시간 동안 유지될 수 있는 총체적인 형태를 이루는 경향 같은 것은 인식할 수 없어요. 이 두 견해에 대해 어떻게 생각하시나요?"

닐스가 대답했다.

"지금 단계에서 이 두 가지 가능성 중 하나를 선택하는 일이 중요한 것 같지는 않아요. 중요한 것은 무엇보다 자연과학에서 물리학적, 화학적 법칙이 지배적인 역할을 하는 상황에서 생물학의 자리를 찾아주는 것이에요. 그러나 이를 위해서는 앞서 말했듯이 관찰 상황의 상보성을 생각하는 것으로 충분할 것 같아요. 생물학적 개념으로 양자역학을 보완하는 작업은 앞으로 이루어지긴 하겠지만, 이런 보완이 양자역학의 확장으로 이어질지는 지금으로서는 알 수 없어요. 양자론의 풍부한 수학적 형태가 생물학적 형태를 묘사하는 데 충분할 수도 있고. 그러므로 생물학 연구의 결과로 양자론을 확장할 필요가 대두되지 않는 한, 그런 확장을 꾀할 필요는 없다고 봐요. 자연과학에서는 최대한 보수적으로 남는 것이 좋은 전략이에요. 달리는 설명되지 않는 관찰로 인해 불가피한 경우에만 확장을 꾀하고 말이죠."

내가 말을 이었다.

"이미 그런 불가피함이 존재한다고 보는 생물학자들이 있습니다. 그들은 다윈 이론, 즉 '우연한 돌연변이와 선택 과정을 통한 자연 도태'는 지구상의 다양한 유기체의 형태를 설명하기에 부족하다고 생각합니다. 문외한들은 생물학자들이 우연한 돌연변이가 생길 수 있다고, 즉 유전형질이 간혹 이렇게 혹은 저렇게 바뀔 수 있으며, 환경으로 말미암아 이렇게 바뀐 몇몇 종은 번식이 유리해지고 다른 종들은 불리해진다고 말하면 그냥 그런가 보다 하죠. 다윈이 여기서는 선택 과정이 중요하다, '가장 강한 자가 살아남는다'고 설명하면 그 역시 그냥 그대로 받아들여요. 하지만 여기서 '강하다'고 하는 것은 무슨 뜻일까요? 우리는 주어진 상황에서 잘 번식하는 종을 '강하다', '적자다', '능력 있다'고 말해요. 하지만 선택 과정을 통해 특히나 적당하거나 능력 있는 종들이 탄생한다는 건 이해가 가지만, 인간의 눈처럼 복잡한 기관들이 오랜 세월에 걸쳐 우연한 변화만으로 생겨난다고 하는 건 여전히 믿기가 힘들어요. 물론 많은 생물학자들은 그런 것이 가능하다고 보고 있죠. 그들은 지구의 역사에서 어떤 걸음들이 눈 같은 최종 산물로 이어질 수 있었는지 말할 수 있을 거예요. 하지만 어떤 생물학자들은 이에 대해 회의적이에요.

폰 노이만이라는 수학자이자 양자론자가 어느 생물학자와 함께 이런 대화를 나누었답니다. 그 생물학자는 현대 다윈주의를 철저히 신봉하는 사람이었고, 폰 노이만은 그에 대해 회의적이었어요. 수학자인 폰 노이만은 그 생물학자를 자신의 연구실 창가로 데리고 가서 이렇게 말했어요. '저기 저 언덕 위의 예쁜 별장 보이시죠? 하얀 별장 말이에요. 저것은 우연히 생겨난 것이에요. 수백만 년간의 지질학적 과정 가운데 언덕이 생겨났어요. 나무들은 자라고, 썩고, 없어지고 다시 자랐죠. 그리고 나서 바람이 간간이 언덕 위로 모래를 실어왔어요. 돌들은 화산활동으로 말미암아 이리로 떨어졌을 테고 언젠가 우연히 저렇게 포개어졌겠죠. 그렇게 계속되었어요. 다른 것들도 대부분 지구의 역사가 진행되는 가운데 이렇듯 우연하고 무질서한 과정을 통해 탄생했어요. 긴긴 세월 뒤에 별장도 생겨났죠. 그 뒤 인간이 그곳에 들어와 살고 있어요.' 물론 생물학자는 이런 논증을 그리 유쾌하게 여기지 않았어요. 폰 노이만 역시 생물학자가 아니니까, 저는 여기서 누가 옳은지에 대해 판단할 수가 없어요. 생물학자들 사이에서도 다윈 이론이 복합적인 유기체가 존재하는 이유에 대한 충분한 설명이 될 수 있는가에 대해 논란이 있는 것 같아요."

닐스가 말했다.

"그것은 단순히 시간 척도의 문제일 거예요. 오늘날의 다윈 이론은 두 가지 독립적인 진술을 내용으로 해요. 하나는 유전 과정에서 늘 새로운 형태들이 시험되는데, 그중 대부분이 주어진 외적 상황에서 다시금 쓸모없는 것으로서 제거된다고 주장하지요. 아주 소수의 적절한 것만이 남는다고 말이에요.

그것은 경험적으로 확실히 옳을 거예요. 그러나 두 번째로 다윈주의는 새로운 형태는 유전자의 우연적인 변화를 통해 생겨난다고 주장하는데, 이런 두 번째 명제는 훨씬 문제의 소지가 있어요. 달리 어떻게 될 것인지는 상상하기가 힘들어도 말이에요. 노이만이 말하고자 한 것은 이거예요. 충분한 세월이 흐르고 거의 모든 것이 우연을 통해 생겨날 수 있을지도 모르지만, 정말 그런 일이 일어나려면 결국 자연에는 존재하지 않을 허무맹랑한 오랜 세월이 필요하리라는 것!

우리는 물리학적, 우주물리학적 관찰로부터 지구에 원시생물이 탄생한 이후 지금까지 기껏해야 수십억 년 정도의 세월이 흘렀다고 보고 있어요. 따라서 이런 시간 안에 원시생물로부터 아주 고등생물까지의 전체의 발달이 이루어졌어야 하는 거지요. 이런 시간이 우연한 돌연변이와 자연선택을 통해 복합적인 고등생물에 이르는 데 충분한 시간인지는 새로운 종이 탄생하는 데 필요한 생물학적 시간에 달려 있어요. 나는 이런 질문에 신빙성 있는 답변을 하기에는 우리가 지금 이런 시간에 대해 알고 있는 것이 너무 없다고 봐요. 그 때문에 이 문제에 당분간은 확실한 답을 할 수 없을 거예요."

내가 말했다.

"양자론을 확장할 필요성이 있다는 견해를 위해 때때로 인용되는 또 하나의 논지는 바로 인간 의식의 존재입니다. 물론 물리학, 화학에서는 '의식'이라는 개념이 존재하지 않지요. 양자역학이 그와 비슷한 것을 설명할 수 있을지도 알 수가 없어요. 그러나 살아 있는 유기체도 포괄하는 자연과학에서는 의식에도 자리를 마련해 주어야 합니다. 그것은 현실에 속하니까 말이죠."

닐스가 말했다.

"그래요, 언뜻 보면 그래야 할 것 같아요. 물리학이나 화학의 개념 중에는 의식과 조금이라도 관련이 있어 보이는 것을 전혀 찾을 수 없으니까. 다만 우리는 스스로 의식을 가지고 있기에 의식의 존재를 알고 있을 따름이에요. 따라서 의식은 자연의 일부이며, 현실의 일부분이에요. 그래서 양자론의 기본이 되는 물리학과 화학 외에 완전히 다른 종류의 법칙을 기술하고 이해할 수 있어야 할 거예요. 하지만 여기에서조차도 나는 상보성에 대한 숙고를 통해 주어지는 자유보다 더 많은 자유가 필요한지 잘 모르겠어요. 여기에서도—열 이론의 통계적 해석에서처럼—양자역학을 변화시키지 않고 새로운 개념들만 그것과 연결시켜서 양자역학 안에서 새로운 법칙들을 정리하는 것과 고전역학이 양자역학으로 확대될 때 필요했던 것처럼, 양자역학 자체를 더 일반적인 형식으로 확대시켜서 의식의 존재도 함께 아우르도록 하는 것 사이에 별 차이가 없는 것 같아요. 문제는 현실의 일부인 의식이 물리학, 화학이 묘사하는 다른 것들과 어떻게 조화를 이룰 수 있을까 하는 거예요. 이런 두 부분에서의 법칙이 어떻게 갈등을 빚지 않을 수 있을까요? 이런 상황은 상보성이 진정으로 들어맞는 경우가 틀림없어요. 물론 훗날 생물학에 대해 더 많이 알게 되면 그런 상황을 세부적으로 더 자세히 분석해야겠지요."

이런 대화가 몇 시간 넘게 계속되었다. 한동안 닐스가 키를 넘겨받았고 시비츠는 나침반을 점검했다. 나는 계속 앞쪽에 앉아 깜깜한 데서 보이는 빛들을 살폈다. 시간은 자정을 넘어섰고, 여전히 짙은 구름 너머로 가끔 달이 얼굴을 내밀었다. 스토르스트룀에 진입한 뒤 족히 40킬로미터는 전진했을 터이므로, 정박하기 전에 통과해야 하는 오모에 해협에 접근했을 것으로 짐작되었다. 해도에 따르면 해협 진입 부분이 물에서 솟아오른 부표로 표시되어 있을 터였다. 하지만 칠흑 같은 밤에 40킬로미터를 나침반에 의지하여 항해한 뒤, 물살도 약한데 어떻게 부표를 찾을 수 있을지 난감했다.

시비츠가 물었다.

"하이젠베르크, 부표가 보여?"

"아뇨. 그런 질문은 방금 지나간 증기선에서 튕겨 나온 탁구공이 보이냐는 질문과 다를 게 없어요."

"형편없는 선원이로구만."

"그럼 시비츠 씨가 여기 앞으로 오시겠어요?"

그러자 시비츠는 아래 선실에서도 다 들릴 정도로 크게 소리를 쳤다.

"옛날이야기 못 들어봤냐구. 나쁜 소설들은 늘 그렇잖아. 선장은 잠을 쳐 자고 있는데 배가 암초에 걸려 선원들은 다 돼지고 말지."

아래에서 잠에 취한 비에룸의 목소리가 들렸다.

"자네들 최소한 여기가 어디쯤인지 대충은 알고 있어?"

시비츠가 말했다.

"물론 아주 정확히 알고 있지요. 우린 모두 요트 치타 위에서 쿨쿨 잠든 비에룸 선장의 지휘 하에 있다고요."

비에룸이 위로 올라와 키를 넘겨받았다. 멀리 등대의 불빛이 보였고, 이제 정확히 그쪽으로 나아가면 될 것 같았다. 이제 나는 측연測鉛으로 수심을 재는 임무를 맡았다. 항해 속도가 느릴 때는 꽤 정확히 수심을 측정할 수 있었고, 수심과 등대까지의 직선거리를 알면 해도를 참고하여 우리의 정확한 위치를 알 수 있을 터였다. 그리고 그 결과는 우리에게 즐거운 놀라움을 안겨주었다. 우리 배는 그토록 찾던 부표에서 고작 1킬로미터밖에 떨어져 있지 않았던 것이다. 몇 분 더 나아간 뒤 비에룸이 뱃머리로 오더니, 내 눈에는 아직 아무것도 보이지 않는데 물속을 가리키며 "저기 있네"라고 했다. 우리는 이제 몇 백 미터 더 전진하여 오모에 해협으로 들어갔다. 그리고는 섬 반대편에 정박한 뒤 드디어 선실에서 푹 잘 수 있게 된 것에 안도했다.

10

양자역학과 **칸트철학**

1930 ～1932

이 시기 라이프치히에서 나와 새로이 과학을 같이 연구하게 된 사람들의 수는 빠르게 불어났다. 양자역학의 발전에 참여하거나 그것을 물질의 구조에 응용하고자 각지에서 재능 있는 젊은이들이 라이프치히로 왔다. 열성적이고 새로운 것에 한껏 개방적인 물리학자들이 우리의 토론을 풍성케 했고, 새로운 생각을 통해 더 많은 가능성이 열렸다. 스위스 출신의 펠릭스 블로흐*는 금속의 전기적 성질을 규명했고, 파이얼스**와

---

* Felix Bloch(1905~1983). 스위스의 물리학자. 1952년, 핵자기를 이용한 정밀 측정의 새로운 방법을 개발한 공로로 에드워드 퍼셀과 노벨 물리학상을 공동수상했다. 유럽입자물리연구소(CERN)의 초대소장을 지냈다.

** Rudolf Ernst Peierls(1907~1995). 영국의 물리학자. 하이젠베르크와 파울리의 제자로서 고체물리학을 주로 연구했다. 케임브리지 대학에 있을 때 히틀러와 나치가 집권을 하면서, 유대인이었던 파이얼스는 독일로 돌아가지 못하고 망명한 뒤, 버밍엄 대학에 재직했다. 1940년 3월 오토 프리슈와 함께 핵무기의 가능성을 처음 확인하는 보고서를 제출한 것으로 유명하다. 영국의 핵 연구에서 중심적인 역할을 했으며, 영국 대표로 맨해튼 프로젝트에 참여했다.

러시아 출신의 란다우*는 양자전기역학의 수학적 문제를 논했으며, 프리드리히 훈트**는 화학결합 이론을 전개했고, 에드워드 텔러***는 분자의 광학적 성질을 계산했다. 카를 프리드리히 폰 바이츠제커****는 18세의 나이로 이 그룹에 들어와 대화에 철학적 방점을 찍었다. 바이츠제커는 물리학도였음에도 불구하고, 세미나에서 철학적, 인식론적 문제들이 제기될 때마다, 높은 관심을 보이며 바짝 긴장해서 경청하고 적극적으로 토

---

* Lev Davidovich Landau(1908~1968). 소련의 물리학자. 자성과 초유체 연구등 물성물리학의 근본적 이해를 돕는 많은 성과를 냈다. 1962년 초유체 연구의 공로로 노벨 물리학상을 수상했다.

** Friedrich Hermann Hund(1896~1997). 독일의 물리학자. 막스 보른의 제자이며 바이츠제커의 지도 교수였다. 1929년에 라이프치히 대학에 부임하면서 하이젠베르크와 오랫동안 함께 지냈다. 훈트의 규칙으로 널리 알려져 있다.

*** Edward Teller(1908~2003). 헝가리 출신의 미국 물리학자. 처음에 화학을 공부하다가 양자물리학에 관심을 갖게 되어 뮌헨 대학으로 옮겨가서 조머펠트 밑에서 배우다가 하이젠베르크를 따라 라이프치히 대학으로 옮겨서 박사 학위를 받았다. 유대인이었기 때문에 나치가 정권을 잡으면서 영국을 거쳐 미국으로 옮겨갔다. 이후 로스앨러모스에서 맨해튼 프로젝트에 참여했다. 1951년에 울람과 함께 새로운 수소폭탄의 설계에 성공하면서 '수소폭탄의 아버지'라는 오명을 얻었다.

**** Carl Friedrich von Weizsäcker(1912~2007). 독일의 물리학자이자 철학. 보어, 훈트, 하이젠베르크의 지도를 받았으며 태양의 핵융합 및 태양계 형성의 연구에 집중했다. 2차 대전 발발 후 하이젠베르크와 더불어 핵기술을 연구하는 우라늄 클럽의 구성원으로서 활동했다. 1957년 과학자의 핵무기 개발을 비롯하여 어떤 핵연구도 하지 않겠다고 선언한 괴팅겐 18인에 참여했다.

론에 참여하는 모습이 두드러졌다.

그로부터 한두 해 뒤 철학 토론을 위한 특별한 기회가 마련되었다. 젊은 여성 철학자 그레테 헤르만이 원자물리학자들과 함께 철학적 토론을 하기 위해 라이프치히에 왔기 때문이었다. 그레테 헤르만은 괴팅겐 철학자 넬슨 팀에서 공부하고 연구한 철학자로 칸트철학에 정통했으며, 19세기 초 칸트철학을 해석했던 철학자이자 자연 연구가인 프리스의 사상에도 조예가 깊었다. 프리스 학파와 넬슨 팀은 철학적 숙고가 현대 수학이 요구하는 정도의 엄밀성을 갖춰야 한다고 주장했다. 그리하여 이제 그레테 헤르만은 칸트의 인과율이 결코 흔들릴 수 없는 것임을 엄밀하게 증명할 수 있다고 믿었다. 그러나 새로운 양자역학은 이런 인과율을 의문시했으므로, 이 젊은 여성 철학자는 단호하게 자신의 논지를 밀어붙이고자 했다.

카를 프리드리히 폰 바이츠제커도 함께했던 첫 대화에서 그레테 헤르만은 다음과 같은 확신을 표명함으로써 대화를 시작했던 듯하다.

"칸트철학에서 인과율은 경험을 통해 확증되거나 반박될 수 있는 경험적 주장이 아니에요. 그것은 모든 경험의 전제지요. 그것은 칸트가 '아프리오리'*라고 부른 범주에 속해요. 우리가 세계를 인지하는 감각적 인상은 선행하는 과정으로부터 인상들이 뒤따르는 인과율이 없이는 어떤 대상과도 연결되지 않는, 느낌의 주관적인 작용에 불과할 거예요. 따라서 지각을 객관화시키고자 한다면, 즉 뭔가—사물이나 현상—를 경험했다고 주장하려 한다면, 인과율, 즉 원인과 결과의 명백한 연결을 전제로 해야 하죠. 다른 한편 자연과학은 경험들을 다뤄요. 객관적인 경험들을 다루지요. 다른 경험으로 통제할 수 있는, 객관적인 경험들만이 자연과학의 대상이 될 수 있는 거예요. 이로부터 모든 자연과학은 인과율을 전제로 해야 한다는 결과가 나와요. 인과율이 있어야만 자연과학도 있을 수 있는 것이죠. 따라서 인과율은 사고의 도구라 할 수 있어요. 우리는 이런 도구를 가지고 감각적 인상이라는 원료를 경험으로 가

---

* 라틴어 a priori는 '이전에 있는'이라는 의미로서, '이후에 있는'을 의미하는 아포스테리오리(a posteriori)와 대비되는 개념이며, 칸트가 『순수이성비판』에서 상세하게 논의했다. 한국어에서는 '선험적/후험적'이라고 하기도 하고 '선천적/후천적'이라고 하기도 한다. 이는 원론적으로 인식론적인 개념이다. 아프리오리인 지식은 실제적인 경험으로 확인하기 전에 이미 진위를 가릴 수 있는 것을 가리키며, 아포스테리오리인 지식은 경험으로 확인해야만 진위를 가릴 수 있는 것을 가리킨다. 이는 언어상의 분석적 판단/종합적 판단의 구분과 비교할 수 있으며, 존재론적으로는 필연성/우연성의 구분과 비교할 수 있다. 일반적으로 선험적 지식은 분석적 판단과 연결되며 필연성으로 이어지는 반면, 후험적 지식은 종합적 판단과 연결되며 우연성으로 이어지는 것으로 여겨진다. 그러나 칸트의 개념에서는 선험적 종합판단이 가능하며, 예를 들어 물리학을 통한 지식은 종합판단이되 선험적인 것으로 본다. 20세기 분석철학에서는 이러한 개념 구분에 반대하는데, 특히 콰인은 분석적/종합적의 구별이 불분명함을 주장한다. 이러한 비판에 따르면, 아프리오리와 아포스테리오리를 구별하는 경험이라는 개념 자체가 모호함을 지니고 있다. 아프리오리를 초험적(transcendental)이라고도 표현한다.

공하지요. 이것이 가능한 범위에서만 자연과학이 가능한 거고요. 그런데 양자역학은 어째서 이런 인과율을 느슨하게 만들려고 하면서 동시에 자연과학으로 남고 싶어하는 거죠?"

나는 우선 양자론의 통계적 해석에 이르게 되었던 경험을 이야기하고자 했다.

"우리가 라듐 B 원자 한 개를 실험 대상으로 삼는다고 가정해봐요. 원자를 한꺼번에 많이 다루는 것, 즉 소량의 라듐 B를 가지고 실험을 하는 것은 원자 한 개를 가지고 하는 것보다 더 쉬워요. 하지만 원칙적으로는 원자 하나를 연구하는 것도 가능하지요. 우리는 길든 짧든 라듐 B 원자가 그 어떤 방향으로 전자를 방출하고 라듐 C 원자가 된다는 것을 알아요. 평균적으로 그 일은 30분 만에 일어나요. 하지만 라듐 B 원자는 몇 초 만에 라듐 C 원자로 이행할 수도 있고, 며칠 만에 그렇게 이행할 수도 있어요. 평균이라는 것은 다수의 라듐 B 원자를 대상으로 할 때는 약 30분 만에 반 정도가 C 원자로 변화된다는 이야기예요. 하지만 우리는 각각의 라듐 B 원자가 더 먼저도, 더 나중도 아닌 바로 지금 붕괴하는 원인을 말할 수 없어요. 바로 여기서 인과율이 통하지 않는 일이 나타나는 거죠. 그리고 라듐 B 원자가 다른 방향이 아니라, 바로 이런 방향으로 전자를 방출하는 원인도 이야기할 수 없어요. 우리는 여러 가지 이유에서 그런 원인이 없다고 확신하고 있답니다."

그레테 헤르만이 반박했다.

"오늘날의 원자물리학은 바로 이 부분에서 오류가 있는 것 같아요. 특정 사건에서 원인을 찾지 못했다는 사실이 곧 원인이 없다는 추론으로 이어질 수는 없어요. 그것은 나만 이 부분에서 아직 풀리지 않은 과제가 있다는 의미죠. 그러므로 원인을 발견할 때까지 원자물리학자들이 계속해서 연구를 해야 한다는 이야기예요. 전자를 방출하기 전의 라듐 B 원자의 상태를 아직 완전히 모르고 있는 것이 틀림없어요. 그렇지 않고 서는 전자가 언제 어느 방향으로 방출될지 측정할 수 있을 테니까요. 따라서 완전히 알 수 있을 때까지 계속하여 찾아야 하겠지요."

나는 다시금 말을 받았다.

"그렇지 않아요. 우리는 이런 지식을 완전하다고 보고 있어요. 이런 라듐 B 원자로 할 수 있는 다른 실험들로부터 이미 알려진 것 외에 이 원자에 대한 다른 결정 요소가 없다는 걸 알기 때문이죠. 더 자세히 설명해 볼게요. 우리는 전자가 어떤 방향으로 방출될지 알지 못한다는 것을 확인했어요. 당신은 그러니까 그런 방향을 알 수 있도록 '결정 요소'를 계속 찾으라고 말했지요. 자, 그럼 우리가 그런 결정 요소를 찾았다고 해봐요. 그러면 우리는 다음과 같은 어려움에 빠지게 돼요. 우선, 중요한 것은 방출되는 전자는 원자핵으로부터 방사되는 물질파로도 볼 수 있다는 것이에요. 파동들은 간섭현상을 일으켜요. 나아가—또 하나의 가정으로—처음에 원자핵에서 상반된 방향으로 방출된 파동들의 일부가 이것에 맞추어 설치해 놓은 장치 속에서 간섭현상을 일으켜, 그 '결과' 특정 방향으로 소멸된다고 해봐요. 그것은 전자가 결국 이런 방향에서 방사되지 않는다는 것을 확실하게 예측할 수 있음을 의미해요. 그러나 새로운 결정 요소를 알게 되어, 그로부터 전자가 처음에 원자핵으로부터 특정 방향으로 방사된다는 것을 알게 된다면, 간섭현상은 일어나지 않을 수 있을 거예요. 그러면 간섭을 통한 소멸도 없게 되겠지요. 하지만 그렇게 되면 이전에 내렸던, 간섭현상을 일으킨다는 결론 역시 유지될 수 없어요. 우리는 실험에서 계속해서 소멸 현상을 관찰하게 되기 때문이죠. 따라서 자연은 우리에게 새로운 결정 요소는 존재할 수 없다고 말해요. 새로운 결정 요소는 없으며 우리의 지식은 완전하다고 말하죠."

그레테 헤르만이 말했다.

"정말 이상하군요. 한편으로 당신은 라듐 B 원자에 대한 우리의 지식은 불완전하다고 말해요. 언제 어느 방향으로 전자가 방출될 것인지 알지 못하기 때문이라고요. 그런데 다른 한편으로는 그 지식이 완전하다고 말을 해요. 다른 결정 요소가 있다면, 확실한 다른 실험들과 모순에 빠질 것이기 때문이라고 하죠. 하지만 우리의 지식은 완전한 동시에 불완전할 수는 없어요. 그것은 말이 안 되는 거예요."

카를 프리드리히는 이제 칸트철학의 전제들을 더 자세히

분석하기 시작했다.

"여기에 모순이 있는 것처럼 보이는 것은 우리가 마치 라듐 B 원자 '자체'에 대해 이야기할 수 있는 것처럼 말하기 때문인 듯합니다. 하지만 원래 그럴 수는 없어요. '물자체Ding an sich'라는 말은 칸트에서 이미 문제가 있는 개념이에요. 칸트는 '물자체'에 대해서는 발언할 수 없다는 걸 알아요. 우리에게는 지각의 객체만이 주어져 있어요. 하지만 칸트는 이런 지각의 객체를 소위 '물자체'라는 모델에 따라 연결시키거나 정돈할 수 있다고 봐요. 따라서 칸트는 일상생활에서 우리에게 익숙하며, 정확한 형식으로 고전물리학의 토대를 이루는 경험 구조를 선험적으로 주어진 것으로 전제해요. 이런 이해에 따르면 세계는 시간이 지나면서 변화되는 공간 속의 사물dinge들로, 그리고 규칙에 따라 서로 잇따르는 과정으로 이루어져 있어요. 하지만 원자물리학에서 우리는 지각을 더 이상 '물자체'의 모델에 따라 연결시키거나 정돈할 수 없다는 것을 배웠어요. 그러므로 라듐 B 원자 '자체' 같은 것도 없는 거죠."

그레테 헤르만이 카를 프리드리히의 말을 끊었다.

"당신이 이야기하는 '물자체'의 개념은 칸트철학에서 말하는 것과는 좀 다른 것 같네요. 당신은 '물자체'와 물리학적 대상을 확실히 구분해야 해요. 칸트에 따르면 물자체는 현상에서 도저히 드러나지 않아요. 간접적으로라도 말이죠. '물자체'라는 개념은 자연과학과 전체 인식론적 철학에서 도무지 파악할 수 없는 것을 일컫는 기능을 할 뿐이에요. 우리의 전 지식은 경험에 의존해 있어요. 사물을 우리에게 보이는 대로 아는 것이 곧 경험이죠. 선험적 인식도 '물자체'로 나아가지 않아요. 인식의 유일한 기능은 경험을 가능케 하는 것이니까요. 따라서 당신이 고전물리학의 의미에서 라듐 '자체'에 대해 말한다면, 그것은 칸트가 객체 또는 대상이라고 칭했던 것을 말하는 거예요. 객체는 의자, 테이블, 별, 원자 등 현상 세계의 일부죠."

"원자 같은 것은 눈에 보이지 않는데도요?"

"그럴 때도요. 우리는 현상으로부터 그것을 유추하니까요. 현상 세계는 서로 연결된 구조로 되어 있어요. 일상적인 지각에서조차, 직접적으로 보는 것과 유추만 하는 것을 서로 명백히 구분하는 것은 불가능해요. 당신은 이 의자를 보고 있어요. 뒷면은 보이지 않아요. 하지만 당신은 눈앞에 보이는 앞면과 똑같은 확신을 가지고 뒷면을 가정해요. 즉 자연과학이 객관적이라고 하는데, 그것은 지각에 대해서가 아니라 객체에 대해서 말하기 때문에 객관적인 거예요."

"하지만 원자에 대해서는 앞면도 뒷면도 볼 수 없어요. 왜 그것이 의자나 탁자와 똑같은 특성을 가지고 있어야 하는 거지요?"

"그것도 객체니까요. 객체가 없이는 객관적 지식도 없어요. 그리고 객체는 물질, 인과성 같은 범주로 결정돼요. 이런 범주를 엄격하게 적용하는 것을 포기하는 것은 경험의 가능성을 포기하는 거예요."

하지만 카를 프리드리히는 물러서려고 하지 않았다.

"양자론은 지각을 객관화하는 새로운 방식이에요. 칸트는 아직 생각하지 못했던 방식이죠. 양자론에서 모든 지각은 관찰 상황과 관련돼요. 지각으로부터 경험도 따라와야 하는 경우에는 그 관찰 상황을 명시해야 하지요. 지각의 결과는 더 이상 고전물리학에서와 같은 방식으로 객관화될 수 없어요. 어떤 실험으로부터 지금 여기에 라듐 B 원자가 존재한다는 것을 유추할 수 있을 때, 그런 인식은 어떤 관찰 상황에서는 완전한 거예요. 하지만 다른 관찰 상황에서는 더 이상 완전한 게 아니지요. 서로 다른 두 관찰 상황이 보어가 상보적이라고 말했던 관계에 있을 때, 하나의 관찰 상황에 대해 완전한 지식은 동시에 다른 관찰 상황과 관련해서는 불완전한 지식이 돼요."

"당신은 경험에 대한 칸트의 분석 전체를 망가뜨리려고 하는 건가요?"

"아니 그렇지 않아요. 나의 견해에 따르면 전혀 그럴 수가 없어요. 칸트는 경험이 정말로 어떻게 얻어지는가를 정확히 관찰했어요. 그리고 나는 칸트의 분석이 본질적으로 옳다고 생각해요. 하지만 칸트가 시간과 공간이라는 직관 형식과 인과성을 '아프리오리'인 것으로 일컫는다면, 그는 그것들에 절대적인 위치를 부여하고, 그것들이 어느 물리학적 이론에서든 내용적으로 동일한 형태로 나타나야 한다고 주장하는 위험을 범하게 돼요. 그러나 상대성이론과 양자론에서 볼 수 있는 바와 같이 그렇지가 않아요. 그럼에도 칸트는 어떤 면에서는 완전히 옳아요. 즉 물리학자가 다루는 실험은 우선은 늘 고전물리학 용어로 진술되어야 하기 때문이죠. 측정한 것을 다른 물리학자에게 전달하는 것은 다른 방법으로는 할 수 없어요. 고전물리학의 용어로 전달해야 비로소 다른 물리학자가 결과를 검증할 수 있게 돼요. 따라서 칸트의 '아프리오리'는 현대 물리학에서도 결코 폐기되지 않아요. 다만 어느 정도 상대화되는 것이죠. 고전물리학의 개념들 즉 '시간', '공간', '인과성'이라는 개념은 실험을 기술하는 데 사용되어야 한다는 의미에서, 아니 더 신중하게 말하자면 실제로 사용된다는 의미에서 상대성이론과 양자론에 대해 '아프리오리'인 것들이에요. 하지만 그것들은 이런 새로운 이론들에서 내용적으로 수정되지요."

그레테 헤르만이 말했다.

"하지만 이런 말들은 내가 처음 했던 질문에 대한 명확한 답이 될 수는 없어요. 내가 원래 알고 싶었던 것은 어째서 가령 전자를 방출하는 등의 사건을 예측하는 데 충분한 원인을 발견하지 못한 곳에서 계속해서 그 원인을 찾는 작업이 이루어지지 말아야 하는가 하는 것이었어요. 당신들은 계속해서 찾는 걸 금지하려고 하지는 않아요. 하지만 그렇게 찾아봤자 소용이 없다고 말을 해요. 다른 결정 요소가 존재하지 않는다고요. 수학적으로 명확히 정리된 불확정성 원리가 특정한 예측을 위해서는 실험 조건을 달리하도록 하기 때문이라고 하지요. 이것이 또한 실험들을 통해 확인되고요. 그렇게 말하면 불확정성 원리가 물리학적 현실인 것처럼 보여요. 일반적으로 불확정이라는 말은 그냥 모른다는 말로 해석되고, 그런 점에서 어느 정도 주관적인 것인데 말이에요."

이 부분에서 나는 다시 대화에 끼어들었다.

"당신은 오늘날 양자론의 특징적인 면모를 정확히 말씀하고 계시군요. 원자적 현상으로부터 법칙을 추론하고자 할 때, 우리는 공간과 시간 속의 객관적인 현상을 법칙적으로 연관시킬 수 없고—약간 신중하게 말해—관찰 상황들만을 그렇게 연결시킬 수 있음이 드러나요. 관찰 상황들에 대해서만 경험적인 법칙을 확보할 수 있지요. 우리가 그런 관찰 상황을 기술하는 데 사용하는 수학적 기호들은 사실에 관한 것이라기보다는 오히려 개연성에 관한 것이에요. 기호들이 개연성과 사실 사이의 중간의 것이라고 말할 수 있을 거예요. 객관적으로는 기껏해야 통계적 열 이론에서의 온도 정도에 해당하는 것이죠. 가능성에 대한 특정 인식은 몇몇 확실하고 날카로운 예측을 허락해요. 그러나 보통은 미래적 사건의 개연성에 대한 추론만을 허락하지요. 칸트는 일상적인 경험을 넘어선 경험 영역에서는 더 이상 '물자체' 혹은—당신이 사용한 말을 빌리자면—'대상'이라는 모델에 의거하여 지각된 것을 정리할 수 없음을 예견할 수 없었어요. 즉 간단하게 말하자면 원자는 더 이상 사물이나 대상이 아니라는 것을 말이에요."

"그렇다면 원자들은 무엇이죠?"

"말로 표현하기가 힘들어요. 우리의 언어는 일상적 경험에서 형성되었고, 원자는 일상적 경험의 대상이 아니니까요. 하지만 좀 둘러말해도 괜찮다면, 원자는 관찰 상황의 구성 요소라 할 수 있어요. 현상을 물리학적으로 분석하는 데 높은 가치를 지니는 구성 요소지요."

여기서 카를 프리드리히가 끼어들었다.

"언어적 표현의 어려움에 대해 말을 하자면, 현대 물리학에서 이끌어낼 수 있는 가장 중요한 가르침은 우리가 경험을 기술하는 데 사용하는 모든 개념은 제한적인 적용 영역만을 가진다는 사실일 거예요. '사물', '지각의 객체', '시점' '동시성', '연장' 등등 모든 개념에 대해 우리는 이런 개념들을 가지고는 어려움에 빠질 수밖에 없는 실험적 상황을 제시할 수 있어요. 그렇다고 이런 개념들이 모든 경험의 전제가 아니라는 뜻은 아니에요. 다만 전제는 비판적으로 분석되어야 하며, 그것에 절대성을 부여할 수는 없다는 뜻이죠."

그레테 헤르만은 대화가 이렇게 전개되는 것이 몹시 못마땅했던 것 같다. 그녀는 칸트철학으로 원자물리학자들의 요구를 예리하게 반박하거나, 반대로 칸트철학이 어떤 부분에서 명백한 오류가 있음을 깨닫기를 바랐다. 그러나 지금은 거의 이도 저도 아닌 무승부로 끝난 것처럼 보였고, 이런 상황은 그레테 헤르만에게 자못 개운치 않은 것이었다. 그레테 헤르만은 이렇게 질문했다.

"칸트의 '아프리오리' 내지 언어를 그렇게 상대화시키는 것은 그저 '우리는 아무것도 알 수 없다'고 체념해 버리는 것은 아닐까요? 따라서 인식의 확고한 기반 같은 것은 없다는 것인가요?"

이제 카를 프리드리히는 아주 확신에 찬 음성으로 자연과학의 발전을 보면 그보다는 더 낙관적인 생각을 할 수 있게 된다고 대답했다.

"칸트가 '아프리오리'로 당시의 자연과학적 인식 상황을 올바르게 분석했지만, 우리는 오늘날의 원자물리학에서 새로운 인식 상황에 서 있어요. 이 말은 아르키메데스의 지렛대 법칙이 옛날의 기술에 중요한 실용적인 규칙을 올바로 정리했지만, 이런 법칙은 전자 기술과 같은 오늘날의 기술에는 충분하지 않게 되었다는 말과 비슷해요. 아르키메데스의 지렛대 법칙은 불확실한 생각이 아니라 참지식이에요. 지렛대에 관해서는 시대를 초월하여 늘 통하는 것이죠. 미지의 먼 항성계의 행성들에 지렛대가 있다고 한다면, 그곳에서도 아르키메데스의 주장이 옳을 거예요. 따라서 인간의 지식이 확장되면서 지렛대의 법칙으로는 불충분한 기술 영역에 돌입하게 되었다는 말은 지렛대 법칙을 약화시키거나 역사의 뒤안길로 보내는 것이 아니에요. 그것은 지렛대 법칙이 역사적 발전에서 더 포괄적인 기술 체계의 일부가 되고, 지렛대 법칙이 초기에 지녔던 중심적인 의미를 더 이상 가지지 않게 된다는 뜻이죠.

이와 비슷하게, 나는 칸트의 인식론적 분석이 불확실한 생각이 아니라, 참지식이라고 생각해요. 칸트의 분석은 사고 능력이 있는 생명체가 주변과 관계를 맺는 곳에서는 늘 옳은 것으로 남아요. 우리는 이런 관계를 인간적인 관점에서 '경험'이라고 일컫죠. 하지만 칸트의 '아프리오리' 역시 나중에 중심적인 위치에서 밀려나서, 인식 과정에 대한 더 포괄적인 분석의 일부가 될 거예요. 이런 자리에서 '각 시대는 자신의 진실을 가지고 있어'라는 문장으로 자연과학적 혹은 철학적 지식을 무마시키는 것은 잘못일 거예요. 하지만 역사적 발달과 더불어 인간의 사고 구조도 변한다는 사실은 직시해야 해요. 과학의 발전은 새로운 사실들을 알고 이해해 나가는 것뿐 아니라, '이해'라는 말의 의미를 늘 새롭게 배워나가는 것을 통해서도 이루어지지요."

부분적으로는 보어의 말에서 빌려온 답변이었지만, 그레테 헤르만은 이런 대답으로 어느 정도 만족하는 눈치였다. 우리 역시 칸트철학과 현대 자연과학의 관계를 더 잘 이해하게 되었다는 느낌이 들었다.

11

언어에 대한 대화

1933

　'원자물리학의 황금기'는 이제 빠르게 막바지로 내달았다. 독일의 정치적 불안은 커져만 갔다. 극우파와 극좌파가 거리에서 데모를 하고, 빈민가의 뒷골목에서 총격전을 벌이고, 공공 집회에서 서로 대립했다. 불안과 공포는 학계에도 스멀스멀 확산되었다. 한동안 나는 이런 위험을 도외시하고, 거리에서 일어나는 일들을 그냥 모르는 척했다. 하지만 현실은 결국 소망을 추월하고야 말았다. 이번에 현실은 내 의식 속에 꿈으로 나타났다. 어느 일요일 아침 나는 카를 프리드리히와 함께 일찌감치 자전거 투어를 가려고 자명종을 새벽 5시로 맞추어 놓았는데 깨어나기 전 비몽사몽 상태에서 이상한 꿈을 꾸었다. 꿈에서 시간은 다시금 1919년 봄으로 돌아가 있었고 나는 환한 아침 햇살 속에서 뮌헨의 루트비히 가를 걷고 있었다. 붉은 햇살은 무시무시할 정도로 강렬하게 거리를 물들였다. 아침 햇살이라기보다는 불 같았다. 붉은색 깃발과 검은색, 흰색, 빨간색으로 된 깃발을 든 사람들이 개선문으로부터 대학 앞

분수까지 쇄도했고, 광란의 소리가 대기를 가득 채웠다. 그리고 갑자기 내 앞에서 기관총이 불을 뿜기 시작했다. 나는 놀라서 정신없이 도망쳤다. 정신을 차리고 보니 기관총이 아니라 자명종이 울리고 있었으며, 나의 침실 커튼으로 환한 아침 햇살이 비쳐 들고 있었다. 그 순간 나는 이제 상황이 심상치 않게 전개되리라는 것을 알았다.

1933년 1월의 파국*이 있은 뒤 나는 다시 한번 옛 친구들과 행복한 휴가를 보낼 수 있었다. 이 휴가는 '황금시대'와의 아름답고도 아픈 이별로 두고두고 나의 기억 속에서 빛을 발하게 될 터였다.

그로센 트라이텐 남쪽 기슭 가파른 목초 지대에 있는 바이리슈첼 마을 위편 산속에 산장이 하나 있었다. 이 산장은 예전에 눈사태로 반쯤 부서진 것을 청년운동을 하던 내 친구들이 재건한 것이었다. 목재상을 하는 한 친구의 아버지가 목재와 공구를 대고, 산장 소유주인 농부가 여름에 목초지로 건축 재료들을 실어 날랐다. 그리고 아름다운 가을 몇 주에 걸쳐 내 친구들이 힘을 써 지붕을 새로 이고, 창의 덧문을 수리했으며, 실내에 잠자리도 마련했다. 그 덕분에 우리는 겨울마다 이곳을 스키 산장으로 이용할 수 있게 되었다.

---

* 히틀러가 수상으로 임명된 것을 언급하고 있다. – 역주

1933년 부활절 휴가 기간에 나는 닐스와 그의 아들 크리스티안, 펠릭스 블로흐, 카를 프리드리히를 초대하여 이곳에서 스키를 즐기기로 했다. 닐, 크리스티안, 펠릭스는 닐스가 잘츠부르크에 볼일이 있어서 잘츠부르크에서 오버라우도르프를 거쳐 올라오기로 했고, 카를 프리드리히와 나는 손님을 맞을 준비를 하고 식량도 마련하기 위해 이틀 먼저 산장으로 갔다. 몇 주 전 날씨가 좋을 때 생필품 상자를 브뢴슈타인하우스로 실어다 놓았으므로, 그것들을 배낭으로 약 한 시간 떨어진 곳에 있는 목초지의 산장으로 실어 날라야 했다.

그런데 우리의 계획은 첫 단계에서부터 이미 약간의 차질을 빚었다. 카를 프리드리히와 내가 산장에서 보낸 첫날 밤 폭풍이 몰아치며 밤새 폭설이 내렸다. 이튿날 아침, 우리는 애를 써서 겨우 산장 입구만 눈을 치웠고, 점심때가 되어서야 거의 일 미터 가까이 새로 쌓인 눈을 뚫고 브뢴슈타인하우스까지 길을 냈다. 그런데 눈보라는 여전히 멈출 생각을 하지 않아서, 우리는 눈사태를 심각하게 우려하기 시작했다. 약속대로 브뢴슈타인하우스에서 잘츠부르크의 닐스와 전화 통화를 하며 나는 닐스에게 이곳의 상황을 설명하고 다음 날 아침 카를 프리드리히와 함께 오버라우도르프 역으로 마중을 나가겠다고 약속했다. 처음에 닐스는 굳이 그럴 필요 없다면서 크리스티안, 펠릭스와 함께 오버라우도르프에서 택시를 타고 산장으로 오겠다고 했다. 하지만 나는 그런 생각이 굉장히 비현실적이라는 것을 힘주어 설명하면서 오버라우도르프로 나가겠다고 고집했다.

이틀째 밤에도 첫날과 마찬가지로 쉬지 않고 눈이 내렸다. 아침이 되자 산장은 거의 눈에 파묻힌 형국이 되었고, 전날 우리가 낸 길은 전혀 보이지 않았다. 하지만 하늘은 맑게 개었고, 주변 경관이 잘 보여서 눈사태의 위험이 있는 곳은 피해갈 수 있었다. 카를 프리드리히와 나는 앞서거니 뒤서거니 하면서 브뢴슈타인하우스까지 새로운 길을 냈다. 그곳으로부터 산 아래로는 어려움 없이 스키를 타고 죽죽 내려가며 활주로를 표시할 수 있었다. 우리는 이렇게 낸 길을 나중에 닐스 일행과 함께 올라갈 때도 이용하고자 했다. 하늘이 맑고 바람이 잦아드니 최소한 오후까지는 우리가 낸 길이 보존될 수 있을 것으로 보였다.

점심때쯤 약속한 기차 시간에 맞춰 오버라우도르프 역 승강장에서 기다렸지만 닐스, 크리스티안, 펠릭스는 보이지 않았다. 대신 한 객차에서 스키, 배낭, 외투 같은 많은 짐이 나왔는데 보아하니 우리 손님들 것인 듯했다. 역장은 우리에게 이 짐 주인들은 어느 역에서 커피를 마시다가 기차를 놓쳐서 다음 기차를 타고 오후 4시에나 도착할 거라고 전해주었다. 가뜩이나 눈이 와서 길이 좋지 않은데 어둠 속에서 올라갈 생각을 하니 걱정이 되었지만 별 도리가 없었다. 카를 프리드리히와 나는 기다리는 시간을 이용해 코펜하겐 사람들의 짐 중에서 불필요한 것들을 가려냈다. 힘든 길을 오르려면 짐을 줄여 체력을 아껴야 했던 것이다. 손님들은 4시 정각에 도착했고 나는 닐스에게 산장까지 가는 길이 상당한 모험이 될 거라고 말했다. 눈이 많이 내려서 카를 프리드리히와 내가 내려오면서 일 미터 가까이 쌓인 눈에 길을 표시하지 않았더라면 올라가는 것이 불가능했을 거라고 했다.

그러자 닐스는 잠시 생각하더니 이렇게 말했다.

"그것 참 이상하네요. 나는 늘 산은 밑에서부터 올라가는 거라고 생각했거든요."

닐스의 말을 들으니 여러 가지 생각이 꼬리를 물었다. 미국의 그랜드 캐니언에 가면 '거꾸로 하는 등산'을 체험할 수 있다는 사실도 떠올랐다. 침대차를 타고 해발 2천 미터 높이의 커다란 고원 가장자리에 도착하여 그곳으로부터 콜로라도 강으로 내려왔다가, 침대차가 있는 곳까지 다시금 2천 미터를 올라가는 코스였다. 하지만 그런 경우는 '캐니언(협곡)'이라고 부르지 '산'이라고 부르지 않는다. 그런 이야기를 해가며 우리는 첫 두 시간을 순조롭게 전진했다. 여름이면 두세 시간 만에 산장까지 올라갈 수 있지만, 이렇듯 눈이 쌓인 상황에서는 일고여덟 시간은 걸릴 것을 예상해야 했다.

날이 칠흑같이 깜깜해졌을 때 우리는 가장 전진하기 힘든 구간에 도달했다. 내가 앞장섰고, 닐스가 그 뒤를 따랐으며 가운데에 카를 프리드리히가 손전등으로 우리의 길을 비추어

주었다. 그리고 그 뒤를 크리스티안과 펠릭스가 따라왔다. 우리가 표시해 놓은 길은 대부분 깊이 패여 있어서 쉽게 찾을 수 있었다. 다만, 탁 트인 지대에서는 바람에 실려온 눈 때문에 길을 분간하기 힘들었다. 높이 쌓인 눈이 여전히 가루처럼 푹푹 들어가는 것이 정말 끔찍했다. 닐스가 이미 상당히 지쳐 있었기에 우리는 속력을 낼 수가 없었다. 밤 10시쯤이었고, 브륀슈타인하우스까지는 족히 30분에서 한 시간은 걸릴 것으로 보였다.

그런데 막 가파른 비탈을 오르는 중에 내게 이상한 일이 일어났다. 갑자기 버둥거리는 느낌이 들더니 더 이상 몸놀림을 통제할 수 없었고, 갑자기 온몸이 조여들며 한순간 숨을 쉴 수가 없었다. 그러나 다행히 머리 부분은 밀어닥친 눈 더미 속에 파묻히지 않았고 잠시 후 팔도 다시 마음대로 움직일 수 있었다. 나는 사방을 둘러보았다. 주변은 칠흑같이 깜깜했고 친구들은 하나도 보이지 않았다. "닐스!" 하고 불렀으나 대답이 없었다. 나는 거의 까무러칠 듯이 놀랐다. 눈사태가 일어나 모두가 매몰되었다고 생각했기 때문이었다. 간신히 스키를 눈 더미에서 꺼내고 다리까지 자유롭게 되고 난 뒤에야 위쪽 비탈에 손전등 빛이 보였고, 큰 소리로 부르니 카를 프리드리히가 대답을 했다. 그제야 내가 나도 모르게 눈사태에 휩쓸려 비탈길 상당히 아래쪽으로 미끄러져 내려왔음을 깨달았다. 천만다행히도 다른 사람들은 눈사태가 일어난 지대 위쪽에 발을 딛고 있어 눈사태에 휩쓸리지 않았던 것이다. 손전등 빛이 보이는 곳까지 다시 올라가는 것은 어렵지 않았다. 이제 우리는 더 조심스럽게 전진했고 밤 11시에 브뤼슈타인하우스에 도착하자 더 이상 위험을 무릅쓰지 않고 그곳에서 하룻밤을 묵어가기로 했다. 그리하여 다음 날 아침에야 진한 남빛 하늘 아래 빛나는 하얀 눈을 뚫고 목초 지대로 올라갔다.

힘들게 올라왔고 눈사태의 공포가 아직도 온몸에 생생하게 남아 있었으므로, 우리는 이날 더 이상 밖에 나가지 않고 집에 머물렀다. 우리는 눈을 말끔히 치운 산장 지붕 위에 누워 물리학계의 최신 동정을 이야기했다. 닐스는 캘리포니아에서 찍은 안개상자 사진 한 장을 입수해 가져왔는데, 이 사진이 곧 우리의 관심을 모으면서 열띤 토론이 시작되었다. 토론 주제는 몇 년 전 폴 디랙이 전자의 상대성이론에 대한 논문에서 제기했던 질문이었다. 디랙은 당시까지 경험적으로 입증된 주장에 바탕을 둔 그 논문에서 수학적인 이유로 전기적으로 음성을 띤 전자 외에, 전기적으로 양성을 띤 입자가 존재해야 함을 유도했다. 처음에 디랙은 이 가설적인 입자가 양성자, 즉 수소 원자의 원자핵과 같은 것이라고 여겼지만, 우리 다른 물리학자들은 그 설명이 만족스럽지 않았다. 그도 그럴 것이 양전하를 띤 이 입자의 질량이 전자의 질량과 똑같아야 한다는 건 거의 기정사실이었는데, 양성자는 전자 질량의 거의 2천 배에 달했던 것이다. 그 밖에도 가설적인 입자는 일반 물질과는 아주 다르게 행동하여, 일반적인 전자와 충돌하면 그 둘이 결합하여 빛으로 변할 수 있어야 했다. 그 때문에 오늘날에는 이를 '반물질'이라 부른다.

닐스가 우리에게 보여준 안개상자 사진은 바로 그런 '반입자'의 존재를 증명할 수 있는 것으로 보였다. 사진에는 물방울 자국이 보였는데, 그것은 위로부터 온 입자에 의해 생겨난 게 틀림없었다. 입자는 납 판을 통과하여 판의 반대쪽에 다시금 자국을 남겼는데, 안개상자가 강한 자기장 속에 있었기에 자국들은 자기력에 의해 구부러져 있었고, 자국 속 물방울의 밀도는 전자의 밀도와 정확히 일치했다. 그러나 입자가 정말로 위쪽에서 왔다면 굴절로 보아 이 입자가 양전하를 띠고 있다고 볼 수밖에 없었다. 그리고 판 위쪽에서의 굴절도가 아래쪽보다 더 작다는 사실, 즉 입자가 납 판에서 속력을 잃었다는 사실로 미루어 입자가 정말로 위쪽에서 온 것은 분명해 보였다. 우리는 한동안 이런 추론이 불가피한지에 대해 토론했다. 우리 모두는 이런 결론이 커다란 파급 효과를 갖는다는 걸 잘 알고 있었다. 우리는 한동안 실험에 오류가 있지는 않았을까를 논했고 이야기 끝에 나는 닐스에게 이렇게 물었다.

"우리가 이런 토론에서 양자론에 대해서는 한마디도 하지 않았다는 게 좀 이상하지 않아요? 우리는 전하를 띤 입자가 마치 전하를 띤 기름방울이나 검전기檢電器에 쓰는 작은 구슬이라도 되는 듯이 말하고 있어요. 한 치의 망설임도 없이 고전

물리학의 개념들을 사용하고 있는 거예요. 아직 고전물리학적 개념의 한계에 대해, 불확정성 원리에 대해 알지 못하는 것처럼 말이에요. 이러다 보면 실수가 빚어지지 않을까요?"

닐스가 대답했다.

"전혀 그렇지 않아요. 관찰 내용을 고전물리학적 개념으로 진술하는 것은 당연해요. 양자론의 모순이 바로 거기에 있지요. 양자론은 고전물리학과 차별되는 법칙을 말하면서, 관찰을 할 때, 즉 측정을 하거나 사진을 찍을 때는 주저 없이 고전적 개념들을 활용해요. 그렇게 해야만 해요. 우리의 결과들을 다른 사람들에게 전달하기 위해서는 언어에 의존해야 하니까 말이에요. 측정 도구를 측정 도구라고 부를 수 있으려면 관찰 결과로부터 관찰한 현상에 대한 명백한 결론을 이끌어낼 수 있어야 해요. 즉 엄격한 인과 관계를 전제할 수 있어야 해요.

하지만 우리가 원자 현상을 이론적으로 진술하려면 어느 부분에서인가는 현상과 관찰자 혹은 도구 사이에 선을 그어야 해요. 선을 긋는 위치는 다양하게 정할 수 있어요. 하지만 관찰자의 입장에서는 고전물리학의 언어를 사용해야 해요. 결과를 표현할 수 있는 다른 언어가 없으니까요. 이런 언어들이 부정확하며, 제한된 활용 범위를 가지고 있다는 걸 알고 있음에도 이런 언어에 의존해야 해요. 이런 언어를 통해 현상을 최소한 간접적으로라도 파악할 수 있는 거예요."

펠릭스가 끼어들었다.

"우리가 양자론을 더 잘 이해하게 된다면 고전적 개념들을 포기하고 새로 얻은 언어로 원자 현상을 더 수월하게 이야기할 수 있지 않을까요?"

닐스가 대답했다.

"그렇지 않아요. 자연과학에서는 현상을 관찰하고 결과를 다른 사람들에게 전달하여 다른 사람들이 그것을 확인할 수 있도록 해야 해요. 객관적으로 어떤 일이 일어났으며, 늘 규칙적으로 어떤 일이 일어날 것인지에 대한 합의가 이루어져야만 이해가 가능하게 되는 거지요. 관찰하고 전달하는 전 과정이 고전물리학의 개념을 수단으로 해요. 안개상자는 측정 도구예요. 그래서 우리는 안개상자 사진으로부터 양전하를 띨 뿐이지 그 밖에는 전자와 같은 성질을 갖는 입자가 상자 속을 통과했다는 것을 명백하게 추론할 수 있는 거지요. 물론 측정 도구가 적절하게 구성되어 있었다는 것을 신뢰할 수 있을 때 말이에요. 그것이 테이블 위에 튼튼하게 설치되어 있었고, 사진기 역시 아주 확실하게 설치되어 있어서 촬영하는 동안 흔들리지 않았으며, 렌즈도 적절히 장착되어 있었다는 걸 신뢰할 수 있어야 해요. 즉 고전물리학을 기준으로 신뢰성 있는 측정을 위한 모든 조건이 충족되었다는 걸 확신해야 하는 거예요. 측정에 대해 이야기할 때 일상에서 쓰는 것과 똑같은 언어로 이야기하는 것은 자연과학의 기본 전제예요. 우리는 이제 이런 언어가 제대로 된 의사소통을 하기에는 불완전한 도구라는 것을 알게 되었지만, 그럼에도 이런 도구는 과학의 전제인 거예요."

우리가 산장 지붕에서 햇빛을 쬐며 물리학적, 철학적 숙고를 하는 동안, 크리스티안은 주변을 돌아다니다가 눈으로 인해 반쯤 망가져 버린 커다란 바람개비를 하나 들고 왔다. 보아하니 전에 이곳에 머물렀던 내 친구들이 만든 것 같았다. 바람의 방향과 세기를 알려고 했거나, 그냥 재미삼아 만들었을 것이다. 우리는 더 나은 새로운 바람개비를 설치하기로 했고, 닐스와 펠릭스와 나는 각각 땔나무로 바람개비를 하나씩 조각하기 시작했다. 펠릭스와 내가 공기역학적으로 이상적인 모양, 즉 프로펠러 비슷하게 만들려고 애쓰는 동안 닐스는 두 날개가 서로에 대해 직각을 이루게 하는 데 집중했다. 그러나 결과는 이상적으로 보였던 우리의 프로펠러는 역학적으로 부정확해서 바람이 불어도 잘 돌아가지 않는 반면, 닐스의 바람개비는 균형이 잘 잡히고 날개 중심에 박은 못 등 모든 면에서 정교하고 훌륭하게 만들어져 바람 속에서 빠르고 부드럽게 돌아갔다. 닐스는 펠릭스와 나의 바람개비를 보고 "허, 사람들이 아주 야심 차구먼"이라고 말했지만 사실 정교한 수작업과 관련하여 야심 찬 쪽은 바로 닐스였다. 그것은 고전역학에 대한 그의 태도와도 잘 어울렸다.

저녁에는 포커를 했다. 산장에 상태가 좋지 않은 축음기와 그보다 더 안 좋은 유행가 판이 몇 장 있긴 했지만, 이런 음악을 들을 마음은 나지 않았다. 그날 우리의 포커놀이 방식은 약간 특별했다. 즉 떠들썩하게 자신의 카드패를 선전하여 다른 사람들로 하여금 정말로 그런 카드패를 가졌다고 믿게 만드는 것이었다. 이런 상황을 만나자 닐스는 다시금 언어의 의미를 사색했다.

닐스가 말했다.

"여기서는 언어가 과학에서와는 전혀 다르게 사용돼요. 포커를 칠 때는 실재를 드러내는 것이 아니라 가리는 것이 중요하니까요. 허풍을 떠는 것도 게임의 일부예요. 하지만 실재를 어떻게 위장할 수 있을까? 언어는 듣는 사람에게 인상을 불러일으켜요. 이런 인상들은 차분하게 생각해서 얻을 수 있는 추측보다 훨씬 강하게 작용해서 쉽사리 잘못된 행동으로 이어져요. 하지만 어떻게 하면 상대방에게 이런 강한 인상을 불러일으킬 수 있을까요? 물론 목소리가 크다고 되는 것은 아니에요. 목소리가 큰 걸로 된다면야 어렵지 않겠지요. 세일즈맨이 구사하는 기교로도 되지 않아요. 우리 중 그런 기교를 가지고 있는 사람은 아무도 없을뿐더러, 우리가 그런 것에 속아 넘어갈 리도 없으니까요. 인상을 불러일으키는 능력은 다른 사람들이 믿어주었으면 하는 카드패를 스스로 얼마나 강하게 내면화할 수 있는가에 달려 있는 것 같아요."

희한하게도 이런 생각은 그 뒤 게임에서 예기치 않게 입증되었다. 닐스는 어느 게임에서 아주 확신에 차서 자신이 손에

든 다섯 장의 카드가 모두 같은 무늬라고 주장했다. 판돈을 아주 많이 걸었으므로, 닐스가 카드 네 장을 냈을 때 상대편은 결국 포기했고 닐스는 판돈을 많이 땄다. 그런데 게임이 끝난 뒤 닐스가 자랑삼아 같은 무늬의 다섯 번째 카드를 보란 듯이 내밀었을 때, 닐스는 그제야 자신이 사실은 같은 무늬의 카드를 다섯 장 가지고 있었던 게 아님을 깨닫고 소스라치게 놀랐다. '하트 10'과 '다이아몬드 10'을 혼동했던 것이다. 따라서 확신에 찬 그의 말은 사실은 '허풍'이었던 것이다. 이런 일을 겪고 나자 전에 보어와 셀란 섬을 여행할 때 했던 대화가 떠오르며, '인상들의 힘이 과연 수백 년간 인간들의 사고를 규정해왔겠구나' 하는 생각이 들었다.

날이 어두워지면 산장 주변 설원의 체감 온도는 눈에 띄게 내려갔다. 포커 칠 때 분위기를 돋구어주었던 독한 그로그 주조차도 난방이 잘되지 않는 공간의 추위를 이기기에는 역부족이었다. 그래서 우리는 일찌감치 침낭 속으로 들어가 짚을 채워 만든 요 위에 몸을 눕혔다. 정적 속에서 나는 닐스가 낮에 산장 지붕 위에서 보여주었던 안개상자 사진을 떠올렸다. 디랙이 예언했던 양전하를 띤 전자들이 정말로 있는 것일까? 그렇다면 거기에서 나오는 결론은 무엇일까? 생각을 거듭할수록 나는 흥분에 사로잡혔다. 그 흥분은 본질적인 부분에서 생각을 바꾸어야 할 때 생겨나는 종류의 것이었다.

그 전해에 나는 원자핵 구조에 대해 연구했다. 제임스 채드

윅이 중성자를 발견하자, 원자핵은 양성자와 중성자로 이루어져 있으며, 이 둘은 지금까지 알려지지 않은 강한 힘들로 결합되어 있는 것이라는 생각이 들었다. 하지만 원자핵에 양성자와 중성자 외에 더 이상 전자가 없을 것이라고 보는 것은 상당히 논란의 소지가 있었다. 몇몇 친구는 나의 이런 생각을 강하게 비판하면서 "방사성 베타붕괴*에서 전자들이 원자핵에서 튀어나오는 걸 볼 수 있잖아"라고 지적했다. 하지만 나는 중성자를 양성자와 전자가 결합된 것으로 생각했고, 중성자는 아직은 이유를 잘 모르겠지만, 양성자와 같은 크기일 것으로 보았다. 새로 발견된, 원자핵을 결합시키는 '강한 핵력'은 경험적으로 양성자와 중성자를 바꾸어도 변하지 않는 것으로 보였다. 이런 대칭성은 그 힘이 양성자와 중성자 사이에서 전자가 교환되면서 생긴다고 보면 대략적으로는 이해가 갔다. 그러나 이런 설명은 두 가지 심각한 결함을 가지고 있었다. 먼저 양성자와 양성자 사이 또는 중성자와 중성자 사이에서도 마찬가지로 강한 핵력이 생기지 않아야 할 제대로 된 이유가 없었다. 또한 이 두 힘이 (비교적 적은 전기력에 의한 기여를 빼

---

* 불안정한 원자핵은 세 가지 형태로 붕괴되는데, 어니스트 러더퍼드는 이를 알파 붕괴, 베타 붕괴, 감마 붕괴라 불렀다. 알파 붕괴는 원자핵에서 헬륨 원자핵이 방출되는 것이며, 감마 붕괴는 파장이 매우 짧은 감마선이 나오는 것이다. 베타 붕괴에서 방출되는 베타선은 사실 전자임이 밝혀졌다. 약한 핵력이 작용한 결과이다.

고 나면) 경험적으로 같아 보이는 이유도 이해할 수 없었다. 또한 중성자는 실증적으로 양성자와 아주 비슷하기 때문에, 양성자는 결합체가 아니고 중성자는 결합체라고 보는 것도 합리적이지 않아 보였다. 하지만 디랙이 예언한 양전하를 띤 전자, 지금의 말로 하자면 양전자가 있다면 상황은 달라질 터였다. 그러면 양성자를 중성자와 양전자가 결합된 것으로 생각할 수 있을 것이며, 양성자와 중성자 간에 단번에 균형이 잡힐 것이었다.

원자핵에 전자나 양전자가 존재한다는 것은 어떤 의미가 있을까? 디랙의 이론에 따라 전자와 양전자가 만나 복사에너지로 변화되는 것처럼, 반대로 에너지로부터 전자와 양전자가 탄생할 수 있지 않을까? 하지만 에너지가 전자와 양전자 쌍으로 바뀌고, 전자와 양전자가 에너지로 바뀔 수 있다면, 원자핵과 같은 구조물을 구성하는 입자들이 몇 개인지 묻는 것이 애초에 가능한 일일까?

그때까지 우리는 여전히 옛 데모크리토스의 표상을 믿고 있었다. 한마디로 '맨 처음에 입자가 있었다'라는 표상이었다. 물질은 작은 단위로 구성되어 있다고 믿었고, 물질을 계속 쪼개어 가다 보면 마지막에 데모크리토스가 '원자'라 불렀던 최소 단위에 이른다고 믿었다. 그것을 이제는 '양성자' 또는 '전자' 등의 '소립자'라고 부르는 것이었다. 그러나 이런 표상은 틀린 것인지도 몰랐다. 더 이상 쪼갤 수 없는 최소 단위는 없을지 모른다. 물질을 계속 쪼개어가다 보면 맨 나중에는 더 이상 부분이 남지 않고 물질 속의 에너지가 변환될 것이며, 부분은 쪼개지기 전보다 더 작지 않을 것이다. 그렇다면 맨 처음에는 무엇이 있었을까? 자연법칙, 수학, 대칭? '맨 처음에 대칭이 있었다.' 이것은 플라톤의 『티마이오스』에 나오는 철학과 맞아떨어진다. 1919년 여름, 뮌헨의 한 신학교의 지붕에서 읽었던 책 내용이 다시금 떠올랐다. 안개상자 사진 속의 입자가 정말로 디랙이 예측한 양전자라면 어마어마하게 넓은 신대륙의 문이 열린 셈이었다. 그 대륙으로 들어가는 길이 이미 어렴풋하게 보였다. 그날 밤 나는 그런 생각을 하다가 잠이 들었다.

다음 날 아침 하늘은 전날처럼 푸르렀다. 우리는 아침 식사를 하자마자 스키를 단단히 조이고는 힘멜모스알름을 지나 제온 목장에 있는 작은 호수로 내려갔다. 그곳에서 계곡을 거쳐 그로센 트라이텐 뒤의 외딴 분지로 내려가서는 다시금 산장이 있는 봉우리로 되돌아왔다. 그런데 봉우리 동쪽 산등성이에서 우리는 우연히 기상학적, 광학적으로 신기한 현상을 목격했다. 북쪽으로부터 불어오는 미풍이 언덕 위로 엷은 안개구름을 밀어 올리고, 우리가 있는 산마루에서 환한 햇살이 안개구름을 비추자, 우리의 그림자가 구름 위에서 또렷이 분간되는 것이었다. 우리 머리의 그림자는 각각 빛나는 링처럼 밝은 광채로 둘려 있었다. 닐스는 이런 독특한 현상에 즐거워

하며, 전에 이런 광학 현상에 대해 들은 적이 있는데, 옛 화가들이 성인들의 머리에 후광을 그려 넣은 것이 바로 이와 같은 빛나는 광채를 본뜬 것이라는 의견도 있다고 전해주었다. 그러고는 살짝 윙크를 하면서 이렇게 덧붙였다. "문제는 자신의 머리 그림자 주변에서만 이런 광채가 보인다는 거지요." 이 말에 우리는 한참을 웃으며 스스로를 비판적으로 돌아보았다. 그러고는 얼른 산장으로 돌아가기 위해 경주를 해서 산을 내려가기로 했다. 펠릭스와 내가 특히 패기 있게 달렸는데, 나는 가파른 언덕에서 커브를 돌다가 다시 한번 상당히 커다란 눈사태를 유발하고야 말았다. 그러나 다행히 우리 모두는 눈사태가 일어난 부분 위쪽에 위치했고, 시차는 많이 났지만, 모두 무사히 산장에 도착했다. 그날은 내가 점심을 준비할 차례였다. 펠릭스, 카를 프리드리히, 크리스티안은 모두 산장 지붕으로 올라가 햇빛을 쬐었고, 약간 힘들게 도착한 닐스는 내가 있는 부엌으로 와서 앉았다. 나는 그 기회를 틈타 우리가 산마루에서 시작했던 대화를 약간 더 이어갈 수 있었다.

"후광에 대한 이야기는 정말 재밌었어요. 어느 정도 맞는 이야기인 것 같아요. 하지만 완전히 만족스러운 설명은 아니에요. 저는 언젠가 빈 학파에 속한 열렬한 실증주의자와 서신 교환을 하면서 후광에 대해 약간 다른 이야기를 주장한 적이 있거든요. 저는 실증주의자들이 모든 단어에 정해진 의미가 있고, 그 단어를 다른 의미에서 사용하는 건 있을 수 없는 일인 양 행동하는 것이 싫었어요. 그래서 저는 그에게 어떤 존경받는 사람이 방에 들어왔을 때 방이 환해졌다고 말하는 것은 십분 이해할 수 있는 일이 아니냐고 적어 보냈죠. 그럴 때 광도계로 밝기차를 확인할 수 있는 것은 아닐 거라고 말이죠. 나는 '환하다'라는 단어의 물리학적 의미가 원래의 의미고, 다른 뜻은 전이된 의미라고 보지 않아요. 따라서 후광이라는 말 역시 이렇듯 누군가 들어왔을 때 방이 환해지는 듯한 경험에서 비롯된 것이 아닌가 하고 생각해 봤어요."

닐스가 말했다.

"나 역시 그런 설명도 옳다고 봐요. 우리의 생각은 상당히 비슷한 것 같군요. 언어의 의미는 딱 하나로 정해져 있지 않아요. 우리는 한 단어가 의미하는 것을 결코 정확히 알지 못해요. 단어의 의미는 문장 속 단어들의 연관에 따라, 이야기의 맥락에 따라 달라지지요. 일일이 열거할 수 없는 많은 부수적 상황에 따라 달라져요. 미국의 철학자 윌리엄 제임스는 자신의 글에서 이런 상황들을 탁월하게 묘사해냈어요. 윌리엄 제임스는 우리가 듣는 말들이 명료한 의식 속에서는 그 주된 의미가 드러나지만, 의식이 명료하지 못할 때는 또 다른 의미로 다가오게 되며, 다른 개념과 연결되고, 그 영향이 무의식으로까지 번져간다고 했어요. 일반적인 언어에서도 그러니, 시적 언어에서는 더 그렇지요. 자연과학 언어도 어느 정도는 그래요. 우리는 원자물리학에서 이전에 매우 정확하고 문제가 없어 보였던 개념들이 얼마나 한계가 있는 것인지를 자연을 통해 알게 되었잖아요. '위치'와 '속도' 같은 개념만 해도 말이에요.

물론 언어를 정제시키고 정확성을 부여하여 논리적 추론이 가능하게 만든 것은 아리스토텔레스와 고대 그리스인들의 위대한 업적이었어요. 그런 정확한 언어는 일반적인 언어보다 훨씬 더 의미의 폭이 좁지요. 하지만 그런 언어는 자연과학에 매우 중요해요.

실증주의 철학자들이 정확한 언어의 가치를 강조하고, 언어를 논리적으로 명확하게 사용하지 않으면 언어가 내용을 상실하게 될 거라고 경고하는 것은 옳은 일이에요. 하지만 그들은 자연과학에서 우리가 이런 이상에 근접할 수는 있지만 도달할 수는 없다는 점은 간과하고 있어요. 실험을 기술할 때 사용하는 언어만 해도 그 적용 영역을 명확하게 명시할 수 없는 개념들이 들어 있으니까 말이에요. 물론 이론물리학자들이 자연을 묘사할 때 활용하는 수학적 도식은 비교적 논리적으로 엄격하고 정확해요. 하지만 우리가 수학적 도식을 자연과 비교할 때 문제는 다시금 등장하지요. 자연에 대해 진술하려면, 어딘가에서는 수학적 언어에서 일반적인 언어로 옮겨가야 하니까 말이에요. 그것이 바로 자연과학의 과제이기도 하지요."

내가 대화를 이어갔다.

"실증주의자들은 무엇보다 스콜라철학을 비판해요. 종교적 질문과 관련된 형이상학이 주된 비판 대상이지요. 실증주의자들은 형이상학에서는 가상의 문제들에 대해, 즉 언어적으로 정확히 분석해 보면 존재하지 않는 것으로 드러나는 문제들에 대해 이야기한다고 말해요. 이런 비판이 정당하다고 보시나요?"

닐스가 대답했다.

"그런 비판은 상당히 일리가 있어요. 그로부터 많은 것들을 배울 수 있지요. 내가 실증주의가 문제가 있다고 보는 것은 이런 부분 때문이 아니라, 자연과학도 기본적으로는 형이상학보다 나을 것이 없지 않은가를 우려하기 때문이에요. 약간 극단적으로 말하자면, 종교에서는 단어들에 명확한 의미를 부여하는 것을 애초부터 포기해요. 반면 자연과학에서는 언젠가 훗날 그 단어들에 명백한 의미를 부여할 수 있으리라는 희망 내지 환상을 품지요. 아무튼 실증주의자들의 이런 비판은 귀 기울여 들어야 해요. 가령 나는 '삶의 의미'라는 말이 대체 무슨 뜻인지 알 수가 없어요. '의미'라는 말은 늘 의미를 문제 삼는 대상과 의도, 표상, 계획 같은 것과 연관되어 있어요. 하지만 삶, 즉 우리가 경험하는 세계 전체는 의미라는 말과 연관시킬 만한 것이 없어요."

내가 대답했다.

"하지만 삶의 의미라고 말할 때 우리는 그것이 무슨 뜻인지 알지 않나요? 물론 삶의 의미는 우리 스스로에게 달려 있어요. 그건 커다란 연관에 부응하게끔 자신의 삶을 형상화해 나가는 것이라고 생각해요. 단지 어떤 상이나, 결심, 신뢰에 불과하다 해도 말이에요. 어쨌든 우리는 삶의 의미란 말이 무엇인지 이해할 수 있어요."

닐스는 잠시 침묵하고 있다가 이렇게 말했다.

"아니에요. 삶의 의미는 삶이 의미가 없다고 말할 의미가 없다는 것에 있어요. 인식을 향한 모든 노력도 그렇게 끝이 안 보이는 거지요."

"하지만 그런 태도는 의미라는 단어를 너무 엄격하게 다루기 때문이 아닌가요? 고대 중국 철학의 대표적인 개념이라 할 수 있는 '도道'라는 것을 아시겠지요? '도'는 종종 '의미'로 번역이 돼요. 중국의 현자들은 '도'와 '삶'이라는 단어를 결합시키는 것에 대해 전혀 이의를 제기하지 않을 것 같은데요."

"'의미'라는 말을 그렇게 일반적으로 사용하면, 사정은 또 달라지겠지요. '도'라는 단어도 그것이 무슨 뜻인지 우리 중 아무도 정확히 말할 수 없어요. 하지만 중국 철학 이야기가 나오니 옛날이야기 하나가 떠오르는군요. 철학자 세 사람이 식초를 한 모금씩 맛보고 한 이야기인데, 이걸 이해하려면 우선 중국에서는 식초를 '인생의 물'이라고 부른다는 것을 먼저 알아야 해요. 식초를 한 모금 맛본 철학자 한 사람이 말했어요. '신맛이군'. 다음 사람은 '쓴맛인데'라고 했어요. 그러자 마지막 사람이—이 사람이 노자였을 거예요—이렇게 외쳤어요.

'신선한 맛이로구먼.'"

　그때 카를 프리드리히가 부엌으로 들어오더니 식사 준비가 거의 다 되었느냐고 물었다. 다행히 나는 식사 준비가 다 끝났으니 다른 사람들을 부르고, 알루미늄 접시와 스푼, 포크 등을 놓아 달라고 말할 수 있었다. 우리는 식탁에 둘러앉았고 '시장이 반찬이다'라는 옛 속담은 아주 잘 들어맞는 것으로 드러났다. 식사 후에 우리는 일을 분담했다. 닐스는 설거지를, 나는 화덕 청소를 맡았고, 다른 사람들을 나무를 패거나 다른 정리 작업을 했다. 고산 목장 부엌의 위생 수준이 도시의 부엌에 못 미치는 것은 당연한 일이었다. 닐스는 이런 상황을 두고 이렇게 말했다. "설거지는 언어와 똑같군요. 물도 더럽고 행주도 더럽지만, 결국 이걸로 접시와 컵을 깨끗하게 할 수 있으니 말이에요. 언어도 마찬가지예요. 개념이 불명확하고, 논리가 적용할 수 있는 영역으로만 제한되지요. 하지만 그것을 사용하여 자연을 명확하게 이해할 수 있어요."

　이어지는 며칠간 날씨는 변덕스러웠고 우리는 크고 작은 모험을 했다. 트라인스 계곡을 올라가기도 했고, 운터베르거 목장에서 스키 연습을 하기도 했다. 어느 오후 카를 프리드리히와 나는 카메라를 들고 트라이텐의 가파른 산비탈에서 먹거리를 찾는 알프스 산양 떼를 사진에 담으려고 숨어서 기다렸다. 기다리는 가운데 나와 카를 프리드리히는 다시금 언어의 문제에 대해 이야기를 나누었다. 그런데 난감한 것은 산양들 몰래 가까이 접근하기가 너무나 힘들다는 것이었다. 눈에 난 사람 발자국이라든지, 나뭇가지가 꺾이는 소리, 바람에 실려 오는 냄새 같은 미미한 낌새마저도 위험 신호로 해석하고 적시에 도망가 버리는 동물들의 본능이 참으로 놀라웠다. 닐스는 이 일을 가지고 지능과 본능 간의 차이를 다음과 같이 숙고했다.

"산양들이 당신들을 그렇게 성공적으로 피할 수 있는 것은 어떻게 도망칠지 숙고를 하거나 말을 할 수 있어서가 아니에요. 산양들의 신체가 산악 지대에서 공격을 피해 안전을 도모하는 데 특화되어 있기 때문이지요. 동물은 자연선택 과정을 통해 특정 신체 능력을 거의 완벽에 가까울 정도로 발달시켰어요. 생존하기 위해 이런 방법에 의존하고 있는 거예요. 그래서 외적인 조건들이 격변하면 더 이상 적응하지 못하고 멸종해 버리지요. 어떤 물고기들은 전기를 방출해서 다른 물고기들을 감전시킴으로써 스스로를 방어해요. 어떤 물고기들은 신체 색깔을 바닥의 모래 색에 맞추어 해저 바닥에 있으면 더 이상 모래와 구분이 되지 않아요. 그렇게 공격자들로부터 스스로를 보호하는 거예요.

인간들만이 특화가 다른 방식으로 이루어졌어요. 인간은 사고 능력과 언어 능력을 가능케 하는 신경계를 가지고 있고, 그럼으로써 시간적, 공간적으로 동물보다 훨씬 월등한 존재가 되었어요. 전에 있었던 일을 기억할 수 있고 앞으로 일어날 일을 예측할 수 있는 거예요. 공간적으로 떨어진 곳에서 무슨 일이 일어날지 상상할 수 있고. 다른 인간들의 경험을 활용할 수도 있어요. 그로써 인간은 동물보다 훨씬 더 유연하고, 적응 능력이 뛰어나게 되지요. 유연성으로 특화되어 있다고도 할 수 있어요. 하지만 사고와 언어가 우선적으로 발달함으로써, 즉 지능이 발달함으로써 목적 지향적이고 본능적인 행동 능력은 오히려 위축될 수밖에 없었어요. 그래서 인간은 많은 면에서 동물보다 신체 능력이 뒤떨어져 있어요. 후각이 예민하지도 않고, 산을 산양처럼 빠르고 안전하게 오르내릴 수도 없어요. 하지만 공간적, 시간적으로 더 커다란 영역을 장악함으로써 이런 결점들을 상쇄할 수 있었어요.

여기서 언어의 발달은 아주 중요했어요. 언어, 그리고 그와 연결된 사고 능력은 다른 신체적 능력과 달리, 개인 안에서 발달하는 것이 아니라 개인 사이에서 발달하는 능력이니까요. 언어는 다른 사람들로부터 배울 수밖에 없는 거예요. 인간들 사이에 펼쳐진 그물이라 할 수 있지요. 우리는 생각, 즉 인식 가능성을 가지고 이런 그물 속에 걸려 있는 것이고요."

나는 이렇게 덧붙였다.

"실증주의자들이나 논리학자들은 언어의 형식이나 표현 가능성을 자연선택이나 선행하는 생물학적 사건과 무관하게 관찰하고 분석한다는 인상을 받아요. 하지만 방금 말씀하신 것처럼 지능과 본능을 비교하면, 지구의 서로 다른 지역에서 다양한 지능과 언어가 탄생했다는 것도 상상이 갑니다. 언어마다 문법이 다르잖아요. 그리고 문법상의 차이는 논리의 차이를 빚을 수 있고요."

닐스가 대답했다.

"물론 종족과 생물이 다양한 것처럼, 다양한 형식의 언어와 사고가 있어요. 그러나 생물 모두가 같은 자연법칙으로 구성되어 있고, 거의 같은 화학적 화합물로 구성되어 있는 것처럼, 논리에도 어느 정도 기본적인 형식들이 깔려 있을 거예요. 인간이 만든 것이 아닌, 인간과 무관하게 현실에 속하는 형식들이 말이에요. 이런 형식들은 언어 발달의 선택 과정에도 결정적인 역할을 해요. 하지만 선택 과정을 통해 만들어진 것은 아니지요."

카를 프리드리히가 말을 이었다.

"다시 한번 산양들과 우리와의 차이로 돌아가자면 말이죠. 앞에서 보어 선생님은 지능과 본능은 서로 배타적이라는 의견을 표명하신 것 같은데. 선택 과정을 통해 지능 혹은 본능이 높은 정도로 발달되지만, 두 능력이 동시에 발달하는 건 기대할 수 없는 일이라는 의미로 말씀하신건가요? 아니면 상보적 관계로 한 가지 가능성은 다른 가능성을 완전히 배제한다고 생각하시는 건가요?"

"난 다만 세상을 살아가게 하는 두 종류의 능력이 매우 다르다는 생각을 했을 따름이에요. 하지만 인간 행동 중 많은 부분은 아직 본능이 좌우해요. 가령 어떤 사람의 겉모습이나 얼굴 생김새를 보고 그가 지적인지, 자신과 잘 통하는 사람인지를 판단하고자 할 때는 경험뿐 아니라 본능도 작용한다고 생각할 수 있을 거예요."

이런 대화를 하는 동안 우리 중 몇몇은 열심히 산장을 치우고 정리했다. 휴가가 끝나가고 있었기 때문이다. 닐스는 며칠 안 있으면 휴가가 끝난다는 것을 감안하여 면도를 시작했다. 여러 주 동안 문명과의 접촉 없이 숲에서 보낸, 나이 든 노르웨이 벌목꾼 같은 모습에서 다시금 물리학 교수로 변신해 가는 자신의 모습을 거울 속으로 보면서 닐스는 탄성을 질렀다. 그러고는 "고양이도 면도를 시키면 지적으로 보일까요?" 하고 농담을 했다.

저녁에 우리는 다시 포커를 쳤다. 전에 포커에서 언어적으로 카드패를 떠벌리는 것이 큰 역할을 했으므로 닐스는 이번에는 카드 없이 말로만 포커를 쳐 보자고 제안했다. 그러면 펠릭스와 크리스티안이 이길 거라면서, 자신은 그들의 설득술에 틀림없이 대항할 수 없을 거라고 했다. 그리하여 카드 없이 하는 포커 놀이가 시작되었는데, 재미있는 놀이는 못 되었다. 닐스는 그 상황을 이렇게 해석했다.

"말로만 포커를 칠 수 있다고 생각했던 건 언어에 대한 과대평가에서 비롯되었던 것 같아요. 언어는 늘 현실과 연결되어 있는 것인데 말이에요. 진짜 포커에서는 어쨌든 카드 몇 장이 테이블에 놓여 있잖아요. 언어는 이런 현실적인 상을 낙관주의와 설득력으로 보완하는 역할을 하고 말이에요. 하지만 기본이 되는 현실이 부재하는 경우는 더 이상 신빙성 있게 허풍을 치는 건 불가능하군요."

휴가를 마무리하며 우리는 짐들을 가지고 서쪽의 지름길을 이용하여 바이리셰첼과 란들 사이의 계곡으로 내려왔다. 햇살 좋은 따뜻한 날이었다. 눈이 그친 산 밑에는 나무들 사이에 설앵초가 피어 있었고, 들판은 노란 카우슬립 앵초로 뒤덮여 있었다. 짐이 무거웠으므로 '치펠비르트'라는 여관에서 두 마리의 말이 끄는 농부의 마차를 빌렸다. 우리는 정치적 불행으로 가득 찬 세계로 돌아가야 한다는 것을 잊고 있었다. 하늘은 우리와 함께 마차에 앉은 두 젊은이 카를 프리드리히와 크리스티안의 얼굴만큼 밝았고, 그렇게 우리는 봄을 맞은 바이에른으로 내려왔다.

12
혁명과 대학 생활
1933

1933년 여름 학기를 맞이하여 라이프치히 연구소로 복귀했을 때 독일의 상황은 점점 더 악화되고 있었다. 내 세미나에 참여했던 여러 유능한 사람은 독일을 떠났고, 다른 사람들도 떠날 채비를 하고 있었다. 나의 탁월한 조교 펠릭스 블로흐도 이민을 결심했으므로, 나 역시 독일에 남는 것이 과연 이성적인 일인가 자문해야 했다. 이렇듯 무엇이 옳은가를 두고 힘든 갈등을 해야 했던 시기, 특히나 기억에 남는 두 가지 대화가 있다. 하나는 내 강의를 들었던 젊은 나치 대학생과의 대화이고 다른 하나는 막스 플랑크와의 대화이다.

나는 당시 연구소 맨 위층의, 천장이 경사진 다락방에 기거했다. 이곳에 이사하면서 라이프치히의 블뤼트너 사에서 구입한 그랜드피아노가 이 방의 가장 중요한 세간이었다. 나는 저녁이면 곧잘 혼자서 피아노를 쳤고, 간혹은 친구들과 함께 실내악을 연주하기도 했다. 부수적으로 음악대학의 피아니스트 한스 벨츠에게 레슨을 받고 있었던 터라 점심시간에도 심심

찮게 피아노 연습을 해야 했는데, 그즈음에는 슈만의 피아노 협주곡 A단조를 연습하고 있었다.

어느 날 오후 피아노 연습을 마치고 연구소로 내려가려고 방을 나서는데, 내 방 바로 앞 복도에 한 젊은 대학생이 창턱에 걸터앉아 있는 것이 보였다. 갈색 유니폼을 입고 내 강의를 듣곤 했던 학생이었다. 그는 약간 당혹스러운 표정으로 일어서서 인사를 했고 나는 그에게 뭔가 할 이야기가 있어서 왔느냐고 물었다.

그 학생은 말을 약간 더듬으며 그냥 내 음악을 듣고 있었을 뿐이라고 하더니, 하지만 내가 마침 그렇게 물어주었으므로 잠깐 이야기를 할 수 있으면 감사하겠다고 했다. 나는 그를 방으로 들어오라고 했고, 거기서 그는 내게 속마음을 털어놓았다.

"저는 선생님의 강의를 듣고 있지만, 선생님과 개인적으로 말씀을 나누어 본 적은 없어요. 하지만 간혹 이곳에서 선생님의 피아노 연주를 듣곤 했습니다. 그 밖에는 음악을 들을 기회가 별로 없어서요. 저는 선생님이 청년운동에 참여했다는 걸 알고 있어요, 저도 청년운동에 속해 있거든요. 하지만 선생님은 나치 대학생들의 모임이나, 히틀러 청소년단 모임 같은 곳에 한 번도 오시지 않았어요. 사실 저는 히틀러 청소년단 단장이고, 저희 모임에 한번 선생님을 모시고 싶어요. 하지만 선생님은 나이 많고 보수적인 교수들과 다름없이 행동을 하고 계세요. 이런 분들은 어제의 세계에서 살아가시는 분들이고, 바야흐로 탄생하는 새로운 독일을 매우 낯설어하는 분들이죠. 좀 더 노골적으로 말하자면 새로운 독일을 싫어하는 분들이세요. 하지만 선생님처럼 아직 젊고 피아노도 그렇게 잘 치시는 분이 오늘날 독일을 새로이 재건하는 데 보탬이 되고자 하는 청년들과 무관한 낯선 분으로 계신다는 건 안타까운 일이에요. 우리는 우리보다 더 경험이 많고, 조국을 건설하는 데 협력해줄 분들을 필요로 해요. 선생님은 지금 일어나고 있는 모양새 좋지 않은 일들이 마음에 걸리실지도 몰라요. 무죄한 사람들이 박해를 받거나, 독일에서 추방되고 있으니까요. 하지만 저를 믿어주세요. 저 역시 선생님과 마찬가지로 그런 부당한 일이 싫어요. 그리고 우리 친구 중 아무도 그런 일에 가담하지 않을 것이라고 확신해요.

커다란 혁명이 시작될 때는 좀 과열되는 경향이 있어요. 흥분된 분위기 속에서 약간 질이 나쁜 사람들도 가담하게 되지요. 하지만 잠시 과도기가 지나고 나면 이런 사람들은 다시 걸러지리라고 생각해요. 바로 이를 위해서 우리는 올바른 방식으로 건설하고자 하는 사람들, 이전 청년운동의 그 생동감 넘치는 정신을 우리의 운동에 불어넣어줄 사람들이 필요해요. 그런데 왜 선생님은 우리와 거리를 두려고 하시는 거죠?"

"단순히 젊은 대학생들의 모임이라면 나는 조언도 하고 함께 활동도 하면서 내가 옳다고 생각하는 바를 위해 애쓸 수 있을 걸세. 하지만 지금은 대규모 민중들이 움직이고 있고, 거기서는 몇몇 대학생이나 교수의 의견 같은 것은 거의 영향력이 없어. 또한 혁명의 지도자들은 지식인들을 매도함으로써 민중들이 지식인들이 해줄 수 있을 이성적인 권고를 들을 수 없도록 했어. 따라서 오히려 나는 학생에게 묻고 싶군. 자네들이 지금 새로운 독일을 건설하고 있다는 것을 어떻게 알지? 물론 학생이 순수한 마음에서 그런 쪽에 있다는 것은 의심하지 않아. 하지만 지금 확인할 수 있는 것은 옛 독일이 무너지고 있다는 것과 많은 불의가 저질러지고 있다는 것이네. 다른 모든 것은 우선은 희망사항일 따름이지. 부정이 만연한 곳을 바꾸고 개선시키겠다는데 무슨 이견이 있겠나. 하지만 지금 일어나는 일은 정작 전혀 다른 일들이야. 독일이 무너지고 있는 마당에 내가 어떻게 함께할 수 있겠나. 이유는 단순해."

"아니에요. 선생님은 공정하지 못해요. 설마 작은 것들을 개선하여 의미 있는 일들을 이룰 수 있다고 말씀하시려는 건 아니겠지요. 생각해 보세요. 지난 전쟁 이래로 우리 조국의 형편은 해를 거듭할수록 악화되기만 했어요. 독일이 전쟁에 패했고, 다른 나라들이 더 강했다는 것은 사실이에요. 우리는 이 일에서 교훈을 얻었어야 마땅해요. 하지만 그 이래로 어떤 일들이 일어났나요? 나이트클럽, 카바레가 생겨났고, 수고하고 애쓰고 희생하는 사람들을 조소하는 분위기가 생겨났어요. 뭐하러 그렇게 바보 같이 살아? 즐기라구, 전쟁에서는 졌고, 여

266

기 술과 아름다운 여자들이 있어! 경제계에서는 부패가 상상할 수 있는 한계를 넘어섰죠. 전쟁 배상금을 내야 하는데, 국민들이 가난해서 세금도 못 내어 정부에 돈이 궁해지자, 정부는 돈을 마구 찍어냈어요. 왜 안 되지? 라면서요. 늙고 약한 사람들이 이런 조치를 통해 마지막 가진 것조차 빼앗기고, 굶주리게 되었다는 것은 아무도 신경 쓰지 않았어요. 정부는 충분한 돈이 있고, 부자들은 더 부자가 되었고, 가난한 이들은 더 가난해졌죠. 그리고 최근에 있었던 최악의 부패 스캔들에는 반드시 유대인들이 연루되어 있다는 점은 인정하셔야 할 거예요."

"그 때문에 유대인들을 차별하고 핍박하면서 뛰어난 사람들을 독일로부터 몰아내는 것이 옳다고 보는 건가? 신앙이나 민족과 무관하게, 불의를 행한 자들을 처벌하는 일은 법원에 맡겨야 하는 거 아닌가?"

"법원이 그런 일을 하지 않기 때문이죠. 사법기관은 오래전에 정치기관이 되어 버렸어요. 민중의 복지는 도외시한 채, 기존의 부패를 유지시키고, 지배계급만을 보호하려고 하지요. 보세요. 악독한 부패 스캔들에 얼마나 가벼운 판결이 내려졌는지를! 정말 많은 곳에서 정신적 퇴폐가 감지되고 있어요. 현대 미술전에서도 정말 말도 안 되는 것들이, 정신적으로 온전치 않은 것들이 수준 높은 예술로 칭송되고 있지요. 그런 작품에 공감하지 못하는 평범한 사람들은 이런 말을 들어야 해요.

'봐, 너 이거 이해 못하지, 이걸 이해하기에는 넌 너무 멍청해.' 그렇다면 국가는 가난한 사람들을 돌보았나요? 좋은 사회 복지 시설이 있고, 아무도 굶어죽지 않도록 하고 있다고 해요. 하지만 가난한 자에게 굶어죽지 않을 만큼 돈을 주는 걸로 충분할까요? 그런 다음 이젠 나 몰라라 할 수 있도록요? 이런 면에서 우리는 다르다는 것을 인정하셔야 할 거에요.

우리는 노동자들과 함께 어울리고, 그들과 더불어 같은 돌격대에서 훈련을 받고, 가난한 사람들을 위해 생필품과 옷가지들을 모으고, 노동자들과 함께 시위에 나서요. 민중들의 삶에 함께하면서 그들이 행복해한다는 걸 느껴요. 이만하면 더 좋아진 거 아닌가요? 지난 12년간은 모두가 자기 주머니에만 신경 썼어요. 이웃보다 더 좋은 옷을 입고, 집을 더 아름답게 꾸미는 것으로 우월감을 느끼고자 했지요. 의회의 의원들은 자신의 당을 위해 돈을 끌어오는 것 외에는 안중에 없었어요. 스스로 더 치부하기 위해 다른 이들의 이익 추구를 비난했지요. 공동의 복지에는 아무도 신경을 쓰지 않았어요. 의견이 일치되지 않으면 구타를 하거나 잉크병을 집어던졌죠. 이제 그런 일은 막을 내렸어요. 정말 잘된 일 아닌가요?"

"독일 민족은 1919년 이후에야 비로소 스스로를 다스리는 법을 배워야 했어. 그 점도 생각을 해야 할 걸세. 상부에서 자신들의 권위로 균형 잡힌 정의를 조성해주지 않는데도 다른 사람들의 권리를 자발적으로 존중하는 것은 그리 쉬운 일이 아닐세."

"그 말씀도 일리가 있어요. 하지만 정당들은 14년 동안이나 그것을 배울 시간이 있었어요. 하지만 상태는 좋아지기는커녕 매년 더 악화되고 있어요. 독일 내부에서 서로 싸우고 속이기만 하니 외국에서의 독일의 명성이 점점 실추되고, 외국이 똑같이 속이려 드는 것도 당연한 일이죠. 국제연맹에서 민족 자결권이 이야기되지만, 티롤 남부 사람들에게는 그들이 어디에 속하고 싶은지 묻지도 않아요. 티롤 남부는 이탈리아에 편입되었죠. 안전이니 군비 축소니 하지만, 그것은 늘 독일의 군비 축소와 다른 나라들의 안전을 의미할 뿐이에요. 우리가 이런 거짓말에 내부적으로나 외부적으로나 더 이상 장단 맞추려 하지 않는 것을 나쁘게 생각하실 수 없을 거예요. 기본적으로 선생님 역시 이런 상황을 원하시지는 않을 테니까요."

"그렇다면 아돌프 히틀러는 더 신뢰할 수 있다고 생각하나?"

"선생님이 히틀러에게 호감을 느끼지 못한다는 점은 충분히 이해해요. 선생님이 보시기에 히틀러는 너무 교양 없는 사람처럼 보일 거예요. 하지만 소박한 민중들을 상대로 이야기하려면 민중의 언어를 사용해야 해요. 선생님께 히틀러가 더 신뢰할 수 있는 지도자라는 걸 증명할 수는 없어요. 하지만 곧 히틀러가 독일의 기존 정치인들보다 더 잘 해내는 걸 보시게 될 거예요. 지난 전쟁에서의 적국들이 전임 정치인들보다 히틀러에게 더 많이 양보하게 될 거예요. 지금까지 해왔던 불의한 일들을 계속하고자 한다면, 앞으로는 자기들도 희생을 해야 할 테니까요. 과거에는 훨씬 더 쉬웠어요. 독일 정부는 외부로부터의 모든 강압을 다 수용했죠."

"그 말이 옳다고 해도, 주변 국가들이 마지못해 양보하는 것을 학생이 참여하고 있는 운동이나 히틀러의 진정한 성공으로 봐도 될지 잘 모르겠군. 억지로 변화를 쟁취할 수 있을지 몰라도, 그 과정에서 독일은 또 다시 많은 적을 얻게 될 테니까. '적이 많으면 명예도 많다'라는 원칙이 어떤 결과를 낳는지 지난 전쟁에서 배웠잖나."

"그러니까 선생님은 독일이 모두에게 멸시당하고 웃음거리가 되는 민족으로 남아야 한다는 생각이시네요. 모든 것을 수용해야 하고, 홀로 지난 전쟁을 책임지는 나라로요. 단지 전쟁에 패했다는 이유로 다들 독일에 이런 죄를 덮어씌우니까요. 선생님은 이 모든 상황이 참을 만하다고 생각하시는 건가요?"

나는 분위기를 좀 누그러뜨려 보려고 했다.

"약간의 오해가 있는 것 같군. 내 생각을 좀 더 자세히 전달하고 싶네. 나는 우선 덴마크, 스웨덴, 스위스 같은 나라는 지난 백 년간 전쟁에서 이긴 적도 없고 군사적으로 약하지만 아주 잘 살아가고 있다고 생각하네. 열강에게 반쯤 종속된 상태에서도 자신들의 독자성을 잘 유지해 나가고 있지. 우리 역시 이런 나라와 비슷하게 하면 안 되는 이유가 뭐지? 물론 독일은 스웨덴이나 스위스보다 더 크고 경제적으로도 강국이라고 이의를 제기할지도 모르겠네. 그 때문에 독일은 세계사에 더 커다란 영향력을 끼칠 수밖에 없는 나라라고. 하지만 나는 약간 더 미래를 내다보고 싶어. 바야흐로 세계는 변화하고 있네. 이런 변화는 중세 유럽에서 근대로의 전환기에 일어났던 변화와 비슷해. 당시 기술이 확산되면서, 특히 무기 기술이 발달하면서 기사의 성이나 도시처럼 정치적으로 독립되어 있던 작은 단위들이 사라졌어. 여하튼 정치적으로 독립성을 띤 구조로서는 자취를 감추고, 더 커다란 단위인 영토국가로 대치되었지. 이런 변화가 이루어지자, 도시 주변에 값비싼 돈을 들여 담을 쌓고 방어벽을 치는 것은 더 이상 유익할 게 없었어. 오히려 담을 쌓지 않은 작은 도시가 방어벽으로 인해 성장이 제한된 큰 도시보다 더 빠르고 수월하게 뻗어나가기도 했지.

우리 시대 역시 기술이 어마어마하게 진보하고 있고, 비행기가 발명되면서 무기 기술도 급변했어. 민족의 한계를 넘어 더 커다란 정치 단위가 형성되고 있지. 그러므로 지속적으로 군비를 축소하고 대신에 경제적 노력을 통해 이웃 국가들과 좋은 관계를 맺어나가는 것이 국가의 안전에 더 바람직할 걸세. 군비를 증강하면 다른 나라들도 맞서서 똑같이 그렇게 할 것이고, 결국은 더 큰 위험을 초래하게 될 뿐이야. 커다란 정치 공동체에 속해 있는 것이 더 안전할 수도 있는 걸세. 아무튼 내가 강조하고 싶은 것은 먼 미래에 이루어질 정치적 일들을 판단하는 것은 쉽지 않다는 것이네. 그래서 나는 어떤 정치 운동을 결코 그 운동이 표방하고 추구하는 목표만으로 판단 해서는 안 된다고 생각해. 정치 운동은 그들이 자신들의 목표 를 실현하기 위해 투입하는 수단으로만 판단할 수 있다고 생 각하지. 유감스럽게도 나치와 공산주의자들 모두 졸렬한 수단 을 사용해. 그것은 이런 운동을 시작한 사람들 역시도 자기들 의 생각이 설득력이 없다고 생각한다는 이야기야. 그래서 나 는 이 두 운동에 찬성할 수 없네. 나치와 공산주의 모두 독일 에 불행만 안겨줄 거라고 확신해."

"하지만 점잖은 수단을 가지고는 아무것도 이룰 수 없었다 는 것을 인정하셔야 해요. 청년운동은 시위도 하지 않았고, 유 리창을 깨지도 않았고, 상대편을 두드려 패지도 않았어요. 그 저 모범을 보임으로써 올바르고 새로운 가치 기준을 보여주 고자 했을 뿐이죠. 하지만 그로써 더 좋아진 것이 있나요?"

"정치면에서는 별로 좋아진 것이 없을지도 몰라. 하지만 문 화적으로는 많은 결실을 맺었어. 국민학교와 공예품을 한번 생각해 보게. 데사우 바우하우스, 옛날 음악의 진흥, 노래 서 클, 아마추어 연주도. 이런 것들은 소중한 결실이 아닌가?"

"네 그 점은 저도 인정해요. 잘한 일이라 생각해요. 하지만 독일은 정치적으로 내부의 부패와 외부의 압제로부터 벗어나 야 해요. 그것은 선의만 가지고는 가능하지 않을 거예요. 점 잖은 수단을 써야 한다고 옛 상태에 그대로 머물러 있을 수는

272

없어요. 선생님은 우리가 저속해 보이고, 선생님이 보기에 좋지 않은 수단을 동원하는 지도자를 따른다고 우리를 비판하고 계세요. 물론 히틀러의 반유대주의는 우리 운동의 그다지 탐탁지 않은 면이에요. 그래서 나는 반유대주의가 곧 잠잠해지기를 바라요. 하지만 예전 독일의 그 누군가가, 우리가 하는 혁명에 대해 혀를 차는 그 어느 나이 든 교수가 우리 젊은이들에게 더 나은 길, 더 좋은 수단으로 목표에 이를 수 있는 길을 가르쳐주고자 한 적이 있나요? 우리가 어떻게 해야 이런 비참에서 벗어날 수 있을지 말해준 사람은 아무도 없었어요. 선생님도 마찬가지였어요. 이런 상황에서 우리가 어떻게 해야 했을까요?"

"그래서 학생은 폭력에 가담하고 혁명에 참여했군. 파괴 속에서 뭔가 좋은 것이 나올 수 있다는 말도 안 되는 환상을 갖고서. 야코프 부르크하르트가 혁명이 미치는 외교적 영향에 대해 뭐라고 썼는지 아나? '혁명이 숙적을 주인으로 만들지 않는다면 그것만으로도 행운이다'라고 했어. 우리가 이런 행운을 바라야 할까? 우리 나이 든 사람들이―이제 나도 거기에 속하는 것이 분명하지―조언을 하지 않았다면, 그것은 단순히 우리가 뭐라고 조언을 해야 할지 알지 못해서였을 거야. 양심적으로 깔끔하게 자신의 일을 감당하고 모범적으로 살다 보면 좋은 결과가 있으리라는 진부한 조언밖에는 말이야."

"그러니까 선생님은 그저 옛것, 지나간 것, 어제의 것만을 원하시는 거군요. 바꾸려는 모든 노력들은 선생님이 보시기에는 좋지 않은 것이고요. 하지만 그런 말로 청년들을 납득시킬 수는 없어요. 그렇게 해서는 세상에 새로운 일이 일어날 수 없을 테니까요. 그런데 선생님은 어째서 물리학에서는 새로운 혁명적 생각들을 옹호하시는 거죠? 상대성이론과 양자론은 이전의 모든 이론들과는 판이하게 다른 거잖아요."

"과학계의 혁명 말인가? 이런 혁명은 아주 정확히 볼 필요가 있어. 플랑크의 양자론을 한번 생각해 볼까? 학생은 플랑크가 처음에는 굉장히 보수적인 태도를 보였다는 걸 알 거야. 플랑크는 기존의 물리학을 바꾸고 싶어하지 않았어. 그저 제한된 범위의 문제를 해결하고자 했을 뿐이지. 즉 그는 열복사 스펙트럼을 이해하고자 했어. 기존의 물리학적 법칙을 유지하면서 해보려고 했고, 이것이 가능하지 않다는 것을 깨닫기까지 여러 해가 걸렸어. 그런 다음에야 플랑크는 이전 물리학의 틀에서 벗어나는 가설을 제안했지. 그 뒤에도 옛 물리학의 벽들에 자신이 냈던 틈을 추가적인 가정으로 다시금 메꾸고자 했어. 물론 이것은 불가능한 것으로 드러났고, 플랑크 가설을 계속적으로 연구하다보니 물리학 전체가 개조되는 일이 일어난 거지. 하지만 이런 개조 이후에도 고전물리학의 개념으로 완전히 이해될 수 있는 물리학의 영역들에서는 바뀐 게 없어.

따라서 과학에서는 되도록 바꾸지 않으려는 자세로, 제한된 문제들을 해결하고자 집중하는 과정에서 내실 있는 혁명이 이루어지는 걸세. 기존의 모든 것을 포기하고 자의적으로 변화시키고자 하는 것은 바람직하지 않아. 자연과학에서는 반쯤 정신 나간 괴짜들만이 기존의 것을 전복시키고자 해. 영구기관을 만들 수 있다고 주장했던 사람들처럼 말이야. 그런 노력은 당연히 수포로 돌아가지. 과학 분야의 혁명을 인간 사회에서 일어나는 혁명과 비교할 수 있을지는 잘 모르겠네. 하지만 내 개인적인 희망에서 비롯된 해석일지도 모르지만, 역사에서도 지속적인 영향력을 갖는 혁명은 기존의 것들을 최대한 유지하는 가운데 제한된 문제들을 해결하고자 할 때 이루어지는 것이 아닌가 싶군. 2천 년 전 예수 그리스도에서 비롯된 위대한 혁명만 해도 그렇지. 그리스도는 '나는 율법을 폐하러 온 것이 아니라 완성시키러 왔다'고 말했어. 따라서 다시 한번 말하지만 중요한 목표로 범위를 좁혀서 변화시켜야 한다고 봐. 그러면 불가피하게 바꾸어야 했던 그 작은 것은 두고두고 영향력을 미쳐서 삶의 모든 영역이 저절로 바뀌게 될 거야."

"선생님은 왜 그렇게 옛 형식에 집착하시는 거죠? 옛 형식들은 더 이상 새로운 시대에 맞지 않는데, 일종의 관성 때문에 계속 유지될 때가 많아요. 그러므로 어째서 그 낡은 형식을 곧장 폐기시키지 말아야 하는 거죠? 가령 나는 대학 행사에서 교수들이 여전히 그 중세 스타일의 가운을 입고 등장하는 것도 참 우습다고 생각해요. 그런 것들은 그냥 확 깨버리면 좋을 낡은 관습인데요"

"나 역시 낡은 형식을 고집해야 한다고 생각하지는 않네. 다만 그 형식에 깃든 내용은 중요하다고 생각해. 이것 역시 물리학과 비교하여 설명해 보지. 고전물리학의 공식들은 오래된 경험적 지식들일세. 이것은 늘 옳았을 뿐 아니라, 앞으로도 시대를 초월하여 옳은 것으로 남을 거야. 양자론은 이런 경험의 보고에 형식적으로만 다른 형태를 부여했을 따름이야. 그러나 물리학의 관점에서 진자 운동, 지렛대의 원리, 행성 운동과 관련하여 변한 것은 아무것도 없어. 이런 현상에서 세계는 변하지 않기 때문이지. 이제 다시 가운 문제로 돌아가자면, 이것은 분명 신분 사회로부터 내려온 묵은 관습이야. 하지만 그 안에는 훨씬 오래된 경험이 깃들어 있지. 즉 어려운 사고 과정을 통해 자신들의 사고를 연마한 지식인들이 인간 공동체에 중요한 역할을 한다는 거야. 그들의 조언은 일반인들의 조언보다는 훨씬 더 합리적인 것일 테니까. 가운은 이런 특별한 지위를 표현하는 것이고, 비록 개개인으로서는 신분에 맞는 몫을 해내지 못한다 해도, 가운을 입은 사람을 대중의 졸렬한 공격으로부터 보호해 주는 역할을 하지. 이런 경험은 지금도 수백 년 전과 다름없이 중요한 거야. 그것을 가운을 통해 표현할지, 좀 더 현대적인 형식으로 표현할지는 그리 중요하지 않아. 하지만 가운을 비판하는 사람들은 그 안에 표현된 경험적 내용마저 배제해 버리고자 하는 건 아닌가 하는 의심이 들어. 그건 어리석은 일일 거야. 이런 사실은 변화하지 않으니까."

"기성세대가 늘 그렇듯이 선생님은 청년들의 활동에 반대하는 경험만을 끌어대시는군요. 그렇다면 우리도 더 이상 할 말이 없어요. 다시금 우리끼리 남을 수밖에요."

학생은 이제 가려고 일어섰다. 나는 그에게 오케스트라는 없지만 슈만 피아노 협주곡 마지막 악장의 피아노부를 다시 한번 연주할 테니 듣고 가겠느냐고 물었다. 그는 그러겠다고 했고, 헤어질 때 그가 내게 호감을 가지고 있다는 인상을 받았다.

그 뒤 몇 주간 대학의 상황은 점점 어려워져만 갔다. 당국의 간섭은 점점 심해져서 단과대학 동료인 수학자 레비는 1차 대전 때 많은 훈장을 받았기에 법적으로 자리가 보장되어 있었는데도, 갑자기 교수직을 박탈당하고 말았다. 프리드리히 한트, 카를 프리드리히 본회퍼, 수학자 판 데어 베르덴을 비롯한 젊은 교수들은 분개한 나머지, 그들이 먼저 대학에 사직서를 제출하고 가능하면 많은 동료들도 동참하도록 독려해야 하는 것은 아닌지 고민했다. 나는 우선 이 문제에 대해 신뢰할 수 있는 선배와 상의를 하는 것이 좋겠다고 생각했다. 그리하여 막스 플랑크에게 면담을 청했고 베를린 그루네발트 방겐하임가에 있는 플랑크의 집을 방문했다.

플랑크는 약간 어둡긴 했지만 아늑하고 고풍스러운 거실에서 나를 맞아주었다. 거실 중앙 테이블은 그 위에 옛날 석유등이라도 걸어놓으면 딱 어울릴 것 같은 분위기였다. 나는 플랑크의 얼굴을 보고 자못 놀랐다. 갑자기 늙어버린 듯, 지난번 만났을 때보다 훨씬 더 나이가 들어 보였다. 섬세하고 여윈 얼굴에는 깊은 주름이 패여 있었고, 인사를 할 때의 미소는 고통으로 일그러져 있었다. 너무나 피곤해 보였다.

플랑크가 말을 꺼냈다.

"정치적 문제에 대해 조언을 구하고 싶다고? 글쎄, 내가 쓸 만한 조언을 해줄 수 있을지 잘 모르겠군. 독일과 독일 대학은 불행을 피할 수 없을 것 같네. 이제 희망은 없어. 라이프치히도 마찬가지겠지만, 여기 베를린도 그보다 덜하지 않아. 며칠 전 나는 히틀러와 잠시 이야기를 나누었어. 나는 히틀러에게 유대인 학자들을 이렇게 다 내쫓아 버린다면, 독일 대학에 특히나 물리학 연구 분야에 얼마나 손실이 클 것인지를 이야기했지. 이런 일은 무의미하고 부도덕한 일이라고. 유대인들 대부분은 스스로를 온전히 독일인이라 느끼고 있고 지난 전쟁에서도 다른 사람들과 마찬가지로 독일을 위해 목숨을 던졌던 사람들이라고. 하지만 내 말은 히틀러에게 전혀 먹혀들지 않았네. 더욱 난감한 것은 어떤 이야기도 전혀 통하지 않았다는 거야.

내가 보기에 히틀러는 외부 세계와의 모든 접촉을 잃어버렸어. 그는 다른 사람들의 말을 기껏해야 귀찮은 방해 정도로 느끼고 그냥 귀를 틀어막고 있다네. 그저 지난 14년간 정신적으로 부패되었으며, 이제는 그런 부패에 제동을 걸어야 한다는 말만 되풀이할 따름이지. 말도 안 되는 것들을 스스로 굳게 믿고, 외부의 영향들은 모조리 차단해 버리면서, 폭력으로 자신의 생각을 실현시키고 있을 뿐이야. 자신의 이념을 꼭 붙들고, 결코 이성적인 항의를 들을 준비가 되어 있지 않아. 그는 이제 독일을 끔찍한 불행으로 인도할 거야."

나는 라이프치히에서 일어난 일들과 젊은 교수들 사이에서 있었던 논의에 대해 이야기했다. 교수직을 보란 듯이 내려놓음으로써, '여기까지만! 더 이상은 안 된다!'는 생각을 강하게 표명하는 것이 어떻겠느냐고. 그러나 플랑크는 그래봤자 소용이 없을 것이라고 단언했다.

"그런 행동이 효력을 미칠 수 있다고 생각하는 걸 보니 자네는 아직 젊고 낙관적이군. 하지만 유감스럽게도 자네는 대학과 지식인의 역할을 과대평가하고 있어. 자네들이 그런 결정을 내린다 해도 대중들은 자네들의 행보에 대해 전혀 알지 못할 걸세. 신문에 단 한 줄도 보도되지 않거나 굉장히 비아냥거리는 어조로 언급되겠지. 아무도 그것이 무슨 중대한 영향을 미치리라고 생각하지 않아. 일단 움직이기 시작한 눈사태는 더 이상 그 진행에 영향을 끼칠 수 없어. 그것이 얼마나 많은 파괴를 일으키고, 얼마나 많은 생명을 파멸시킬지는 자연법칙에 따르겠지. 아직 아무도 모른다네. 히틀러도 사건의 진행을 좌지우지하지 못해. 그는 몰아가는 자라기보다는 자신의 광기에 내몰리는 자니까. 그가 고삐를 풀어준 폭력이 결국 그를 높이 들어올릴지, 비참하게 파멸시킬지 그 자신도 알지 못해.

따라서 자네의 행보는 불행이 끝나기까지 자네 자신에게만 영향을 미칠 거야. 자네는 많은 희생을 감수하려고 할지도 몰라. 하지만 조국을 위한 자네의 모든 행동은 기껏해야 불행이 종식된 이후에야 효력을 발하게 될 걸세. 그러니 우리는 목표를 불행이 지나간 뒤의 시기에 맞추어야 해. 자네가 대학을 사임한다면, 잘해봤자 외국 대학으로 자리를 옮기는 정도의 대안이 있겠지. 그러면 자네는 외국으로 건너가서 자리를 구하고자 하는 많은 사람들의 대열에 끼게 될 거야. 그리고 자네가 교수 자리를 얻으면 그것은 자네보다 훨씬 더 곤경에 빠진 사람이 들어갈 수 있었을 자리를 간접적으로 빼앗는 셈이 되겠지. 그러면 자네는 외국에서 아마도 조용히 연구에 전념할 수 있을 거야. 위험에 처할 일도 없을 테고. 불행이 다 끝난 다음에, 원한다면 독일로 돌아올 수도 있겠지. 히틀러 정권에 타협하지 않았다는 양심을 지키고서 말일세. 그러나 그때까지는 많은 세월이 흘러야 할 것이고, 자네도 달라질 거야. 독일에 있는 사람들도 달라질 테고. 그러면 자네가 그런 변화된 세상에서 얼마나 많은 일을 할 수 있을지는 알 수 없는 일이네.

자네가 대학을 사임하지 않고 독일에 남는다면 자네는 다른 종류의 과제를 가지게 되겠지. 자네는 불행을 막을 수도 없고, 심지어 살아남기 위해 계속 모종의 타협을 해나가야 할 거야. 그러나 자네는 다른 사람들과 함께 불변의 '섬'을 만들어 갈 수 있어. 젊은이들을 주변에 모아, 그들에게 과학을 하는 방법을 알려주고, 그들의 의식 속에 옛날의 좋은 가치 기준을 심어줄 수 있을 거야. 물론 불행이 다 끝날 때까지 그런 섬이 얼마나 존속하게 될지는 아무도 몰라. 하지만 재능 있는 젊은 이들 소수라도 그런 의식을 가지고 끔찍한 시기를 보낼 수 있 다면 불행이 끝난 뒤 재건할 때 큰 보탬이 될 거라고 확신하 네. 이런 사람들이 모태가 되어 새로운 삶이 전개될 수 있을 테니까. 이런 일은 독일의 과학계를 재건하는 데에 중요할 뿐 아니라, 사회의 다른 영역에도 중요할 거야. 미래에 과학과 기 술이 사회에서 어떤 역할을 할지 누가 알겠나? 그래서 나는 뭔가를 할 수 있고, 유대인이라는 이유로 어쩔 수 없이 외국 망명을 택해야 하는 형편이 아니라면 여기 남아서 상당히 먼 미래를 준비해야 한다고 생각하네. 물론 아주 힘들 거고 위험 도 없지 않을 거야. 불가피하게 타협도 해야 할 것이고, 이로 인해 훗날 비난을 당할 수도 있고 처벌을 받을지도 모르네. 하 지만 그럼에도 그렇게 해야 한다고 봐.

물론 나는 다른 결정을 하는 사람들도 나쁘게 생각하지 않 아. 독일에서의 삶이 견딜 수 없어서, 이곳에서 자행되는 불의 를 그냥 지켜볼 수도 없고, 그렇다고 막을 수도 없기에 이민 을 간다 해도 말이야. 독일이 처한 이런 끔찍한 상황에서는 아 무도 더 이상 올바르게 행동할 수 없네. 어떤 결정을 한다 해도 불의에 가담하게 되는 셈이지. 그래서 결국은 모두 스스로 선택해야 해. 조언을 하는 것도, 조언을 받아들이는 것도 의미 없는 일이라네. 그러므로 자네에게 해 줄 수 있는 말은 파국이 종결될 때까지는 많은 불행이 있을 것이고, 그런 불행을 막을 수 있다는 희망 같은 건 버려야 한다는 것뿐이네. 하지만 그 뒤에 올 미래를 생각해서 결정을 했으면 좋겠어."

우리의 대화는 이런 권고 이상으로 나아가지 못했다. 돌아오는 길, 라이프치히 행 기차 속에서 나는 내내 플랑크의 말을 곱씹으며, 외국으로 갈 것이냐 독일에 남을 것이냐를 놓고 고심했다. 삶의 토대를 무참히 빼앗겨서 독일을 떠날 수밖에 없었던 친구들이 거의 부러울 지경이었다. 그들은 정말로 불의한 일을 겪어야 했고, 많은 물질적 곤궁을 견뎌야 했지만, 최소한 선택의 고통은 면제되었던 것이다. 나는 무엇이 옳은지를 더 잘 분간하기 위해 계속 새로운 형식으로 그 문제를 제기해 보았다. 자기 집에서 가족 중 하나가 전염병에 걸려 죽어가고 있는데, 이 병에 옮지 않기 위해 집을 떠나는 것이 옳을까? 아니면 희망이 없을지라도 환자를 돌보는 것이 나을까? 하지만 혁명을 질병에 비교할 수 있을까? 그것은 도덕적 기준은 무시한 너무 유치한 생각은 아닐까? 그렇다면 플랑크가 말했던 타협은 무엇일까?

국가사회주의당의 요구로 우리는 강의를 시작하기 전에 손을 들고 인사를 해야 했다. 하지만 우리는 이전에도 이미 아는 사람을 만나면 으레 손을 흔들면서 인사를 해오지 않았나? 그렇다면 과연 그것이 수치스러운 타협이었을까? 또한 공식적인 서신에 '히틀러 만세'라고 서명해야 했는데, 이것이야말로 달갑지 않은 일이었다. 하지만 다행히도 그런 공문을 써야하는 경우는 아주 드물었고, 어쩌다 써야 할 때도 이런 인사는 '나는 당신과 관계를 맺고 싶지 않다'라는 잠재적 의미로 통하고 있었다. 또한 행사와 행진에 참여해야 했는데, 그런 의무는 종종 피하는 것도 가능할 터였다. 이런 종류의 것들은 아직은 받아들일 수 있었다. 그러나 아직 더 많은 일들이 있을 것이고, 그런 일들도 다 참아낼 수 있을까? 옛날 빌헬름 텔이 총독 게슬러에게 인사하는 것을 거부함으로써 자녀의 목숨을 위태롭게 했을 때 그는 옳게 행동했던 것일까? 타협을 해야 했던 것은 아닐까? 이 질문에 '타협을 해서는 안 되었다'라고 대답한다면, 이제 독일에서는 어떻게 타협을 할 수가 있단 말인가?

반대로 이민을 가기로 결정한다면, 이런 결정은 자신의 행동은 일반적인 원칙으로도 통용될 수 있어야 한다는 칸트의 요구와 합치될 수 있는 것일까? 모두가 이민을 갈 수는 없는 노릇이다. 사회적으로 불행한 일이 있을 때마다 이를 피하기 위해 이 나라 저 나라로 떠돌아야 할까? 다른 나라들에도 장기적으로 보면 그런 불행이 닥칠 것이고, 사람은 결국 탄생, 언어, 교육을 통해 특정 국가에 속해 있는데도? 게다가 이민을 가는 것은 잘못된 판단으로 독일을 불행으로 몰아넣고자 하는 정신 나간 사람들에게 조국을 그냥 맡겨두는 꼴이 아닐까?

플랑크는 이런 상황에서는 어떤 결정을 하든 불의를 저지를 수밖에 없다고 했는데, 어떻게 그런 일이 있을 수 있을까? 나는 이론물리학자 특유의 습성으로 이에 대한 사고실험을 생각해내려고 애썼다. 현실의 상황과 비슷한 동시에 인간적으로 받아들일 수 있는 해결책이 없는 진짜 난감한 상황을 생각해 내고자 했고, 결국 다음과 같은 끔찍한 예가 떠올랐다. 독재 정권이 반정부 인사 열 명을 구속하여, 그중 가장 비중이 있는 인물 한 사람을 처형하거나, 아니면 열 명 모두를 처형하려 한다고 해보자. 그러나 이 정권은 외국의 눈이 신경 쓰여 어떻게든지 이런 처형을 합법적인 것으로 보이게 하고자, 국제적 명망이 높아 아직 수감하지 못한—고매한 법률가쯤 되는—또 다른 반정부 인사에게 접근하여 다음과 같은 조건을 제시한다. 이 법률가가 해당 서류에 서명함으로써 주요 반정부 인사 한 사람에 대한 처형이 적법하다는 것을 인정해 주면 나머지 아홉 사람은 석방하여 망명을 할 수 있도록 해주겠지만, 그가 서명에 거부하면 지금 수감된 열 명의 반정부 인사 모두를 처형하겠다는 것이다. 법률가는 독재 정권의 이런 위협이 거짓이 아님을 확신한다. 자, 이제 그는 어떻게 해야 할까? '깨끗한 양심'을 지키는 것이 아홉 친구의 목숨보다 더 소중할까? 이 법률가가 자살을 해 버리는 것도 해결책이 되지는 못할 것이다. 그러면 죄 없는 수감자들의 목숨을 구할 수 없을 테니까.

닐스와 나누었던 대화가 떠올랐다. 닐스는 '정의'와 '사랑'이 상보 관계라는 말을 했었다. 정의와 사랑은 공동체 생활의 본질적인 요소지만, 그 둘은 서로를 배제한다는 것이다. '정의'에 합당하려면 그 법률가는 서명을 거부해야 한다. 서명을 하면 아홉 명이 아닌 훨씬 더 많은 사람이 곤경에 빠질 테니까. 그러나 '사랑' 편에서 보면 곤경에 처한 친구들이 법률가에게 보내는 도움의 외침에 귀를 막을 수 있을까? 생각이 여기까지 이르자 내가 이런 말도 안 되는 사고실험을 하고 있다는 게 유치하게 여겨졌다.

문제는 내가 외국으로 이주할 것이냐, 독일에 남을 것이냐를 결정하는 것이었다. 플랑크는 불행 이후의 시대를 생각해야 한다고 했고, 나 역시 그래야 한다고 생각했다. 젊은이들을 모으고, 이들이 이 어려운 시대를 가능하면 무사히 통과하게 하는 것이 급선무라는 것, 불행이 지나가면 다시금 재건에 힘써야 한다는 것이 플랑크가 이야기한 과제였다. 타협을 한 뒤 훗날 그로 인해 처벌받는 것도 과제에 속했다. 더 나쁜 일이 있을지도 모른다. 그러나 최소한 과제는 명확했다. 이민을 간다면 외국에서는 꼭 필요한 역할을 하지는 못할 터였다. 그곳에서는 다른 많은 사람들이 더 잘 해낼 수 있을 과제를 수행할 뿐이다. 라이프치히로 돌아오면서 나는 최소한 당분간은 독일, 그리고 라이프치히 대학에 남아 이 길이 나를 어디로 인도하는지 지켜보기로 결심을 굳혔다.

13

원자 기술의 가능성과 **소립자**에 대한 토론

1935 ∼1937

독일의 불안한 정치 상황과 뒤이은 망명으로 말미암아 독일을 넘어서까지 과학계가 뒤숭숭했음에도 불구하고 이 시기 원자물리학은 급속도로 발전했다. 콕크로프트*와 월튼은 영국 케임브리지에 있는 러더퍼드 경의 실험실에서 고전압을 통해 수소 원자핵, 즉 양성자를 가속시킬 수 있는 장치를 만들었다. 양성자를 높은 속도로 가속시켜 가벼운 원자핵에 쏘면 양성자는 전기적 반발로 인한 장벽을 극복하고 원자핵과 충돌하여 변화될 수 있었다. 콕크로프트, 월튼의 가속장치와 미국에서 개발된 사이클로트론 같은 장치를 도구로 해서 여러 핵물리학 실험이 진행되었고, 원자핵과 그 안에서 작용하는 힘을 상당히 명확히 알게 되었다. 원자핵은 미니 행성계와는 판이

---

* John Cockcroft(1897∼1967) 영국의 물리학자. 1951년 입자를 가속시켜 원자핵에 충돌시킴으로써 핵분열을 일으키는 방법을 개발한 공로로 월튼과 함께 노벨 물리학상을 수상했다. 이 방법은 핵폭탄 연구에 큰 영향을 끼쳤다.

하게 다른 것이었다. 행성계에서는 중심의 무거운 물체로부터 가장 강력한 힘이 나오고, 중심의 물체가 그 주변을 도는 가벼운 물체들의 궤도를 결정한다. 하지만 원자핵은 동일한 종류의 핵물질로 이루어진 서로 다른 크기의 입자이며, 원자핵을 구성하는 핵물질은 같은 수의 양성자와 중성자로 이루어져 있었다. 이렇게 양성자와 중성자로 구성된 핵물질의 밀도는 모든 원자핵이 대략 같았다. 단 양성자들의 강한 전기적 반발로 인해 무거운 핵에서는 중성자 수가 양성자 수보다 약간 더 많았다. 핵물질을 결합시키는 강한 힘은 양성자와 중성자를 교환해도 변하지 않았다. 이와 같은 가정은 확실히 입증되었다. 그리고 내가 예전에 스키 산장에서 꿈꾸었던, 양성자와 중성자 사이의 대칭 역시 어떤 원자핵은 베타붕괴에서 전자를, 어떤 원자핵은 양전자를 방출하는 것을 통해 실험적으로 입증되었다.

우리 라이프치히 측에서는 원자핵을 더 자세히 연구하기 위해, 원자핵, 즉 핵물질로 이루어진 거의 구형의 입자를 일종의 구형 용기로 파악하고, 이런 용기 안에서 중성자와 양성자들이 서로 방해하지 않고 상당히 자유롭게 돌아다니는 것으로 보려 했다. 반면 코펜하겐의 닐스는 핵 구성 물질들 간의 상호 작용을 중요하게 생각했고 그리하여 핵을 일종의 모래주머니 같은 것으로 파악하고 있었다.

나는 대화를 통해 견해차를 좁히기 위해 1935년 가을에서

1936년 가을 사이에 몇 주간 코펜하겐을 방문했고, 그곳에서 보어 가족의 손님 자격으로 명예저택*에 묵을 수 있었다. 이 명예저택은 원래는 칼스베르 재단소유의 건물인데, 덴마크 정부가 보어 가족이 자유롭게 사용하도록 내준 집으로, 오랫동안 원자물리학자들의 만남의 장소로 활용되었다. 덴마크의 유명한 조각가 토르발센의 솜씨가 고스란히 드러나는 폼페이 양식의 건물이었다. 거실을 나와 조각으로 장식된 옥외 계단을 내려오면 곧바로 커다란 공원으로 이어졌다. 공원 중앙 화단에는 분수가 있어 활기를 불어넣었고 키 큰 고목들이 햇빛과 비를 막아주었다. 현관을 중심으로 한쪽에는 온실이 있었는데, 그곳에도 작은 분수가 있어, 분수의 물소리가 집에 흐르는 적막감을 달래 주었다. 우리는 이 분수의 물줄기에 탁구공을 놓고 탁구공이 춤추는 걸 보면서 이런 현상을 유발시키는 물리학적 원인에 대해 이야기하기도 했다. 온실 뒤로는 도리아식 기둥이 있는 커다란 홀이 있어 학회가 있을 때마다 연회장으로 사용되었다. 나는 이 집에서 몇 주간 보어 가족과 함께

---

* 덴마크의 칼스베르 맥주양조 회사를 만든 야콥 크리스티안 야콥센은 1876년 칼스베르 재단을 만들어 예술, 과학, 문화 활동을 지원했다. 1854년에 지어진 야콥센의 저택은 그의 유언에 따라 명예저택이 되어 예술, 과학, 문화 방면에서 인류를 위해 큰 공로를 세운 덴마크 사람에게 제공되었다. 닐스 보어는 1932년부터 1962년 세상을 떠날 때까지 이곳에서 살았다.

지냈다. 훗날 현대 원자물리학의 아버지로 불리게 된 영국의 물리학자 러더퍼드 경도 바로 그 기간에 휴가를 얻어 보어에게 와 있었으므로, 우리 셋은 이따금 공원을 산책하며 최신 실험들이나 원자핵의 구조에 대해 의견을 나누었다. 그때 나누었던 대화 중 하나를 떠올려본다.

러더퍼드 경: 더 큰 고압 장치나 다른 가속기를 만들어 더 높은 에너지와 속도를 가진 양성자를 무거운 원자핵과 충돌시키면 어떤 일이 일어날까요? 빠른 양성자가 별다른 해를 야기하지 않고 원자 핵 속을 그대로 통과해 버릴까요, 아니면 원자핵 속에 박혀서 자신의 운동에너지를 오롯이 핵에 전가하게 될까요? 닐스의 생각대로 각 구성 요소들 사이의 상호 작용이 아주 중요하다면, 가속된 양성자는 원자 핵 속에 박혀 버리겠지요. 반대로 양성자들과 중성자들이 서로에게 별 영향을 미치지 않고, 원자 핵 속에서 거의 독립적으로 운동한다면, 가속된 양성자는 별다른 방해를 야기하지 않고 원자핵을 그냥 통과해버릴 거예요.

닐스: 저는 가속된 입자가 원자핵 속에 박혀 버리면서 운동에너지를 핵 구성 요소 모두에게 어느 정도 동일하게 분배하게 될 거라고 봅니다. 구성 요소들 간의 상호 작용이 아주 크기 때문이죠. 이런 충돌로 인해 원자핵의 온도가 상승할 텐데, 어느 정도 상승할지는 핵물질의 비열比熱과

가속된 입자의 에너지로부터 계산할 수 있을 테지요. 그러면 이어 원자핵의 부분적인 증발이라고 부를 수 있는 현상이 일어날 거예요. 즉 표면에 있던 입자들이 높은 에너지를 갖게 되어 그것들이 원자핵에서 튀어나가게 되는 거죠. 베르너는 이에 대해 어떻게 생각하나요?

이제 질문은 내게 던져졌다.

"저도 그렇게 보고 싶긴 합니다. 원자핵 구성 요소들이 원자핵 속에서 거의 자유롭게 돌아다닌다고 보는 라이프치히 쪽 표상과는 맞지 않기는 하지만요. 아주 빠른 입자가 원자핵 속에 진입하면 커다란 상호 작용으로 인해 여러 번 충돌을 거듭하면서 에너지를 잃게 될 거예요. 하지만 원자핵 속에서 작은 에너지를 가지고 느리게 운동하는 입자는 약간 다르겠지요. 그런 경우는 입자의 파동성이 작용하게 되어 에너지 전달 횟수가 줄어들 테니까요. 그러면 상호 작용은 무시할 수 있을지도 몰라요. 원자핵에 대해 충분히 알고 있으니 계산해 보면 알 수 있을 거예요. 라이프치히 쪽에서 한번 계산을 해볼게요.

그건 그렇고 좀 다른 질문을 던지고 싶습니다. 점점 빠른 가속기가 출시되다 보면 핵물리학을 기술적으로 응용할 수 있게 되지 않을까요? 새로운 화학 원소를 인공적으로 다량 만들어 내거나, 연소에서 화학 결합 에너지를 활용하는 것처럼 핵들의 결합 에너지를 활용해서 말이에요. 영국의 어느 미래소설을 보면, 정치적 긴장이 최고조에 이르자, 한 물리학자가 조국을 위해 원자폭탄을 개발하여 데우스 엑스 마키나Deus ex machina처럼 모든 정치적 어려움을 타개해 버리는 내용이 나오거든요. 물론 말도 안 되는 꿈에 불과하겠지만요. 베를린의 물리화학자 네른스트 역시 지구는 사실 화약고에 불과하다고 주장한 적이 있습니다. 당분간은 이 화약고를 폭파시킬 만한 성냥개비가 존재하지 않을 따름이라고요. 이 또한 사실이에요. 바닷물 속에서 수소 원자핵 네 개가 헬륨 원자핵 하나로 결합될 수 있다면, 어마어마한 에너지가 방출되어 화약고 비유를 훨씬 능가할 수도 있을 겁니다."

닐스: 그런 생각에 대해서는 아직 뭐라고 말을 할 수가 없어요. 화학과 핵물리학의 결정적인 차이는 화학 실험은 해당 물질의―가령 화약 같은―다수의 분자들을 가지고 하는 반면 핵물리학에서는 늘 소수의 원자핵을 가지고 실험을 한다는 거지요. 더 커다란 가속기를 쓴다 해도 기본적으로는 다르지 않아요. 현재 화학 실험에서 일어나는 반응의 수와 핵물리학 실험에서 만들어낼 수 있는 반응의 수를 비교하자면 행성계의 지름과 작은 자갈 하나의 지름을 비교하는 것과 같다고 할 수 있을 거예요. 자갈의 지름 대신 바윗덩어리의 지름이라고 해도 별로 달라질 게 없어요. 물론 약간의 물질을 온도를 높여 각 입자의 에너지가 원자핵 사이의 반발력을 극복하게끔 할 수 있다면 조금 다르겠지요. 이와 동시에 충돌이 많이 일어날 수 있도록

물질의 밀도를 높게 유지한다면 말이에요. 그러나 온도가 십억 도는 되어야 그런 일이 일어날 수 있을 거예요. 그런 데 이런 온도가 되면 물질을 담을 용기 자체가 다 녹아버리겠죠. 벌써 오래 전에 증발해 버린 상태가 될 거예요.

러더퍼드 경: '원자핵 반응'에서 에너지를 얻을 수 있지 않을까 하는 질문은 아직 논의의 대상이 되지 않고 있어요. 양성자나 중성자를 원자핵과 충돌시키면 에너지가 방출되겠지만, 충돌하게 만드는 데 들어가는 에너지가 방출되는 에너지보다 훨씬 크지요. 다수의 양성자를 가속시키기 위해서 에너지가 들어가야 하는데 그 양성자들 대부분은 충돌하지 않거든요. 들어간 에너지의 대부분이 열운동의 형태로 사라지게 되는 거죠. 따라서 에너지 면에서 보면 원자핵 실험은 아직까지는 순전히 손해 보는 장사예요. 원자핵 에너지의 기술적인 활용에 대한 이야기는 아직은 뜬구름 잡는 이야기인 거죠.

우리는 빠르게 그렇게 결론을 내렸다. 몇 년 안 있어 오토 한*이 우라늄 핵분열을 발견하면서 상황이 근본적으로 변하게 되리라고는 당시에는 꿈에도 생각하지 못했다.

시대는 불안했지만 보어의 공원은 고요하기만 했다. 우리는 커다란 나무 그늘 밑 벤치에 앉아 간혹 바람이 불면 분수의 물방울들이 사선으로 빗겨나가 장미 꽃잎에 맺힌 채 햇살에 반

짝이는 모습을 지켜보았다.

라이프치히로 돌아온 뒤 나는 약속했던 계산을 해보았다. 계산 결과는 닐스의 추측을 확인해 주었다. 높은 속도로 가속된 양성자는 보통 원자 핵 속에 박혀서 충돌을 통해 원자핵을 가열시키는 것으로 나타났다. 대략 같은 시기 우주 방사선 속의 빠른 양성자들에서도 이런 식의 반응이 관찰되었다. 그러나 이런 계산에 의하면 원자핵의 내부 구조에 관한 연구에서 첫 번째 어림 계산으로는 개별 입자들의 강한 상호 작용을 무시해도 좋을 것으로 보였다. 따라서 우리는 이런 방향으로 연구를 계속했다.

---

* Otto Hahn(1879~1968). 독일의 화학자. 핵분열을 발견한 공로로 1944년 노벨화학상 수상. 1906년 메조토륨(라듐의 동위원소)을 발견했으며, 1917년에는 리제 마이트너와 함께 주기율표에서 토륨과 우라늄 사이에 있는 프로탁티늄을 발견했다. 1921년에는 핵이성질체의 존재를 처음 밝혔다. 1936년에 출판한 『응용 방사능 화학』은 핵화학의 연구 및 교육에 크게 기여했다. 1938년 리제 마이트너 및 프리츠 슈트라스만과 함께 핵분열을 처음 발견했다. 한은 독일 핵무기 관련 연구에 직접 관여한 적이 없지만, 다른 9명의 과학자들과 함께 영국의 팜홀 안가에 억류되었다. 히로시마와 나가사키에 핵폭탄이 떨어져 수십만 명이 죽었다는 소식을 듣고 매우 괴로워했다. 1944년 노벨 화학상 수상자가 정해지지 않은 채 한 해를 넘기게 되어, 1945년에 노벨 화학상 수상 소식을 연합군에 억류된 상태에서 들었다. 전후 막스 플랑크 연구소의 초대 소장이 되었고 학문적 탁월성과 고매한 인격으로 독일에서 가장 영향력 있고 존경받는 과학자로 인정받았다.

당시 베를린 달렘의 오토 한 연구소에서 리제 마이트너*의 조수로 있던 카를 프리드리히는 종종 라이프치히로 건너와 자신의 연구 상황을 들려주었다. 태양과 별의 내부에서 일어나는 원자핵 과정에 대해서였다. 카를 프리드리히는 별들의 가장 뜨거운 중심부에서 가벼운 원자핵들 사이에서 특정 반응이 일어나며, 별들이 끊임없이 방출하는 어마어마한 에너지는 이런 핵반응에서 연유하는 것임을 이론적으로 증명할 수 있었다. 미국의 베테도 비슷한 연구 결과를 발표했으므로, 우리는 별들을 거대한 원자로로 보는 것에 익숙해졌다. 원자로 안에서 원자핵 에너지를 얻는 것은 기술적으로 통제할 수 있는 과정은 아니지만, 자연현상으로서 끊임없이 우리의 눈앞에서 일어나고 있다는 것을 말이다. 하지만 원자력 기술에 대한 이야기는 아직 없었다.

---

* Lise Meitner(1878~1968). 오스트리아의 물리학자. 오토 한과의 공동 연구로 핵분열을 처음 발견했고, 조카인 오토 프리슈와의 공동연구로 연쇄반응의 존재를 증명했다. 막스 플랑크의 제자로 물리학을 공부하면서 1912년부터 새로 설립된 카이저 빌헬름 협회의 핵화학연구소에 동참했다. 당시에는 오토 한의 실험실에 있으면서 무급으로 일했다. 1926년 베를린 대학 최초의 여성 교수로 부임했으며, 1935년에는 카이저 빌헬름 화학연구소의 소장에 취임했다. 나치 치하에서도 오스트리아 국적 덕분에 연구에 매진할 수 있었지만, 결국 1938년 독일을 떠나 스웨덴으로 가야 했다. 1944년 노벨화학상은 마이트너가 오토 한과 공동 수상했어야 한다는 의견이 과학계에서는 압도적이다. 나중에 마이트너가 여성이었고, 화학자가 아니라 물리학자였고, 스웨덴 국적을 얻었기 때문에 위원회가 매우 불공정한 판단을 내렸음이 밝혀졌다.

라이프치히 세미나에서는 원자핵에 관한 연구뿐 아니라, 소립자 연구도 이루어졌다. 내가 전에 스키 산장에서 보냈던 밤에 소립자의 본질을 더 잘 이해하기 위해 생각했던 내용에서 출발한 연구였다. 폴 디랙이 예언했던 반물질은 이제 여러 실험을 통해 기정사실로 자리매김되었고, 우리는 최소한 자연 속에서 에너지가 물질로 변화되는 과정이 일어난다는 것을 알고 있었다. 복사에너지로부터 전자-양전자 쌍이 생겨날 수 있으며, 이런 식의 다른 과정들도 있다고 봐야 할 것 같았다. 우리는 빠른 소립자들이 높은 속도로 서로 충돌할 때 이런 반응이 어떤 역할을 할 수 있을지 예상해 보고자 애썼다.

그런 숙고와 관련하여 나의 다음 대화 파트너는 몇 년 전부터 라이프치히에서 공부하던 대학생 한스 오일러*였다. 한스 오일러는 학업적으로 뛰어났을뿐더러, 남다른 외모로 일찌감치 내 눈에 띄었다. 또래 학생들보다 민감한 감수성을 지니고 있는 듯해 보였고, 미소를 지을 때면 얼굴에 번민의 흔적이 엿보였다. 금발의 곱슬머리에 얼굴은 가늘고 길었으며, 볼이 홀쭉하게 패여 있었다. 이야기를 할 때면 젊은이로서는 남다른 집중력이 느껴졌다. 나는 한스 오일러가 재정적으로 굉장히

---

* Hans Heinrich Euler(1909~1941). 라이프치히 대학에서 하이젠베르크를 지도 교수로 하여 박사 학위를 받았다. 학위 논문의 제목은 '디랙의 이론에 따른 빛과 빛의 산란'으로, 디랙의 양자전기역학이 빛과 빛의 충돌을 설명할 수 있음을 처음 밝힌 논문이다.

힘든 상태에 있음을 알았고, 조교 자리라도 마련해 줄 수 있게 되어 기쁘게 생각했다. 어느 정도 시간이 흘러, 나를 전폭적으로 신뢰할 수 있게 되면서 오일러는 자신의 어려움을 털어놓았다. 그의 부모님은 그의 학업에 아무런 지원을 해줄 수가 없는 상태였다. 한스 오일러 스스로 확신에 찬 공산주의자였으며, 그의 아버지 역시 정치적 이유로 인해 재정적 어려움에 빠진 것 같았다. 약혼녀가 있었지만 유대인이라서 지금은 독일에서 피신하여 스위스에 살고 있다고 했다. 따라서 1933년 이후 독일에서 정권을 잡은 집단에 대해 좋은 소리가 나올 리가 없었다. 하지만 그는 이런 이야기를 되도록 삼갔다. 나는 이즈음 오일러를 돕기 위해 점심시간에 오일러를 초대해 점심을 함께하곤 했다. 대화를 하다가 이민을 가는 것이 어떻겠느냐는 이야기도 나왔지만, 오일러는 그런 가능성을 진지하게 고려하지 않았다. 내가 보기에 그는 독일에 애착을 느끼는 것 같았지만, 그런 이야기도 되도록 피하려고 했다.

나는 오일러와 함께 디랙의 발견과 에너지가 물질로 전환되는 것이 야기할 수 있는 결과들에 대해 이야기했다.

오일러는 이렇게 물었던 듯하다.

"우리는 디랙에게서 원자핵을 스쳐 지나가는 광양자는 입자쌍, 즉 전자와 양전자로 변할 수도 있음을 배웠어요. 그렇다면 광양자는 전자와 양전자로 이루어져 있는 걸까요? 그렇게 보면 광양자가 이중성계처럼 전자와 양전자가 서로를 도는 형식으로 되어 있을지도 모른다는 생각이 드는데요. 잘못된 상상일까요?"

"진실에 가까운 상은 아닌 것 같아. 그렇다면 이중성계의 질량이 그것을 구성하는 두 입자의 질량의 총합보다 많이 작아서는 안 된다는 이야기니까. 그리고 이런 이중성계가 공간에서 계속 광속으로 움직이는 이유도 알 수 없고. 어딘가에서 멈출 텐데 말이지."

"그렇다면 이와 관련하여 광양자를 어떻게 상상할 수 있을까요?"

"광양자는 잠재적으로 전자와 양전자로 구성되어 있다고 말할 수 있겠지. '잠재적으로'라는 말은 가능성을 의미하는 것이니까. 그러니까 이 말은 광양자가 어떤 실험에서 전자와 양전자로 나누어질 수 있다는 말이야. 그 이상은 아니지."

"커다란 에너지로 충돌할 때는 광양자가 전자 두 개와 양전자 두 개로 변화될 수도 있을 텐데요. 그러면 광양자가 잠재적으로 또한 이 네 입자로 이루어져 있다고 말씀하실 건가요?"

"그럴 수 있겠지. 가능성을 일컫는 '잠재적'이라는 말은 광양자가 잠재적으로 두 개 혹은 네 개의 입자로 구성되어 있다는 주장을 가능케 해. 두 가지 서로 다른 가능성은 서로를 배제하지 않아."

오일러가 이의를 제기했다.

"어떻게 그런 주장이 가능하죠? 그러면 모든 소립자가 '잠재적으로' 임의의 개수의 다른 소립자로 구성되어 있다고 말할 수 있겠네요. 에너지가 큰 충돌 과정에서 임의의 개수의 입자가 탄생할 수 있으니까요. 하지만 이런 말은 아무 의미가 없는 발언 아닌가요?"

"그렇지 않아. 입자의 수와 종류는 그렇게 임의적이지 않아. 원래의 입자와 같은 대칭성을 갖는 형태만이 고려의 대상이 되지. 대칭이라는 말 대신, 더 정확히는 자연법칙이 변치 않고 유지되는 연산에 대한 변환성이라고 말할 수 있을 거야. 우리는 양자역학으로부터 이미 한 원자의 정상상태는 대칭성을 갖는다는 걸 알았어. 그건 물질의 정상상태인 소립자에서도 마찬가지일 거야."

오일러는 아직 만족스러워하지 않았다.

"너무 추상적인 말씀이에요. 차라리 지금까지 생각했던 것과 다르게 진행되는 실험, 즉 광양자가 잠재적으로 입자쌍으로 구성되어 있기에 다른 결과가 나오는 실험을 고안하는 것이 더 나을 듯해요. 하지만 이중성계 표상을 한번 진지하게 받아들여서 여기에서 물리학적으로 어떤 결과가 도출되는지를 묻는다면, 최소한 꽤 합리적인 결과를 얻게 될 수도 있지 않을까요. 가령 빈 공간에서 서로 교차하는 두 광선이 기존에 생각했던 대로, 그리고 맥스웰 방정식이 요구하는 대로, 방해받지 않고 서로를 관통해 갈 것인가 하는 문제를 생각해 볼 수도 있어요. 한 광선에 잠재적으로 전자-양전자 쌍이 존재한다면,

다른 광선은 이런 입자를 만나 산란될 거예요. 따라서 빛과 빛이 만나 산란, 즉 두 광선의 상호적인 방해가 일어날 거예요. 이를 디랙의 방정식으로 계산할 수 있을 것이고, 실험적으로도 관찰할 수 있을 거예요."

"관찰 여부는 물론 광선 사이의 상호적 방해가 얼마나 큰가에 달려 있지. 하지만 자네는 먼저 이런 효과를 계산해 낼 수 있어야 해. 그러면 실험물리학자들이 그것을 증명할 수단과 방법을 찾아낼 거야."

"사실 나는 여기서 보게 되는 '마치 ……인 것처럼'의 철학이 이상하다고 생각해요. 광양자는 많은 실험에서 '마치 전자와 양전자로 이루어진 것처럼' 행동해요. 때로는 '마치' 둘 혹은 그 이상의 쌍으로 이루어진 것처럼 행동하기도 하죠. 불확실하고 모호한 물리학으로 빠져 들어가는 것처럼 보여요. 하지만 디랙의 방정식으로 특정한 사건이 일어날 확률을 상당히 정확하게 계산할 수 있어요. 실험들은 그 결과를 확인하게 될 거고요."

나는 이런 '마치 ……인 것처럼'의 철학에 대해 약간 더 생각해보고자 했다.

"최근 실험물리학자들이 중간자라는 중간 정도 무게의 소립자를 발견했다는 것을 알고 있지? 그 밖에도 원자핵을 결합시키는 강력이라는 것도 알려졌잖아. 파동과 입자의 이중성의 의미에서 소립자들에게도 이 힘이 적용될 거야. 수명이 짧다보니 지금까지 알려져 있지 않을 뿐, 우리가 알지 못하는 소립자들이 많을지도 몰라. 그러면 '마치 ……인 것처럼'의 철학의 의미에서 소립자를 원자핵이나 분자와 비교할 수 있을 거야. 즉 개개의 소립자가 다수의 다양한 소립자로 구성되어 있는 것처럼 생각할 수도 있는 거지. 그러면 여기서도 러더퍼드 경이 최근에 코펜하겐에서 원자핵과 관련하여 제기했던 질문을 제기할 수 있어. '아주 에너지가 높은 소립자를 다른 소립자와 충돌시키면 어떤 일이 일어날까? 고에너지의 소립자가 이제 충돌한 소립자에 박혀서 그 소립자를 구성하는 입자들의 온도를 상승시켜 증발을 유발하게 될까, 아니면 별다른 방해 없이 무리들을 통과해 그냥 빠져나가게 될까?' 그 역시 각각의 상호 작용의 강도에 달려 있겠지. 그에 대해서는 아직 아무것도 모르는 상태야. 당분간은 이미 알려진 상호 작용에 국한하여, 거기서 어떻게 되는지를 보아야 할 거야."

당시는 제대로 된 소립자물리학이라 할 만한 것이 없었다. 우주 방사선에서만 실험적 단서가 있었을 뿐, 체계적 실험 같은 것은 아직 없는 상태였다. 오일러는 내가 원자물리학의 한 분야인 소립자물리학의 전망이 밝다고 생각하는지 어둡다고 생각하는지 알고 싶다면서 이렇게 말했다.

"디랙이 반물질의 존재를 발견한 이후에 모든 것이 아주 복잡해졌어요. 한동안은 세상이 마치 세 개의 구성 요소, 즉 양성자, 전자, 광양자로 이루어진 것 같이 보였죠, 단순해 보였어요. 본질적인 것을 곧 이해할 수 있을 것 같았어요. 그러나 이제 이미지는 점점 엉클어지고 있어요. 소립자elementary particle는 더 이상 기본적인elementary 구성 요소가 아니에요. 최소한 '잠재적으로' 아주 복잡한 구조물이죠. 이것은 우리가 이전에 생각했던 것보다도 진정한 이해에서 더 멀다는 이야기가 아닐까요?"

"아냐. 난 그렇게 생각하지 않아. 물질이 세 개의 기본 구성 요소로 이루어졌다고 보는 것은 전혀 신빙성이 없는 이야기였거든. 세 개의 기본 구성 요소 중에서 양성자가 전자보다 1,836배나 무겁다는 것도 이해가 가지 않아. 1,836이라는 수는 어떻게 나왔을까? 그리고 왜 이 세 구성 요소는 파괴되어서는 안 되는 걸까? 임의의 높은 에너지로 그것들을 서로 충돌시킬 수 있는데, 이들이 그 무엇으로도 깨지지 않을 만큼 견고하다는 것이 말이 되는 이야기일까? 그런데 이제 디랙이 반물질을 발견한 뒤에는 훨씬 더 그럴듯해 보여. 소립자는 원자의 정상상태처럼 대칭성을 통해 결정돼. 보어가 이전에 자기 이론의 출발점으로 삼았고, 양자역학에서 최소한 기본적으로 이해할 수 있는 형태의 안정성은 소립자의 존재와 그 안정성에도 관여하지. 이런 형태는 화학자들의 원자처럼, 파괴되면 계속해서 새롭게 형성돼. 대칭성이 자연법칙 자체에 뿌리박고 있기 때문이지.

물론 우리는 아직 소립자의 구조를 결정하는 자연법칙을

알지 못해. 거기까지는 아직 갈 길이 멀지. 하지만 훗날에는 자연법칙들로부터 이런 1,836이라는 수도 계산해 낼 수 있으리라고 생각해. 나는 대칭성을 입자보다 더 기본적인 것으로 보는 생각에 매력을 느껴. 그것은 보어가 늘 해석하는 것처럼 양자론의 정신에도 맞고, 플라톤 철학에도 어울려. 물론 물리학자로서 그것에 관심을 가질 필요는 없겠지만 말이야. 아무튼 우리는 직접적으로 연구할 수 있는 것에 집중하는 것이 좋겠어. 자네는 빛과 빛이 만났을 때의 산란을 계산해줘. 나는 보다 일반적으로, 커다란 에너지를 가진 소립자들이 서로 충돌할 때 무슨 일이 일어나는지를 계속 살펴볼 테니까."

우리는 그 뒤 몇 달 동안 각자 맡은 과제에 열심히 매달렸다. 내가 계산한 바로는 원자핵의 방사성 베타붕괴를 결정하는 상호 작용이 고에너지에서는 굉장히 강해질 수 있어서, 높은 에너지를 가진 소립자 두 개가 충돌하면 새로운 입자가 여러 개 탄생할 수 있는 것으로 나왔다. 이런 다중생성,* 즉 다수의 소립자가 생겨나는 현상에 대해서는 당시 우주 방사선에서 암시들만 있었을 뿐, 실험적 증거는 없었다.

20년 후에야 비로소 대규모 가속기에서 그런 과정을 직접적으로 관찰하게 될 터였다. 오일러는 라이프치히 동료인 코켈과 더불어 빛의 산란을 계산했다. 이 부분에서는 실험적 증명이 그렇게 직접적으로 이루어질 수는 없었지만, 오늘날 오일러와 코켈이 주장한 산란이 정말로 존재한다는 것에 대해서는 의심의 여지가 없다.

---

* Vielfacherzeugung, multiple production. 일반적으로 입자들이 충돌하여 여러 가지 다른 입자들이 생겨나는 현상을 가리킨다. 특히 하이젠베르크가 사용한 Vielfacherzeugung라는 용어는 우주선의 캐스케이드(Kaskade) 또는 샤워 빔(Schauer)과 구별되는 개념이다. 폭포수(캐스케이드)나 소나기(샤워)와 비슷하다는 의미로 이런 이름이 붙었다. 1909년에 처음 발견된 우주선은 태양으로부터 많은 수의 입자들이 지구 대기권으로 쏟아지는 것으로서, 하이젠베르크는 이에 대해 일찍부터 관심을 가지고 자신이 새롭게 정립한 양자전기역학을 사용하여 상세한 이론적 해명을 하고자 했다. 특히 한스 오일러와의 공동연구에서 빛과 입자가 충돌하는 과정을 이론적으로 밝혔는데, 오일러는 우주선의 대부분은 전자기력에 바탕을 둔 캐스케이드로 설명할 수 있지만, 그렇지 않은 부분이 있음을 1936년 무렵에 처음 주장했다. 1950년대 후반 이후에는 이러한 현상이 쉽게 관찰되기 시작했지만, 실험적 규명이 불가능했던 1930년대에 이론적 계산을 통해 다중생성의 가능성을 제시한 것은 매우 중요한 기여이다.

14

정치적 파국에서의 개인의 행동

1937 ~ 1941

  2차 대전 이전 독일에서 보낸 세월은 엄청나게 고독한 시간이었다. 나치 정권은 날로 강고해져서 내부 상황이 좋아지기를 기대한다는 것은 부질없는 일이었다. 독일은 주변 세계로부터 점점 고립되었고, 외국의 저항은 커지기 시작했다. 해마다 군비 증강이 이루어졌고, 전쟁이 터지는 것은 이제 시간문제가 되었다. 민족자결권, 전쟁 협약, 혹은 도덕적 자제로는 더 이상 전쟁을 누그러뜨릴 수 없는 분위기였다. 게다가 독일에서 개개인은 자꾸만 고립되어 갔다. 사람들 간의 의사소통은 어려워져만 갔다. 가까운 친구들 사이에서나 겨우 마음을 터놓을 수 있었고, 그 외 모든 사람들 앞에서는 말조심을 해야 했다. 할 수 있는 말보다 할 수 없는 말이 더 많았다. 불신으로 가득한 세상에서 살아간다는 것은 정말이지 견디기 힘든 일이었다. 이러다 끝내 독일에 불행이 닥치겠구나 생각하니 플랑크를 방문한 이후 내가 직면한 과제가 얼마나 무거운지가 뼈저리게 느껴졌다.

1937년 1월의 어느 칙칙하고 음산했던 오전이 기억난다. 그 시간에 나는 라이프치히 시내에서 나치당의 자선행사인 동계 구호사업을 위한 배지를 팔고 있었다. 그런 활동 역시 당시 참고 견디어야 했던 굴욕과 타협의 일환이었다. 물론 가난한 사람들을 위해 모금을 하는 것이 뭐가 나쁜 일이냐고 말할 수도 있겠지만, 모금함을 들고 돌아다니면서 나는 완전한 절망에 빠져 있었다. 강요로 인해 억지로 그 일을 해야 했기 때문이 아니었다. 그런 건 중요하지 않았다. 그게 아니라 내가 하는 일과 내 주변에서 일어나고 있는 일이 너무나 무의미하고 희망이 없어 보였기 때문이었다. 그리하여 나는 섬뜩하고 묘한 정신 상태에 빠졌다. 좁은 골목의 집들은 내게 거의 비현실적으로 멀어 보였다. 마치 집들이 다 무너져 잔상으로만 남아 있는 듯한 기분이었다. 사람들은 속이 투명해 보였고, 신체가 물질적인 세계에서 빠져나와 정신만이 남아 있는 것 같았다. 그때 이런 희미한 모습과 회색 하늘을 배경으로 아주 밝은 빛이 느껴졌다. 몇 사람이 다정하게 다가와 기부금을 건넸는데, 그들의 눈빛은 나를 한순간 먼 곳으로부터 끄집어내어 그들과 친밀감을 느끼게 해주었다. 하지만 다음 순간 나는 다시금 정신이 혼미해졌고, 이런 극도의 고독을 나 혼자 힘으로는 감당하지 못할 것 같은 기분이 들었다.

그날 저녁, 나는 출판업자 뷔킹의 집에서 열리는 실내악 모임에 참석하기로 되어 있었다. 첼리스트인 집주인 뷔킹이 라이프치히 대학의 법학자로서 나의 믿음직한 친구이자 탁월한 바이올리니스트인 야코비와 더불어 베토벤 피아노 3중주 G장조를 연주하자고 나를 초청해 주었던 것이다. 이 작품은 내게는 젊은 시절부터 친숙한 작품으로, 1920년 뮌헨 대학 졸업 파티에서 이 작품의 2악장을 연주한 적도 있었다. 그러나 그날 나는 음악을 연주하는 것도 새로운 사람들을 만나는 것도 모두 두렵기만 했다. 컨디션도 좋지 않은 상태에서 그런 저녁 모임을 잘 치를 수 있을지 걱정이 되었다. 그래서 손님들이 별로 많지 않은 것을 보자 적잖이 마음이 놓였다. 그날 나는 뷔킹의 집에 처음 온 어느 아가씨와 이야기를 하게 되었는데, 대화를 하는 가운데 나는 이 기묘한 날의 비현실감에서 빠져나올 수 있었다. 현실이 다시금 내게 가까이 다가오는 듯한 느낌이 들었다. 이어 연주한 3중주의 2악장은 나로서는 이 대화의 연장선상에 있는 것이었다. 그 후 몇 달 되지 않아 우리는 결혼을 했고, 나의 아내 엘리자베트 슈마허는 이후 모든 위험과 고난에 용감하게 나와 함께했다. 그렇게 우리는 인생의 새 출발을 했고, 폭풍에 함께 맞설 준비를 갖출 수 있었다.

1937년 여름 나는 잠시 정치적 어려움에 빠졌다. 첫 시험대였다고 할까? 그러나 그 이야기는 굳이 할 필요가 없을 것이다. 많은 친구들은 더 심한 일도 견뎌야 했으니 말이다.

한편, 한스 오일러는 정기적으로 우리 집에 드나들었고, 우리가 처한 정치적 사안에 대해 서로 상의를 하기도 했다. 한번은 오일러가 며칠간 가까운 곳에서 열릴 예정인 국가사회주의 강사 및 조교 캠프에 참여해달라는 요청이 왔다며 걱정을 하기에, 나는 조교 자리를 잃지 않도록 캠프에 참가하라고 권유했다. 그리고 전에 나를 찾아와 허심탄회한 대화를 나누었던 히틀러 청소년단 단장 이야기를 하면서, 그곳에서 그를 만나면 이야기가 통할 수도 있을 거라고 했다.

캠프에서 돌아온 오일러는 매우 심란하고 불안한 상태였다. 나를 보자 자신이 캠프에서 경험한 일을 소상하게 들려주었다.

"캠프 참가자들의 구성은 아주 특이했어요. 물론 그중 다수는 나처럼 참석해 달라니까 자리를 잃기 싫어서 마지못해 온 사람들이었죠. 이런 사람들과는 별로 대화가 통하지 않았어요. 하지만 그들 외에 수가 많지는 않았지만 나치를 신봉하고 국가사회주의로부터 좋은 것이 나올 거라고 생각하는 젊은이들의 무리가 있었어요. 전에 말씀하셨던 히틀러 청소년단 단장도 그 무리에 끼어 있었죠. 그들을 보니 이런 운동이 끔찍한 결과를 빚을 것이며, 독일에 많은 불행을 몰고 오리라는 게 느껴졌어요. 하지만 동시에 이런 젊은이들 다수가 나와 비슷한 것을 원하고 있음을 알게 되었어요. 그들 역시 물질적 부와 외적인 성공이 가장 중요한 가치 기준이 되어 버린 경직된 시민사회를 견딜 수 없어 하고 있었어요. 내실 없는 형식을 버리고 충만하고 생동감이 있는 삶으로 나아가기를 원하고 있었죠.

인간관계를 더욱 인간적으로 형상화하고 싶어했고요. 이 모든 것은 나 역시 기본적으로 원하는 것이었어요.

그런데 나는 그런 노력들이 어떻게 이렇게 많은 비인간적인 일들을 빚어내는 것인지 이해를 못하겠어요. 지금 일어나는 일들을 보기만 해도요. 그래서 의심이 들고 혼란스러워요. 나는 오랫동안 공산주의가 실현되기를 희망해왔어요. 그렇게 되면 사람들 사이에 행복과 불행이 다르게 분배될 것이고 세상이 훨씬 좋아지리라고 생각했죠. 하지만 비인간적인 일들이 전체적으로 더 줄어들지 이젠 잘 모르겠어요. 젊은이들의 선한 의도만으로는 충분하지 않은 것이 틀림없어요. 영향을 미칠 수 없는 강력한 힘들이 작용하면 그것들을 더 이상 통제할 수가 없지요. 그렇다고 내실이 없어진 옛 형식을 그대로 고수하는 것도 답은 아닐 거예요. 그럴 수는 없을 테니까요. 그러니 무엇을 바라야 하는 걸까요? 무엇을 할 수 있는 걸까요?"

나는 이렇게 대답했던 것 같다.

"다시금 뭔가를 할 수 있을 때까지 그냥 기다려야 할 거야. 그러고 나서 자신이 몸담고 있는 작은 영역에서 질서를 잡아나가야지."

1938년 여름 세계정세에 드리워진 먹구름은 너무나 짙어서 새로 꾸린 나의 가정에까지 침투해 들어왔다. 나는 존트호펜의 산악병 부대에서 두 달간 군복무를 해야 했다. 우리는 체코 국경 지대로 출동하기 위해 여러 번 완전무장 상태로 대기했다. 하지만 전운은 다시 걷히곤 했다. 그러나 나는 전쟁 발발이 얼마 남지 않았음을 느꼈다.

그해 말 과학계에는 뜻밖의 소식이 전해졌다. 베를린의 카를 프리드리히가 놀라운 소식을 들고 라이프치히 화요 세미나에 도착했다. 오토 한이 우라늄 원자핵에 중성자를 쏘아 부산물로 바륨을 얻었다는 소식이었다. 그것은 우라늄 원자핵이 거의 비슷한 크기의 두 부분으로 분열되었다는 것을 의미했다. 우리는 현재 원자핵에 대해 알고 있는 지식으로 이런 일을 이해할 수 있는지 토론을 시작했다. 우리는 오래전부터 원자핵을 양성자와 중성자로 이루어진 액체 방울처럼 생각해왔고, 카를 프리드리히는 몇 년 전에 이미 체적 에너지, 표면 장력, 이 액체 방울 내부의 정전기적 반발력을 경험적인 데이터로부터 추산해낸 바 있었다. 그리고 이제 우리는 핵분열이라는 뜻밖의 과정이 충분히 가능한 것임을 인식했다. 아주 무거운 원자핵의 경우는 외부로부터의 작은 자극만 주어지면 저절로 분열이 일어날 수 있었다. 따라서 원자핵에 중성자를 쏘면 당연히 분열을 일으킬 수 있는 것이다. 전에는 왜 이런 가능성을 생각하지 못했는지 의아할 정도였다. 숙고를 계속하는 가운데 우리는 또 하나의 흥분된 결론에 이르렀다. 둘로 나뉜 원자핵은 분열 직후에는 원래의 구조물이 전혀 아닐 터였다. 즉 추가적으로 증발을 야기할 수 있는 잉여 에너지를 가지고 있어, 표면에서 몇몇 중성자를 방출할 수 있을지도 몰랐다. 그러면 이렇게 방출된 중성자들이 다시금 다른 원자핵과 충돌하여, 마찬가지로 그 원자핵을 분열시키고, 그런 식으로 결국 연쇄반응이 일어날 수도 있었다. 물론 이런 상상이 물리학적 지식으로 자리매김하려면 많은 실험이 선행되어야 했다. 그러나 가능성만 생각해도 매혹적인 동시에 섬뜩했다. 실제로 일 년 뒤 우리는 원자에너지를 기계나 원자무기에 활용하는 문제에 직접적으로 봉착하게 되었다.

태풍 속을 항해하려는 배는 악천후에 안전할 수 있도록 우선 승강구를 꼭 봉쇄하고, 밧줄을 꼭꼭 묶고, 모든 움직이는 부분들을 꽉 매거나 나사로 조여야 한다. 그리하여 나는 1939년 봄, 전쟁이 일어나 도시가 무참히 파괴될 경우 아내와 아이들이 피신할 수 있을 산속 별장을 하나 물색했고, 발헨 호숫가의 우어펠트에서 적당한 집을 찾아냈다. 젊은 시절 볼프강 파울리, 오토 라포르테와 함께 했던 자전거 하이킹에서 카르벤델 산을 바라보며 양자역학을 논했던 길로부터 약 백여 미터 올라가 남쪽 기슭에 있는 집이었다. 화가 로비스 코린트가 살았던 집으로, 전시회에서 간혹 보곤 했던 로비스 코린트의 발헨 호수 풍경화 덕분에 이 집의 테라스에서 바라보는 주변 풍경은 이미 눈에 익은 것이었다.

전쟁이 발발하기 전 해야 할 일이 또 한 가지 있었다. 나는 전쟁이 일어나기 전에 미국에 있는 여러 친구들을 한 번 더 만나고 싶었다. 훗날 다시 만날 수 있으리라는 기약이 없기 때문이었다. 아울러 전쟁이 끝난 뒤 재건에 참여하게 된다면, 이들의 도움을 받고 싶었다.

그리하여 나는 1939년 여름 앤 아버와 시카고에 위치한 대학들에서 순회강연을 했다. 그 기회를 이용해 전에 괴팅겐의 보른 세미나에서 함께 공부했던 페르미도 만났다. 오랫동안 이탈리아 물리학계를 선도하던 페르미는 정치적 파국을 앞두고 미국으로 이민해 있었다. 페르미의 집을 방문했을 때 페르미는 나도 미국으로 이주하는 편이 더 낫지 않겠느냐고 물었다.

"독일에서 뭘 하려고요? 당신은 전쟁을 막을 수 없어요. 하고 싶지 않은 일을 해야 하고, 책임지고 싶지 않은 일에 함께 책임을 지게 될 따름이에요. 불행을 함께 겪으면서 무슨 좋은 일이라도 할 수 있다면 이해가 가요. 하지만 그럴 확률은 정말로 미미해요. 반면 여기서는 새로이 시작할 수 있어요. 봐요, 미국은 고향을 떠나온 유럽인들이 세운 나라예요. 유럽의 답답한 상황, 작은 나라들 사이의 끊임없는 분쟁과 다툼, 압제, 해방, 혁명, 그로 인한 온갖 비참함을 더 이상 견딜 수 없어서 여기로 온 거예요. 역사적 과거의 짐에서 벗어나 여기 더 넓고 자유로운 나라에서 살고 싶어서 말이에요. 이탈리아에서 나는 유명한 학자였어요. 하지만 여기서는 다시금 젊고 평범한 물리학자이고, 이런 상황이 얼마나 좋은지 몰라요. 당신은 왜 모든 짐을 던져 버리고 새로이 시작하고자 하지 않는 거죠? 미국에서는 좋은 조건에서 물리학을 할 수 있고 이 나라에서 일고 있는 자연과학의 붐에 참여할 수 있어요. 왜 이런 행운을 포기하려고 하는 거죠?"

"당신이 무슨 말을 하는지 잘 알아요. 나 역시 그런 생각을 수없이 해봤어요. 답답한 유럽을 벗어나 여기 넓은 곳으로 오면 어떨까. 10년 전 미국을 처음 방문한 이래 그런 생각을 무수히 했어요. 아마 그때 이민을 왔어야 했는지도 몰라요. 하지만 이제 나는 그냥 유럽에 남아 과학을 하고자 하는 젊은이들을 주변에 모아 데리고 있다가 전쟁이 끝난 뒤에 이들이 다시금 독일의 과학계를 재건하게끔 돕기로 결정했어요. 이런 젊은이들을 내버려두고 떠난다면 배신하는 기분이 들 거예요. 젊은이들은 우리와 달리 이민이 쉽지 않아요. 쉽게 자리를 얻을 수도 없고요. 그들이 그런 형편인데 나만 특권을 활용하는 건 어쩐지 불공평하게 느껴지기도 해요. 전쟁이 그리 길지 않기를 바랄 수밖에요. 지난가을 힘들게 군복무를 하면서 보니까 주변에 전쟁을 원하는 사람은 거의 없었어요. 히틀러의 이른바 평화 정책이 거짓이었음이 드러나면, 독일 국민들이 빠르게 정신을 차리고 히틀러와 그의 신봉자들로부터 등을 돌리게 될 거예요. 물론 알 수 없는 노릇이지만요."

페르미가 말을 이었다.

"당신이 생각해야 할 문제가 또 하나 있어요. 오토 한이 발견한 원자핵 분열이 연쇄반응에 이용될 수 있다는 거 알지요?

따라서 원자핵 에너지가 기계나 원자폭탄에 기술적으로 응용될 수도 있다는 걸 감안해야 해요. 전쟁이 나면 양편 모두 이와 관련한 기술 개발에 박차를 가할 거예요. 원자물리학자들은 이런 개발에 참여하라는 압력을 받을 거고요."

나는 이렇게 대답했던 것 같다.

"물론 너무나 위험한 일이에요. 그런 일이 있을 수 있다는 걸 잘 알고 있어요. 당신이 앞서 지적한 책임에 대한 문제도 발생할 거고요. 하지만 이민을 한다고 해서 그런 일을 피할 수 있을까요? 현재로서는 정부가 아무리 박차를 가한다 해도 기술 개발이 그리 빠른 시일 내에 이루어지지는 않을 거라고 생각해요. 원자에너지를 기술적으로 활용할 수 있기 전에 전쟁이 더 먼저 끝날 거예요. 물론 미래의 일은 알 수 없지요. 하지만 기술 개발이 이루어지려면 한참 걸릴 것이고, 전쟁은 그보다 빠르게 끝날 거라고 봐요."

"히틀러가 전쟁에서 이길 가능성이 있다고 생각하지는 않나요?" 페르미가 다시 물었다.

"아뇨. 현대전은 기술전인데, 히틀러의 정책이 모든 다른 열강들로부터 독일을 고립시켰기 때문에 독일 측의 기술력은 상대편과는 비교가 되지 않아요. 이것은 아주 명백한 사실이라, 나는 이따금 히틀러가 이런 사실을 직시하고 전쟁을 포기하면 좋겠다는 생각도 해요. 하지만 헛된 소망이겠죠. 히틀러는 이성을 잃었고 현실을 직시하려 하지 않으니까요."

"그럼에도 불구하고 당신은 독일로 돌아가고자 하는 거고요."

"이미 답이 나온 질문이라고 생각해요. 결정했으면 고수해야 하고요. 우리 모두는 태어나면서 특정 환경, 특정 언어권과 사고권으로 들어왔어요. 이런 환경으로부터 일찌감치 떨어져 나오지 않은 경우에는 바로 그곳에서 가장 잘 성장하고 활동할 수 있다고 생각해요. 역사적 경험에 비추어 보아도 모든 나라는 언젠가는 혁명이나 전쟁을 겪게 돼요. 그때마다 다른 나라로 이주할 수는 없는 노릇이지요. 모두가 이민할 수도 없는 형편이고요. 따라서 무턱대고 불행으로부터 도망치는 것이 아니라, 가능하면 불행을 막는 것을 배우는 게 좋겠지요. 자기 조국의 불행을 스스로 짊어지라고 요구하고 싶을 정도예요. 이런 요구가 미리 불행을 막고자 애쓰도록 하는 자극이 될 수도 있으니까요.

물론 이런 요구는 부당한 일일 거예요. 개인이 아무리 애를 써도 대중이 잘못된 길로 들어서는 걸 막을 수 없는 경우가 많으니까요. 다른 사람들을 저지할 수도 없는 마당에 자신을 구하는 것마저 포기하라고 요구할 수는 없는 일이에요. 따라서 나는 행동의 일반적인 시금석은 없다는 것을 말하고 싶을 뿐이에요. 사람은 스스로 결정을 해야 하며, 지금 잘하고 있는 건지, 잘못하고 있는 건지 알지 못해요. 둘 다일 수도 있고요. 나는 몇 년 전에 그냥 독일에 남기로 결정했어요. 잘못된 결정일지도 모르지요. 하지만 이제 와서 그런 결정을 바꿀 수는 없어요. 많은 불의가 저질러지고, 불행한 일이 있으리라는 건 그 결정을 할 당시에도 이미 알고 있었으니까요. 따라서 결정의 조건은 전혀 변하지 않은 거예요."

페르미가 말했다.

"안타깝네요. 그러면 우리는 전쟁이 끝나고 나서야 다시 볼 수 있겠군요."

뉴욕을 떠나기 전에 컬럼비아 대학의 실험물리학자인 페그람과도 다시 한번 이와 비슷한 이야기를 나누었다. 페그람은 나보다 나이도, 경험도 많은 학자였고 그의 충고는 내게 매우 의미가 있었다. 그 역시 내게 미국으로 이민을 오라고 조언했고 나는 그의 호의에 감사했다. 하지만 이민을 결정하지 않은 동기를 그에게 잘 전달하지 못한 것 같아 약간 안타까웠다. 그는 목전에 닥친 전쟁에서 패배할 것이 확실한 나라로 돌아가겠다는 사람을 이해할 수 없는 듯했다.

1939년 8월 초 독일로 돌아가기 위해 '유럽'호에 승선했다. 유럽으로 가는 승객이 거의 없어 배는 텅 빈 상태였다. 텅 빈 배를 보니 페르미와 페그람이 내게 했던 충고들이 더욱 절실하게 다가왔다.

8월 말 우리는 우어펠트의 집에 가구를 들이고 입주할 준비를 갖추었다. 그리고 9월 1일 아침 내가 우체국으로 편지를 가지러 비탈길을 내려가자, '추어 포스트' 호텔 주인이 내게 다가오더니 "폴란드와의 전쟁이 발발했다는 거 알고 계세요?" 하고 물었다. 그러고는 화들짝 놀라는 나의 낯빛을 보고는 "하지만 염려마세요. 3주 정도면 끝날 거예요"라며 안심시켰다.

며칠 뒤 나는 징집영장을 받았다. 예상과 달리 지난번 복무했던 산악병 부대가 아니라, 베를린의 육군병기국으로 출두하라는 명령이었다. 그곳에서 나는 다른 물리학자들과 더불어 원자에너지를 기술적으로 활용하는 문제를 연구하게 되었다. 카를 프리드리히도 나와 같은 징집영장을 받아, 그 뒤 종종 함께 현 상황에 대해 생각하고 상의할 수 있었다. 여기에 당시 우리에게 밀려들었던 다양한 생각과 숙고를 대략적으로 요약해 본다.

나는 이렇게 말을 꺼냈던 것 같다.

"자네도 '우라늄 클럽'에 들어왔군. 대체 우리가 이 과제를 어떻게 감당해야 할 것인가 자네도 생각이 많았겠지. 우리의 과제는 우선은 흥미로운 물리학인데 말이야. 지금이 평화로운 시기이고, 연구 외에 다른 목적이 없다면, 우리는 파급 효과가 어마어마한 연구를 하게 된 것을 기뻐했을 거야. 그러나 지금은 전쟁 중이고, 우리가 하는 일들은 우리에게나 다른 사람들에게 매우 위험한 일이 될 수 있어. 따라서 우리는 우리가 무엇을 해야 할지 잘 생각해 봐야 해."

"그러게요. 저 역시 이런 과제에서 벗어날 길은 없을까 고

심했어요. 전방 복무를 자청하는 것은 어렵지 않을 거예요. 위험성이 덜한 다른 기술 개발에 참여할 수 있을지도 모르고요. 하지만 나는 그냥 우라늄 프로젝트에 남아야 한다는 결론을 내렸어요. 이것이 대단한 가능성을 지닌 프로젝트이기 때문이죠. 원자에너지를 기술적으로 활용하는 일이 먼 미래에나 가능하다면, 이를 연구하는 것은 전혀 나쁘지 않아요. 오히려 이 프로젝트가 지난 십 년간 원자물리학에 헌신하고자 모여든 재능 있는 젊은이들이 전쟁을 무사히 보낼 수 있게 하는 수단이 될 거예요. 하지만 원자 기술의 실용화가 임박해 있다 해도, 그것을 다른 사람들이나 우연에 맡겨두지 않고 그 개발에 영향을 끼칠 수 있는 편이 더 나을 거예요. 물론 학자로서 그런 개발을 얼마나 좌지우지할 수 있을지는 모르는 일이에요. 하지만 물리학자들이 이 일을 통제할 수 있는 과도기가 상당히 길 수도 있어요."

내가 이의를 제기했다.

"육군병기국의 관료들과 우리 사이에 신뢰 관계가 조성될 수 있다면 그런 일도 가능하겠지. 하지만 자네도 알다시피 나는 일 년 전에 여러 번 게슈타포에게 심문을 받았어. 프린츠 알베르트 거리의 지하실 벽에는 굵은 글씨로 '깊고 조용히 숨을 쉴 것'이라고 쓰여 있었어. 그곳에서 당했던 일은 정말이지 기억하기조차 싫어. 그래서 나는 그런 신뢰 관계가 가능하다고 생각하지 않아."

"신뢰는 직책 간에 생겨나는 것이 아니고, 사람들 사이에서 생겨나는 거예요. 편견 없이 우리를 대해주며, 우리와 함께 무엇이 이성적인 일인지를 상의할 마음이 있는 사람들이 육군병기국에 왜 없겠어요. 기본적으로 그것은 우리의 공통적인 관심사인데요."

"그럴지도 모르지. 하지만 그것은 아주 위험한 게임이야."

"신뢰에도 정도의 차가 있어요. 여기서 가능한 정도로도 극도로 비이성적인 개발을 막는 데는 충분할 거예요. 그건 그렇고 이제 우리가 연구해야 하는 물리학 문제에 대해 어떻게 생각하세요?"

전쟁이 발발한 첫 주에 나는 이미 이 문제에 대해 잠정적으로 생각을 정리해 놓은 터였고, 이제 카를 프리드리히에게 그 생각들을 이야기해주었다. 말하자면 그 문제를 대강 물리학적으로 훑는 것 정도의 것이었다.

"자연에 존재하는 우라늄으로는 빠른 속도의 중성자를 통한 연쇄반응을 일으킬 수는 없을 거야. 따라서 원자폭탄을 만들 수는 없는 일이지. 엄청 다행한 일이야. 연쇄반응이 가능하려면 순수 우라늄, 또는 고농축 우라늄 235가 필요해. 하지만 그런 우라늄을 얻는 데는―그것이 가능하다 하더라도―엄청난 기술적 비용이 들 거야. 연쇄반응을 일으키는 다른 물질도 있을 수 있겠지만, 그런 물질을 얻는 것은 최소한 우라늄만큼 어렵지. 따라서 원자폭탄을 만드는 건 가까운 시일에는 불가능할 거야. 영국이나 미국, 우리도 말이야. 하지만 자연에 존재하는 우라늄을 사용하되 중성자 감속재를 사용해 방출되는 중성자들의 속도를 대폭 늦추어 중성자 속도가 열운동 속도 정도가 되게 하면, 통제할 수 있는 방식으로 에너지를 공급하는 연쇄반응을 작동시킬 수 있을 테지. 하지만 감속재가 중성자를 포획해서는 안 되니까, 중성자 흡수율이 아주 낮은 물질을 취해야겠지. 따라서 일반적인 물은 적합하지 않아. 하지만 중수나 흑연 같은 순수한 탄소는 적합할 거야. 물론 이것은 가까운 시일 내에 실험적으로 검증할 수 있을 거야. 그래서 나는 우리에게 일을 맡긴 측에 대해서도 양심의 가책을 느낄 필요가 없게끔 일단은 우라늄 원자로 속의 연쇄반응에 집중하는 것이 좋겠다고 생각해. 우라늄 235를 얻는 문제는 다른 사람들에게 맡겨두고 말이지. 동위원소를 분리하는 일은 설사 그것이 가능하다 해도 기술적으로 의미 있는 결과가 나오기까지 시간이 아주 오래 걸릴 테니까.”

“따라서 그런 우라늄 원자로를 만드는 데 드는 기술적 노력은 원자폭탄에 드는 것보다 훨씬 더 적을 거라고 생각하시는 건가요?”

“그것은 확실해. 무거운 동위원소인 우라늄 235와 우라늄 238을 분리하여 최소한 몇 킬로그램의 우라늄 235를 얻는 것은 정말로 엄청난 기술력이 필요해. 하지만 우라늄 원자로는 단지 화학적으로 순수한 천연 우라늄과 흑연, 중수를 이용하여 몇 톤 규모로 만들면 돼. 거기에 들어가는 비용은 우라늄 235를 얻는 것의 100분의 1 혹은 1000분의 1에 불과할 거야. 따라서 자네의 베를린 카이저 빌헬름 연구소뿐 아니라 우리 라이프치히 연구팀도 역시 우선은 우라늄 원자로를 만들기 위한 사전 작업에 힘을 기울여야 할 거라고 봐. 물론 서로 긴밀하게 협력을 해야겠지."

카를 프리드리히가 대답했다.

"무슨 뜻인지 알겠어요. 그런 말을 들으니 안심이 되네요. 우라늄 원자로 연구는 전쟁이 끝나고 나서도 유용할 테니까요. 평화로운 원자 기술은 우라늄 원자로를 바탕으로 하게 될 거예요. 원자로를 발전소나 선박의 추진력 등으로 활용할 수 있겠죠. 전쟁 중 이런 연구를 하면서 젊은 인재들을 키울 수도 있을 거예요. 원자 기술에 정통한 사람들을 키우면 이들이 나중의 기술 개발에 핵심 역할을 할 수 있겠지요.

우리가 이런 방향으로 나가고자 한다면, 육군병기국과 협의를 하면서 일단 원자폭탄의 가능성을 되도록 언급하지 않든가, 해도 부수적으로만 하는 것이 중요할 거예요. 물론 상대편의 행동에 무방비 상태로 있지 않기 위해서라도 원자폭탄 제조 가능성을 계속해서 주시해야겠지만요. 역사적인 면에서 보아도 작금의 전쟁이 원자폭탄의 발명으로 결판이 나지는 않을 거라고 생각해요. 이런 전쟁은 비이성적인 힘들, 즉 젊은이들의 유토피아적인 희망과 나이 든 계층의 악의적인 복수심이 주도하고 있어서, 원자폭탄을 통해 힘의 우위가 결정 나버리는 것은 그다지 좋은 방법이 아닐 테니까요. 하지만 전쟁이 끝난 다음에는 원자 기술과 다른 기술의 진보가 중요한 역할을 하게 되겠지요."

"자네 역시 히틀러가 전쟁에 이길 수도 있다는 생각은 안 하나?" 내가 물었다.

"솔직히 말하면 잘 모르겠어요. 헷갈려요. 저희 아버지를 비롯해, 주변에서 정치를 좀 아는 사람들은 히틀러가 전쟁에서 이길 수 있으리라고 생각하지 않아요. 아버지는 히틀러를 늘 범죄자이자 바보로 여겨왔어요. 히틀러는 반드시 실패할 거라고 생각하죠. 아버지는 이런 확신에서 결코 흔들리지 않았어요. 하지만 그것이 전부라면 지금까지 히틀러가 거둔 성공은 이해가 가지 않아요. 범죄를 저지르는 바보는 그런 일을 할 수 없을 텐데요. 나는 1933년 이래 히틀러를 비판하는 경험 많은 진보 혹은 보수 진영 사람들이 뭔가 결정적인 것, 히틀러가 사람들에게 행사하는 정신적인 힘의 근본을 도무지 파악하지 못하고 있는 게 아닌가 생각하고 있어요. 나 역시 그것이 어떤 힘인지 몰라요. 그런 힘을 느낄 뿐이에요. 히틀러는 이미 여러 번 성공을 통해 사람들의 예언이 맞지 않았다는 것을 입증했어요. 지금도 다시 한번 그럴 수 있을지도 몰라요."

"아니야. 끝까지 힘겨루기를 하면 그렇게 될 수 없어. 영국과 미국 측의 기술력과 군사력은 독일 측과는 비교가 되지 않을 만큼 막강해. 기껏해야 장기적으로 정치적 이유에서 중부 유럽에서 정치권력이 공백 상태가 되는 걸 꺼려서 나치의 권력을 그냥 유지시킬지도 모르지만, 나치의 극악무도함, 특히 인종 문제에서의 악행으로 말미암아 이런 출구가 가능하지 않을 확률이 높아. 물론 전쟁이 얼마나 빠르게 끝날지는 아무도 모르지. 내가 히틀러가 구축한 권력의 저항력을 과소평가하고 있는지도 몰라. 그러나 아무튼 지금 무엇을 하건 전쟁이 끝난 뒤를 생각해야 한다는 건 분명해."

카를 프리드리히가 말했다.

"그 말씀이 옳아요. 제가 부지불식간에 헛된 꿈에 빠져들었는지도 모르겠어요. 히틀러의 승리를 바라지 않는 만큼이나 우리 조국의 완전한 패배와 그로 인한 끔찍한 결과들을 바라지도 않으니까요. 히틀러가 화의를 맺지도 않을 테고요. 하지만 어떻게 되든 간에, 전쟁 후의 재건을 준비해야 한다는 건 확실해요."

라이프치히와 베를린에서 곧 본격적으로 연구가 시작되었다. 나는 무엇보다 라이프치히에서 되펠이 세심하게 준비한 중수의 특성을 측정하는 일에 참여했다. 베를린 달렘의 카이저 빌헬름 물리학 연구소의 연구 진행 상황을 보기 위해 베를린에도 자주 갔다. 카이저 빌헬름 물리학 연구소에서는 카를 프리드리히 외에도 카를 비르츠*를 비롯해 나의 예전 동료와 친구들 여럿이 연구를 진행하고 있었다.

라이프치히의 우라늄 프로젝트에 한스 오일러를 참여시키고 싶었는데 그렇게 하지 못한 것은 참으로 아쉬웠다. 한스 오일러가 이 연구에 참여하지 못한 이유를 약간 자세히 소개해야 할 것 같다. 전쟁이 발발하기 전, 내가 미국에 체류하던 몇 달간 오일러는 내 밑에서 박사 학위를 준비하던 핀란드 학생인 그륀블롬과 아주 친하게 지냈다. 그륀블롬은 혈색이 좋고 건장하며, 낙천적인 성격의 소유자로, 세계는 결국 좋아질 것이고, 자신은 그런 세계에서 뭔가 좋은 일을 할 수 있으리라고 믿었다. 핀란드 대기업가의 아들인 그륀블롬은 확신에 찬 공산주의자인 오일러를 알게 되고 그와 이야기가 잘 통하자 처음에는 아주 놀랐을 것이다. 하지만 그륀블롬은 정치적 견해나 신조보다 인간적인 면을 훨씬 더 중요시하는 사람이었기에 젊은이들 특유의 편견 없고 열린 태도로 한스 오일러를 있는 그대로 인정해 주었다. 전쟁이 발발하고, 자신이 믿었던 공산주의 국가인 러시아가 히틀러와 손을 잡고 폴란드를 양분하여 점령하자 오일러는 큰 충격을 받았다. 설상가상으로 몇

---

* Karl Wirtz(1910~1994), 독일의 핵물리학자로서, 본 대학에서 물리학, 화학, 수학을 공부했다. 1935년부터 라이프치히 대학에서 카를 프리드리히 본회퍼의 조수로 일하다가 1937년에 하이젠베르크와 드베이어가 이끄는 카이저 빌헬름 협회의 연구 그룹에 참여했다. 2차 대전이 발발하면서 베를린에서 우라늄 클럽의 회원으로 연구를 계속했다. 1945년에 팜홀에 연금된 과학자 중 한 명이다. 이후 괴팅겐 막스플랑크 물리학연구소를 이끌었고 1957년 괴팅겐 18인에 참여했다.

달 뒤 러시아군은 핀란드를 공격했고, 그륀블롬도 징집영장을 받고 조국을 위해 참전해야 했다. 이런 사건들을 통해 오일러는 완전히 다른 사람이 되었다. 말수가 부쩍 적어졌고 나뿐 아니라 다른 친구들, 아니 전 세계와 거리를 두려는 것처럼 보였다.

오일러는 몸이 약해서 그때까지 징집되지 않고 있었지만, 나는 오일러가 징집될까봐 걱정이 되었다. 그래서 어느 날 오일러에게 그를 우라늄 프로젝트의 연구원으로 신청해 줄 수 있다고 말을 꺼냈다. 그러자 놀랍게도 오일러는 공군에 자원 입대하겠다고 했다. 내가 놀라는 걸 보고, 그렇게 결정하게 된 계기를 상세히 들려주었다.

"선생님은 내가 승리를 위해 싸우려는 것이 아니라는 걸 아실 거예요. 첫째, 나는 독일이 승리할 거라고 생각하지 않아요. 둘째, 나치 독일이 승리하는 것은 러시아가 핀란드에 대해 승리하는 것만큼이나 내게 끔찍한 일이에요. 그간 민중들에게 공포했던 모든 기본 원칙을 거슬러 행동하는 권력자들의 기회주의적인 후안무치함 앞에서 나는 더 이상 희망을 가질 수 없게 됐어요. 물론 나는 사람들을 살상하는 부대에 자원하지 않았어요. 정찰비행대에 근무하게 될 거예요. 거기서는 격추당할 수는 있지만, 격추하거나 폭탄을 투하할 필요는 없어요. 그런 점에서 문제가 없지요. 하지만 이런 무의미한 세상에서 내가 여기서 원자 에너지의 활용을 연구한들 그것이 무슨 소용이 있는지 잘 모르겠어요."

내가 말했다.

"지금 일어나고 있는 불행한 일들을 우리는 막을 수 없어. 자네도, 나도 마찬가지야. 하지만 그 후에도 삶은 다시 계속될 거야. 독일, 러시아, 미국에서도. 그때까지 아주 많은 사람들이 속절없이 사라지겠지. 유능한 사람이건 무능한 사람이건, 죄 있는 사람이건, 죄 없는 사람이건 가리지 않고 말이야. 그러나 그 뒤 살아남은 자들은 더 나은 세계를 만들기 위해 노력해야 해. 그런 세계 역시 별반 다르지는 않겠지. 전쟁이 거의 아무런 문제도 해결하지 못했음을 알게 될 거고. 하지만 몇 가지는 더 잘하게 될 것이고, 몇 가지는 더 좋아질 수 있을 거야. 자네는 왜 거기에 함께하려고 하지 않는 거지?"

"나는 그런 과제를 감당하려는 사람들을 비난하지 않아요. 애초에 불충분하고 미비한 상황과 타협할 마음이 있었고, 힘들여 한 걸음 한 걸음 개선해 나가는 일을 커다란 혁명보다 더 우선시했던 사람은 '내가 그럴 줄 알았지' 하면서, 전쟁이 끝난 뒤 다시금 힘들게 작은 걸음을 내디디게 되겠지요. 그런 걸음들은 장기적으로는 모든 혁명보다 더 많은 개선을 이룰 수 있을지도 모르고요. 하지만 내 생각은 좀 달라요. 나는 공산주의 이념이 인간의 공동생활을 근본적으로 개혁할 수 있기를 희망했어요. 그래서 이제는 폴란드나 핀란드, 혹은 다른 곳에서 전쟁으로 죽어가는 무고한 사람들보다 더 쉬운 삶을 살고 싶지 않아요. 여기 라이프치히 대학에서 나는 나치 당 배지를 달고 다니는 사람들, 즉 다른 이들보다 이 전쟁에 훨씬 더 책임이 많은 사람들이 군복무를 면제받는 것을 봤어요. 이런 생각을 하면 견딜 수가 없어요. 나는 할 수 있는 한, 나의 희망에 충실하고 싶어요. 세계를 용광로로 만들고자 한다면 스스로 용광로 속에 뛰어들 준비가 되어 있어야 해요. 선생님은 나를 이해해 주실 거라 믿어요."

"그래. 자네 뜻을 충분히 이해해. 하지만 나 역시 용광로 비유로 말하자면 용광로 속에서 용해된 것들이 다시 굳어졌을 때 자신이 원했던 형태를 띠게 되리라고 희망할 수는 없어. 굳어질 때 작용하는 힘들은 자기 자신의 소망뿐 아니라 다른 사람들의 소망들이 반영된 결과물이거든."

"내게 아직 그런 희망이 있다면, 다르게 행동할 수 있을 거예요. 하지만 미래를 위한 용기를 내기에는 지금 내게 일어나고 있는 일들이 너무 무의미하게 느껴져요. 하지만 선생님이 미래를 향해 용기를 내는 것은 좋은 일이라고 생각해요."

나는 오일러의 마음을 돌리는 데 실패했다. 오일러는 곧 빈으로 교육을 받으러 떠났고, 처음에 보내온 편지들은 앞서의 우리의 대화처럼 고뇌에 차 있었지만, 몇 달이 흐르면서 훨씬 자유로워지고 편안해진 느낌이 들었다. 나는 그 뒤 강연차 빈에 갔다가 한 번 더 오일러를 만났다. 오일러는 그린칭 뒤편 언덕의 한 정원 레스토랑에서 내게 그해에 만들어진 포도

주를 사주었다. 전쟁 이야기는 가급적 하지 않으려 했다. 우리가 그곳에서 내려오며 시내를 둘러보는데, 갑자기 비행기 하나가 우리 위쪽으로 몇 미터 떨어지지 않은 곳에서 굉음을 내면서 지나갔다. 오일러는 웃으며 자기 편대 소속 비행기로, 우리에게 인사를 전하려는 것이라고 했다. 그 뒤 1941년 5월 말에 오일러는 다시 한번 남쪽으로부터 내게 소식을 전해 왔다. 자신의 편대가 그리스로부터 크레타와 에게 해를 정찰하라는 명령을 받았다고 했다. 오일러의 편지는 더 이상 과거나 미래를 생각하지 않고 현재만 생각할 때 나오는 쾌활함으로 넘쳐났다.

'그리스에 2주 있었더니 이 찬란한 남쪽 나라 밖의 일들을 다 잊어버렸어요. 요일 감각까지 사라져 버렸어요. 우리는 엘레우시스 만에 있는 몇몇 별장에 흩어져 기거하고 있어요. 비번인 날에는 파란 파도와 빛나는 태양 아래 멋지게 생활하고 있지요. 요트도 하나 구해서 타고 나가서 생선도 잡고 오렌지도 구해 오곤 해요. 아주 재미있어요. 계속 여기에 머물고 싶어요. 오래된 대리석 기둥들 사이에서 꿈꿀 시간은 이제 얼마 남지 않았지만, 이곳 산 아래, 물결이 일렁이는 곳에서는 과거와 현재가 구분이 되지 않아요.'

나는 이 편지를 읽으며 오일러가 많이 변했다는 생각을 했다. 그러자 나의 생각은 외레순에서 닐스와 했던 이야기로 옮겨갔고, 당시 닐스가 내게 인용했던 실러의 시구들이 떠올랐다.

> 삶의 모든 근심들, 그는 그것을 던져 버리고
>
> 이젠 걱정도, 염려도 없이
>
> 운명에 용감하게 맞선다
>
> 오늘 안 되면 내일은 되리
>
> 내일 되는 거라면, 우리 오늘은
>
> 남아 있는 소중한 시간을 음미하자

몇 주 뒤 러시아와의 전쟁이 터졌다. 그리고 아조프 해로 첫 정찰 비행을 나갔던 오일러의 비행기는 돌아오지 못했다. 비행기도, 탑승했던 병사도 흔적을 찾지 못했다. 오일러의 친구 그륀블롬 역시 몇 달 후 전사했다.

15

새로운 시작을 향해

1941 ~1945

1941년 말경 우리 '우라늄 클럽'은 원자에너지를 기술적으로 활용하기 위한 물리학적 토대를 확실히 파악하고 있었다. 천연우라늄과 중수를 활용해 에너지를 공급하는 원자로를 만들 수 있음을 알고 있었고, 그런 원자로에서 부산물로 우라늄 239가 생긴다는 것을 알고 있었다. 우라늄 239는 우라늄 235처럼 원자폭탄의 폭발 물질로서 활용될 수 있는 우라늄이었다. 1939년 말경 나는 이론적으로 중수 대신 순수한 탄소를 감속재로 활용할 수 있다고 추측했다. 그러나 나중에 드러난 사실이지만, 탄소의 흡수성을 부정확하게 측정하는 바람에 이런 방법을 일찌감치 포기했다. 당시 아주 권위 있는 다른 연구소에서 탄소의 흡수성을 측정했기에 우리는 그것을 더 이상 검증해 보지 않았던 것이다.

우라늄 235에 대해서는 당시 전쟁 중에 실현 가능한 비용으로 원자폭탄을 만들 만한 양의 우라늄 235를 얻을 수 있는 방법을 알지 못했다. 원자로에서 원자폭탄 재료를 얻는 것 역시 오랜 세월 거대한 원자로를 가동함으로써 가능했기에, 여하튼 원자폭탄 제조는 어마어마한 기술비를 들여야만 가능할 것이라고 확신했다. 따라서 정리해 보자면, 우리는 이 시기 원자폭탄 제조가 원칙적으로 가능하다는 것을 알고 있었고, 실현 가능한 방법들을 알고 있었다. 그러나 그에 들어갈 기술적 비용을 실제보다 과대평가한 나머지, 정부에 양심의 거리낌 없이 정직하게 이런 상황을 보고할 수 있는 동시에 원자폭탄 제조 명령은 받지 않게 될 것임이 분명해져 아주 행복한 상황에 놓이게 되었다. 불확실한 미래에 놓여 있는 목표를 위해 그렇게 많은 기술적 비용을 들이는 일은 독일 정부가 용인할 수 있는 일이 아니었다.

그럼에도 우리는 아주 위험한 과학 기술 개발에 참여하고 있다는 느낌이 들었다. 그리하여 카를 프리드리히 폰 바이츠제커, 카를 비르츠, 옌젠,* 후터만스와 더불어 간혹 이런 일을 해도 되는 것인지 상의를 하곤 했다. 달렘의 카이저 빌헬름 물리학 연구소의 내 방에서 카를 프리드리히와 함께 나누었던 대화가 기억난다. 옌젠이 막 자리를 떴을 때 카를 프리드리히가 다음과 같은 질문으로 대화의 문을 열었다.

---

* Johannes Jensen(1907~1973). 독일의 이론물리학자로서 마리아 괴퍼트–마이어와 함께 원자핵 껍질구조이론을 발표했으며, 이 업적으로 1963년에 노벨 물리학상을 받았다.

"우리의 경우 당분간은 원자폭탄과 관련하여 그리 위험한 상황에 놓이지는 않게 될 거예요. 원자폭탄 제조에 본격 착수하기에는 기술적 비용이 너무 크니까요. 하지만 시간이 흐르면 상황은 바뀔 수도 있어요. 따라서 이 분야에서 계속 연구를 하는 것이 잘하는 일일까요? 미국에 있는 우리의 지인들은 어떻게 할까요? 원자폭탄 개발에 전력투구하고 있을까요?"

나는 그들 편에서 한번 생각해 보려고 했다.

"미국에 있는 물리학자들의 마음, 특히 독일에서 이주한 물리학자들의 마음은 우리와는 완전히 달라. 그들은 선을 위해 악과 대치하여 싸워야 한다고 확신할 거야. 더구나 이민자들의 경우는 미국이 그들을 품어주었으니 당연히 미국을 위해 전력을 다해야 한다는 의무감을 느끼겠지. 하지만 단번에 수만 명의 민간인을 학살할 수 있는 원자폭탄은 그냥 여느 무기와 같은 것일까? '좋은 편을 위해서는 수단과 방법을 가리지 말고 싸워. 하지만 나쁜 편을 위해서는 그러면 안 돼' 하는 약간은 문제의 소지가 있는 옛 규칙은 그런 무기에도 적용되는 걸까? 나쁜 편을 위해서는 절대로 만들면 안 되는 원자폭탄을 좋은 편을 위해서는 만들어도 되는 걸까? 유감스럽게도 세계사에서 되풀이하여 관철되어온 이런 견해가 옳다면, 어떤 일이 선한 것인지, 악한 것인지는 누가 결정하는 것일까? 여기서 히틀러와 나치가 악하다는 것은 쉽게 판단할 수 있어. 그러나 미국 측도 모든 맥락에서 볼 때 선할까? 여기서도 마찬가지로 어떤 일이 선인지 악인지는 그들이 사용하는 수단으로 미루어 판단할 수 있지 않을까? 물론, 거의 모든 싸움은 나쁜 수단으로 행해지지. 그러나 나쁜 수단이라도 어떤 것은 정당화되고, 어떤 것은 정당화될 수 없는 것일까? 지난 세기에는 조약들을 통해 나쁜 수단을 사용하는 걸 막아왔어. 그러나 지금의 전쟁에서는 히틀러도, 상대편도 이런 제한을 지키지 않을 거야. 그럼에도 나는 미국의 물리학자들 역시 원자폭탄을 제조하는 데 전력을 다할 거라고는 생각지 않아. 그러나 우리 쪽에서 그렇게 할까봐 두려움 때문에 전력을 다할 수도 있지."

"당신이 언제 한번 코펜하겐의 보어와 이 모든 일을 논의하고 왔으면 좋겠어요. 가령 보어가 우리가 잘못하고 있는 것이며, 이런 우라늄 연구를 차라리 포기해야 한다는 의견이라면 나는 다시 생각해볼 것 같아요."

그리하여 원자 기술의 실용화 가능성에 대해 확신하게 된 1941년 가을, 나는 코펜하겐 독일 대사관의 초청으로 그곳에서 학술 강연을 하기로 했다. 그 기회를 이용해 닐스와 우라늄 문제에 대해 이야기해 보고자 했던 것이다. 코펜하겐으로 갔던 것은 1941년 10월이었던 것으로 기억한다. 나는 칼스베르 명예저택으로 닐스를 방문했지만, 이 민감한 이야기를 처음으로 꺼낸 것은 저녁에 닐스의 집 근처를 산책하면서였다. 닐스가 독일 측의 감시를 받고 있는 건 아닌지 겁이 났기 때문에 나는 혹시나 나중에 꼬투리를 잡히지 않도록 극도로 조심스럽게 이야기를 했다.

　나는 닐스에게 원자폭탄을 제조하는 것은 원칙적으로 가능하지만, 거기에 들어가는 기술적 비용이 어마어마하다는 것과 물리학자로서 이런 문제를 계속 연구해도 좋은지 자문하게 된다는 이야기를 넌지시 비추고자 했다. 그런데 유감스럽게도 닐스는 원자폭탄 제조가 기본적으로 가능하다는 말을 들은 뒤 기겁한 나머지, 내 이야기의 본질적인 부분, 즉 거기에 어마어마한 기술적 비용이 들어간다는 부분은 건성으로 들어넘기고 말았다. 나로서는 이렇듯 어마어마한 비용이 들어가야 하는 상황이 물리학자들로 하여금 원자폭탄 제조를 시도할 것인지 말 것인지를 결정할 가능성을 부여한다는 사실이 중요했는데 말이다. 이런 상황에서 물리학자들은 정부에 전쟁 중에는 원자폭탄을 제조하는 것이 힘들 거라고 이야기할 수도 있었고, 아니면 비상한 노력을 기울이면 가능하다고 이야기할 수도 있었기 때문이었다. 두 견해 모두 양심의 거리낌 없이 할 수 있는 이야기들이었다. 미국에서조차 전쟁이 끝나기 전까지 원자폭탄을 완성하는 일은 불가능할 것처럼 보였다.

　그러나 닐스는 원자폭탄 제조가 기본적으로 가능하다는 사실에 경악한 나머지 넌지시 암시한 그 뒤의 이야기들은 귀담아 듣지 않았다. 독일 군대가 덴마크를 점령한 것으로 인한 분노 역시 국경을 초월한 의사소통을 힘들게 만들었을 것이다.

나는 이 일을 통해 독일의 정책으로 독일인들이 얼마나 고립에 내몰리고 있는지를 실감했으며, 전쟁의 현실이 수십 년 된 인간관계마저 일시적으로 단절시킬 수 있다는 걸 뼈아프게 깨달았다.

나의 코펜하겐 '미션'은 실패로 돌아갔지만, 독일 '우라늄 클럽' 회원들에게 상황은 수월하게 전개되었다. 1942년 6월 독일 정부는 원자로 프로젝트를 대폭 축소하여 진행하기로 했으며, 원자폭탄 제조 실험은 하지 않는 것으로 결정되었다. 물리학자들은 이런 결정에 대해 굳이 이의를 제기할 필요가 없었다. 이제 우라늄 프로젝트는 전후의 평화로운 원자 기술을 준비하는 데에 방점이 찍혔고, 전쟁으로 피폐한 환경 가운데서도 유용한 결실들을 맺었다. 독일 회사가 최초로 외국—아르헨티나—으로 수출한 원자력 발전소에 우리가 전쟁 중에 계획했던 천연 우라늄과 중수로 구성된 원자로가 설비되어 있었던 것은 우연이 아니다.

그리하여 우리는 이제 전쟁 뒤 새로이 시작할 생각에 마음이 부풀었다. 이와 관련하여 당시 달렘의 카이저 빌헬름 연구소에서 생화학자로 일했던 아돌프 부테난트*와 나누었던 대화가 기억난다. 당시 달렘에서는 생물학과 원자물리학을 넘나드는 질문을 주제로 정기적으로 대담이 열렸고 부테난트와 나는 그곳에 종종 참여했다. 그러나 부테난트와 처음으로 긴 대화를 나누었던 것은 공습이 있은 뒤 베를린 시내에서 달렘까지 함께 걸어가야 했던 1943년 3월 1일 밤이었다.

우리는 당시 포츠담 광장에서 가까운 항공교통부 청사에서 열린 항공학회 회의에 참석하고 있었다. 후베르트 샤르딘이 현대 폭탄이 미치는 생리적 효과에 대해 강연을 하면서 아주 가까운 곳에서 폭발이 일어나 기압이 갑자기 높아져서 생길 수 있는 공기색전증으로 인한 사망은 비교적 고통이 없을 거라고 설명했다. 그런데 회의가 막바지에 이르렀을 때 공습경보가 울리는 바람에, 우리는 청사 지하에 있는 방공호로 대피해야 했다. 군용 침대와 짚을 채워 만든 요로 편안하게 설비가 되어 있는 곳이었다. 우리는 난생처음으로 정말이지 격렬한 공습을 경험했다. 폭탄 몇 개가 청사 건물에 떨어졌고, 지붕과 벽이 무너져 내리는 소리가 요란했다. 지하실과 외부 세계를 연결해주는 복도가 다 막혀버린 건 아닌지 걱정이 되었다. 지하실 조명은 공습이 시작된 직후 다 나가버려서, 손전등으로 이따금 주변을 비추어 보는 게 고작이었다. 신음하는 여인이 실려와 위생병의 응급처치를 받았다. 처음에는 이야기도 나누고 이따금 웃기도 하던 사람들이 바로 가까이에서 연속

---

* Adolf Friedrich Johann Butenandt(1903~1995). 독일의 생화학자. 성호르몬에 관한 연구의 공로로 1939년 노벨 화학상을 수상했다. 1933년 히틀러와 국가사회주의당에 대한 과학자의 충성 서약에 서명했으며 1936년에 국가사회주의당에 가입했다. 1936년부터 카이저 빌헬름 생화학 연구소의 소장을 맡았다.

적으로 폭탄 소리가 들리자 점점 말이 없어졌다. 분위기는 눈에 띄게 침울해졌다. 그 압력이 우리가 있는 지하실에서도 확연히 느껴질 정도로 심한 폭발음이 들린 뒤 갑자기 구석에서 오토 한의 목소리가 들렸다.

"샤르딘, 이 망할 놈 같으니라구, 이제 스스로도 자기 이론을 더 이상 믿지 않겠구먼."

그 말로 우리의 정신적 평정은 어느 정도 회복되었다.

공습이 끝난 뒤 우리는 콘크리트 덩어리와 구부러진 철근이 마구 엉켜 있는 것을 뚫고 지상으로 올라왔다. 우리의 눈앞에 기이한 광경이 펼쳐졌다. 주변 건물의 지붕과 꼭대기 층이 전부 불에 활활 타고 있어서 청사 앞 광장이 붉은 빛으로 환했다. 몇 군데는 불이 이미 1층까지 번져 있었고, 거리 곳곳에 웅덩이가 패여 불이 타오르고 있었다. 소이탄을 투하하면서 생겨난 웅덩이인 듯했다. 광장은 서둘러 집으로 발걸음을 재촉하는 사람들로 북적였다. 시내와 교외 지역을 잇는 교통수단이 끊긴 것이 확실했다.

부테난트와 나는 반쯤 매몰되어 버린 복도를 통해 밖으로 나와서는 각자 달렘과 피히텐베르크까지 가야 하니 길이 갈리는 곳까지 함께 걸어가기로 했다. 처음에 우리는 공습이 시내에만 국한되어 주거 지역은 무사하기를 바랐다. 그러나 포츠담 가는 몇 킬로미터에 이르는 전 지역이 화염에 휩싸여 있었다. 몇 군데에서는 소방대가 진화 작업을 하고 있었지만, 그들의 노력은 밑 빠진 독에 물 붓기처럼 무력해 보였다.

포츠담 광장에서 달렘까지는 빠른 걸음으로도 한 시간 반 내지 두 시간 정도가 걸릴 터였으므로, 부테난트와 나는 이런 저런 이야기를 나누기 시작했다. 전쟁 상황에 대해서가 아니라—그거야 뭐 많은 말이 필요 없는 것이었으므로—전후의 시간들에 대한 희망과 계획에 대해서였다. 부테난트가 물었다.

"어떻게 보십니까? 전쟁이 끝난 뒤 독일에서 과학을 할 수 있을까요? 많은 연구소들은 파괴되고, 유능한 젊은 학자들은 전쟁에서 전사할 텐데요. 형편이 어려워지면서 과학의 진흥보다는 다른 문제가 더 시급하게 다가올 거고요. 하지만 한편 장기적으로 경제적 안정과 유럽 공동체로의 편입을 위해서는 과학 연구의 재건이 시급합니다."

내가 대답했다.

"독일인들이 1차 대전 후의 재건을 기억할 수 있으면 좋겠습니다. 당시 화학과 광학산업에서 과학과 기술의 협업은 재건에 아주 중요한 기여를 했었지요. 따라서 독일인들은 성공적인 과학 연구 없이는 현대를 살아가기가 힘들다는 것을 빠르게 파악하리라 생각합니다. 원자물리학과 연관해서도 지금의 나치 체제 하에서 기초 연구를 게을리 한 것이 불행에 일조했거나 최소한 불행의 징조였다는 것을 인식할 거예요.

물론 이런 인식만으로 충분하지 않다는 것은 압니다. 불행의 뿌리는 훨씬 더 깊숙이에 놓여 있지요. 지금의 이런 상황은 신들의 황혼의 신화, 즉 독일인들이 항상 빠지곤 하는 '전부 아니면 무' 식의 철학이 초래한 당연한 결과일 따름이에요. 독일 민족을 모든 비참과 위험으로부터 구해낸 외세의 압박에서 해방된 더 나은 세계로 인도하는 영웅이자 해방자로서의 지도자, 그러나 운명이 받쳐주지 않으면 단호하게 세계 멸망으로 걸어가는 지도자에 대한 믿음! 이 끔찍한 믿음과 이와 연결된 절대성의 요구는 모든 것을 근본에서부터 망쳐놓아요. 이런 믿음은 현실을 도외시한 채 환상을 좇게 하고, 더불어 살아야 하는 다른 민족들과의 소통을 불가능하게 만들지요.

따라서 나는 이렇게 묻고 싶어요. '현실이 환상을 남김없이 무참하게 파괴한 마당에 과학은 세계와 세계 속의 우리의 상황을 더 객관적이고 비판적으로 판단하게 하는 수단이 될 수 있을까?' 하고 말이에요. 따라서 나는 과학의 경제적인 유익보다는 교육적인 면을 더 생각합니다. 과학을 통해 비판적인 사고력을 기를 수 있지 않을까 하고요. 물론 능동적으로 과학에 몰두할 수 있는 사람의 숫자는 그리 많지 않을 겁니다. 하지만 독일에서 학자들은 앞으로도 명망을 누릴 것이고, 사람들은 학자들의 말을 귀담아들을 거예요. 학자들의 사고방식도 폭넓은 영향력을 행사할 수 있을 테고요."

부테난트가 고개를 끄덕였다.

"이성적 사고를 교육하는 것은 정말 중요한 사안이지요. 이런 사고에 다시금 비중을 두는 것은 전쟁 뒤 우리가 감당해야 할 중요한 일 중 하나일 테고요. 원래 지금까지의 전쟁 상황만으로도 독일인들은 현실에 대한 눈을 떴어야 해요. 지도자에 대한 믿음이 천연자원을 대신하거나, 경제 및 기술 발전을 저절로 불러올 수 없다는 것을 직시했어야 해요. 전 세계를 보고, 미국, 영국, 러시아가 통제하는 거대한 영토들을 생각하고, 지구상에 독일 민족에게 할당된 지역이 얼마나 작은지를 보는 것만으로도 사실은 기겁해서 지금 감행하는 일로부터 발을 빼야 마땅해요. 그러나 우리에게는 객관적이고 논리적인 사고가 어렵습니다. 똑똑한 사람도 많지만, 민족 전체로서는 꿈속을 헤매며, 환상을 지성보다 더 높이 평가하고, 감정을 사고보다 더 심오한 것으로 여기는 경향이 있어요. 그러므로 과학적인 사고에 다시금 더 많은 비중을 두는 일이 시급해요. 전쟁 뒤 형편이 아무리 어려워도 그렇게 해야 해요.”

우리는 포츠담 가를 거쳐 하우프트 가, 라인 가, 슐로스 가에 이르기까지 불타오르고 있는 집들 사이를 걸어갔다. 불에 타거나 빨갛게 달구어진 목재에 부딪히지 않도록 조심을 해야 했고, 거리로 떨어져 내리는 서까래 파편에 맞지 않도록 피해 가야 했다. 추가 화재의 위험이 있어 쳐놓은 바리케이드도 우리의 앞을 가로막았다. 내 오른쪽 구두에 불이 붙는 바람에 우리의 길은 또 한 번 지체되었다. 잘못해서 소이탄이 떨어진 웅덩이에 발을 디뎠던 것이다. 다행히 가까운 곳에 물웅덩이가 있어서 구두에 붙은 불을 금세 끌 수 있었다.

나는 대화를 이어나갔다.

"우리 독일인들은 정말로 논리나 자연법칙적으로 주어진 사실들을―여기 우리 앞에서 보는 것들도 역시 사실들이죠―종종 일종의 강제로, 마지못해 복종해야 하는 압박으로 여깁니다. 이런 강제에서 벗어날 수 있을 때만이 자유가 허락된다고 생각하죠. 그래서 환상과 꿈에 몰두하고, 유토피아에 취하는 거예요. 거기서 우리는 절대적인 것을 실현하기를 희망합니다. 이런 절대성은 되풀이되면서 독일인들로 하여금 예술 같은 영역에서 최고의 성과를 올리도록 고무해왔어요. 하지만 현실에서 이것을 실현하려면 법칙의 강제에 복종해야 해요. 작용하는 것만이 현실적인 것이고, 모든 작용은 사실이나 생각의 법칙적인 연관을 토대로 하니까요.

하지만 독일인들이 이렇게 꿈과 신비에 묘한 애착이 있다 해도 나는 독일인들이 냉철한 과학적 사고를 왜 그리 실망스럽게 생각하는지 이해할 수가 없어요. 사실 과학적 사고는 얼핏 볼 때는 냉철하게 보이지만, 논리적 사고와 꽉 짜여진 자연법칙을 이해하고 적용하는 것만이 과학의 전부라고 보는 것은 옳지 않아요. 사실은 과학, 심지어 자연과학에서도 환상이 중요한 역할을 해요. 사실을 얻기 위해 객관적이고, 꼼꼼한 실험적인 작업들이 필요하긴 하지만, 사실들을 정리하는 작업은 현상을 골똘히 생각하기보다는 오히려 현상에 감정이입을 할 수 있을 때 가능하지요. 독일인들은 이런 면에서 특별한 달란트가 있는 것 같습니다. 절대적인 것이 우리에게 그렇게 기이한 매력을 행사하니 말이에요. 세상에는 실용주의적 사고방식이 널리 퍼져 있어요. 우리 시대뿐 아니라 역사적으로도—이집트, 로마, 앵글로색슨 지역만 생각해봐도요—이런 사고방식이 기술, 경제, 정치에서 얼마나 성공적인지를 알 수 있어요. 하지만 과학과 예술에서는 원칙적인 사고가 훨씬 더 성공적이었습니다. 그것이 가장 대담하게 구현되었던 것은 고대 그리스 시대였죠.

독일에서 헤겔과 마르크스, 플랑크와 아인슈타인, 음악에서는 베토벤과 슈베르트처럼 세상을 뒤바꾼 과학적 또는 예술적 업적이 탄생했다면, 그것은 절대성과의 관계 속에서, 시종일관 원칙적인 사고를 통해서만 가능했어요. 절대성에 대한 추구가 형식, 즉 과학에서는 냉철하고 논리적 사고에, 음악에서는 화성학 법칙과 대위법에 복종할 때 말이에요. 이런 극도의 긴장 속에서만 진정한 힘이 펼쳐질 수 있어요. 절대성을 추구하다가 형식을 파괴하면 그 길은 지금 우리가 볼 수 있듯이 카오스로 이어져요. 나는 이런 카오스를 신들의 황혼이나 세계 멸망과 같은 개념으로 미화할 마음이 없어요.”

이런 말을 하는데 내 오른쪽 구두에 다시 불이 붙었다. 이번에는 불을 끌 뿐 아니라 인을 함유한 액체를 완전히 제거하느라 약간 힘이 들었다. 나를 보면서 부테난트는 이렇게 말했다.

"당면한 일들만 해결해도 잘하는 걸 겁니다. 나중을 위해서는 전쟁이 끝난 뒤 현실성 있는 전망으로 독일 민족에게 어느 정도 견딜 만한 삶의 조건들을 만들어줄 수 있는 정치인들이 나오기를 바라야겠지요. 과학의 경우 카이저 빌헬름 협회가 독일의 과학 재건을 위해 꽤 괜찮은 주춧돌이 될 수 있을 것 같습니다. 카이저 빌헬름 협회는 여느 대학들보다 정치적으로 독립성을 유지하고 있으니까요. 대학들은 좀 더 커다란 어려움을 각오해야 할 겁니다. 그러나 카이저 빌헬름 협회는 전쟁 중에도 군비 프로젝트에 참여하여 절충안을 마련할 수 있었고, 이 협회에 속한 학자들 중에는 외국 학자들과 친한 학자들이 많아요. 이들 외국 학자들은 냉철하고 이성적인 사고의 중요성을 잘 알고 있는 사람들이고, 자신의 나라뿐 아니라 독일에서도 이런 사고가 확산될 수 있도록 힘껏 도울 준비가 되어 있을 거예요. 당신은 원자물리학이 전후 평화로운 국제적 협동 연구를 위한 연결점이 될 거라고 보십니까?"

내가 대답했다.

"평화로운 원자 기술이 개발될 겁니다. 오토 한이 발견한 원자핵 분열 과정을 통해 원자핵 에너지를 활용하게 되겠지요. 그 기술을 활용하여 직접적인 전쟁 무기를 제조하는 것은 어마어마한 기술적 비용 때문에 이번 전쟁에는 이루어지지 않을 것 같지만, 전쟁이 끝나면 국제적 협업이 있게 될 거라고 봅니다. 오토 한의 발견이 원자 기술에 이르는 결정적인 계기가 되었고, 원자물리학자들은 계속하여 국경을 넘어 사이좋게 협력해왔으니까요."

"네, 전쟁이 끝나면 어떻게 될지 기다려봐야죠. 아무튼 간에 우리는 카이저 빌헬름 협회에서 잘 뭉쳐야겠군요."

우리는 이제 헤어졌다. 부테난트는 달렘으로, 나는 피히텐베르크로 가야 했다. 나는 얼마 동안 처가에 기거하고 있었다. 최근에 나의 큰 아이 둘을 베를린으로 데려왔고, 며칠 뒤 할아버지의 생일을 축하할 예정이었다. 나는 아이들과 장인, 장모가 무사한지 몹시 걱정이 되었다. 최소한 피히텐베르크는 공습을 모면했기를 바랐는데 그런 희망은 수포로 돌아갔다. 멀리서도 이미 이웃집이 전소된 것이 보였고, 우리 집 지붕에도 불이 붙어 있었다. 이웃집을 지나면서 나는 도움을 요청하는 소리를 들었다. 그러나 일단 아이들과 장인 장모의 안전을 확인해야 했다. 우리 집은 상당한 피해를 입은 상태였다. 문과 창의 덧문이 모조리 망가져 있었다. 게다가 집과 지하 방공호가 텅 비어 있는 것을 확인하고 나는 무척 당황했다. 창고에 가서야 기와가 떨어지는 것에 대비해 철모를 쓰고 불과 싸우는 용감한 장모님을 발견했다. 장모님의 말에 의하면 아이들은 할아버지와 함께 식물원 근처 피해가 적은 이웃집으로 피했고, 할아버지와 집주인인 슈미트-오트 장관 부부의 보호 하에 잘 자고 있다고 했다. 우리 집 역시 불길은 거의 잡혀서, 더이상 불길이 번지지 않도록 하기 위해 서까래 몇 개를 떼어내는 것으로 충분했다.

그제야 비로소 나는 도와달라는 소리를 좇아 불타고 있는 이웃집으로 달려갔다. 그곳은 지붕이 거의 무너져 내렸고, 마당에 불타오르는 서까래들이 떨어져 있어 접근이 어려웠다. 위층 전체가 활활 불에 타고 있었다. 나는 1층에서 도와달라고 외치는 젊은 여인을 만났다. 그녀는 연로한 아버지가 저 위 창고에서 양동이에 수돗물을 받아 사방에서 좁혀 오는 불을 꺼보려고 애쓰고 있는데 계단은 이미 불에 타서 내려앉았다며, 어떻게 아버지를 구할 수 있을지 난감해 했다. 다행히 나는 조금 전에 양복을 벗고 몸에 착 달라붙는 낡은 트레이닝 복으로 갈아입었기에 몸놀림이 자유로운 상태였다. 지붕 밑으로 기어 올라가자 불의 벽 뒤편에서 머리가 새하얀 노신사가 거의 인사불성 상태로 주변에 물을 뿌리면서 타들어오는 불과 싸우는 모습이 보였다. 나는 폴짝 뛰어 불의 벽을 통과하여 그 노인 앞에 섰다. 그러자 그는 뜻밖에도 그을음으로 범벅이 된 사람이 자기 앞에 등장한 걸 보고 한순간 멈칫하더니 양동이를 옆에 두고 차렷 자세를 취하는 게 아닌가. 그리고 몸을 굽혀 공손히 인사를 했다. "내 이름은 폰 엔슬린입니다. 도와주셔서 정말 고맙습니다." 다시금 오래된 프로이센 정신이 엿보이는 장면이었다. 내가 늘 놀라곤 했던 훈육, 질서, 절제된 언어. 한순간 외레순 해변에서 닐스와 나누었던 대화가 머릿속을 스쳐갔다. 그때 닐스는 프로이센과 고대 바이킹을 비교했다. 전망 없는 싸움을 하던 프로이센 장교의 '최후까지 의무를 다하라'는 단순한 외침도 떠올랐다. 그러나 지금은 그런 옛 모범들을 떠올릴 시간이 없었다. 얼른 행동에 돌입해야 했고, 다행히 진입한 것과 똑같은 경로로 노인을 구출하는 데 성공했다.

몇 주 뒤 우리 가족은 전쟁 전에 계획했던 대로 라이프치히에서 우어펠트 발헨 호숫가로 거처를 옮겼다. 우리는 아이들을 가능하면 공습으로부터 보호하고자 했다. 달렘에 있던 카이저 빌헬름 연구소도 공중전의 위험이 덜한 적당한 지역으로 이전하라는 명령을 받고 장소를 물색하던 중 쥐트뷔르템베르크의 소도시 헤힝엔의 한 직물 공장에 우리를 받아줄 만한 충분한 여유 공간이 있음을 발견했다. 그리하여 우리는 연구 장비를 속속 헤힝엔으로 옮기고 팀원들도 그리로 옮겨갔다.

전쟁의 막바지, 혼란스러운 세월을 보내며 기억에 남는 일이 몇 가지 있다. 훗날 나의 정치관에 커다란 영향을 끼친 일들이었으므로 간단하게 소개하겠다.

베를린에서 생활할 때 가장 즐거웠던 시간은 '수요 모임'이 열렸던 저녁들이었다. 베크 원수, 포피츠 장관, 외과 의사인 자우어브루흐, 폰 하셀 대사, 에두아르트 슈프랑거, 예센, 슐렌부르크 등이 수요 모임 멤버였다. 그중 자우어브루흐의 집에서 가졌던 어느 저녁 모임이 기억난다. 그날 자우어브루흐는 폐 수술에 대한 학술 강연을 마친 뒤 훌륭한 포도주를 비롯하여 배를 곯던 당시로서는 매우 성대한 만찬을 베풀어 주었다. 모두들 흥겨워했고 모임의 막바지에 이르러서는 폰 하셀이 테이블 위에 올라가 노래를 부를 정도였다. 그 뒤 1944년 7월에 열린 마지막 수요 모임에서 나는 멤버들을 하르낙하우스로 초대했다. 나는 그날 오후 내내 카이저빌헬름 연구소 정원에서 라즈베리를 땄고 하르낙하우스에서 우유와 약간의 와인을 원조해주어, 손님들에게 초라하나마 식사를 대접할 수 있었다. 식사를 마치고 나는 별들 안에서 원자 에너지가 생성되는 메커니즘과 그것을 지구에서 기술적으로 활용하는 것에 대해 비밀 유지 규정에 어긋나지 않는 정도로 보고했다. 뒤이은 토론에서는 베크와 슈프랑거가 주도적인 역할을 했다. 베크는 이런 기술이 활용되면 기존의 전쟁 양상과 군사적 개념이 근본적으로 변하게 될 것임을 단번에 알아챘으며, 슈프랑거는 우리 물리학자들이 오래전부터 예견해 왔던 문제를 언급했다. 즉 원자물리학의 발전이 인간의 사고에도 변화를 초래하게 될 것이고, 나아가 사회적, 철학적 구조에도 영향을 미칠 것이라는 것 말이다.

7월 19일, 나는 수요 모임의 회의록을 포피츠의 집으로 가져다주고는 그 밤에 기차를 타고 뮌헨을 거쳐 코헬로 갔다. 코헬에서 우어펠트까지는 두 시간을 더 걸어야 했다. 가는 길에 나는 손수레에 짐을 싣고 케셀베르크를 올라가는 군인 한 사람을 만났다. 나는 나의 무거운 트렁크를 그 손수레에 얹고는 손수레를 밀어주었다. 그런데 그 군인이 하는 말이 방금 라디오에서 들었는데 히틀러 암살 시도가 있었다는 거였다. 히틀러는 경상에 그쳤지만, 베를린의 국방부 수뇌부에서 반란이 있었다고 했다. 나는 조심스럽게 그에게 이 일에 대해 어떻게 생각하느냐고 물었다. 그랬더니 그는 "좋은 일이죠. 곧 무슨 움직임이 있을 테니까요"라고만 했다. 몇 시간 뒤 나는 우어펠트에서 라디오를 통해 베크 원수가 벤틀러 가의 국방부 청사에서 전사했다는 소식을 들었다. 포피츠, 하셀, 슐렌부르크, 예센이 모반 가담자로 언급되었다. 나는 이 일이 내게 무슨 의미를 갖는지를 알았다. 7월 초 하르낙하우스의 모임에 참석했던 라이히바인도 체포되었다고 했다.

며칠 뒤 헤힝엔으로 갔더니, 이미 베를린 연구소 소속 연구원들 대부분이 모여 있었다. 우리는 그곳 암굴 속에 마련된 작은 공간에서 원자로와 관련한 다음 실험을 준비했다. 실험 공간은 그림 같이 예쁜 소도시인 하이거로흐의 성 교회 아래 산속에 있어서 모든 공습에 대해 안전한 곳이었다. 한스 오일러가 엘레우시스에서 그랬듯이 나는 이곳에서 헤힝엔과 하이거로흐를 자전거로 오가고, 농부들의 과수원을 구경하고 휴일에 숲으로 버섯을 찾아나서고는 하면서 과거와 미래를 잊고 현재의 생활을 누릴 수 있었다. 1945년 4월 과일나무에 꽃들이 피기 시작할 무렵 전쟁은 막바지로 치달았다. 나는 외국 군대들이 진군해 들어오는 경우 연구소와 연구원들에게 직접적인 위험이 없으면 자전거로 헤힝엔을 떠나 우어펠트의 가족들 곁으로 가기로 동료들과 미리 약속을 해두었다.

4월 중순 해산되고 남은 마지막 독일군이 헤힝엔을 거쳐 동쪽으로 퇴각했다. 그리고 어느 오후 프랑스군의 첫 탱크 소리가 들렸다. 프랑스군이 남쪽에서 헤힝엔을 지나 라우엔 알프 쪽으로 진군하는 듯했다. 나는 떠날 시간이 되었다는 걸 알았다. 카를 프리드리히는 자정쯤 자전거를 타고 로이틀링겐까지 한 바퀴 순찰을 하고 들어왔고, 우리는 연구소의 방공호에서 짧게 송별회를 가졌다. 나는 새벽 3시쯤 우어펠트 방면으로 출발했다. 아침 해가 뜰 때쯤 감머팅겐에 도착했는데 그로써 이미 전선은 벗어난 셈이었고, 이제 저공 비행기만 조심하면 되었다. 나는 이어지는 이틀간 밤에 전진하고, 낮에는 쉬면서 먹거리를 조달하여 원기를 회복했다. 이때 크룩첼의 한 언덕에서 식사를 한 뒤 밝은 햇살이 내리쬐는 가운데 울타리 밑에서 잠을 청했던 일이 기억난다. 내 위로 구름 한 점 없는 하늘과 알프스 산맥의 정경이 펼쳐져 있었다. 호흐포겔, 메델레가벨, 그리고 내가 7년 전 산악병으로서 오르내렸던 모든 산들, 아래쪽에는 벚꽃이 만개해 있었다. 드디어 봄이 되었구나 생각하며 속으로 밝은 미래를 그려보다가 잠이 들었다.

몇 시간 뒤 천둥소리 같은 굉음에 잠에서 깨어났다. 멀리 메밍겐 시 위로 자욱한 연기구름이 피어오르고 있었다. 그곳 부대에 융단폭격이 쏟아졌던 것이다. 따라서 전쟁은 아직 끝난 게 아니었다. 나는 계속해서 동쪽으로 자전거를 몰았고, 사흘째 되는 날에 우어펠트에 도착해 가족이 무사한 것을 확인했다. 그다음 일주일은 막바지에 이른 전쟁에 대비하느라 바빴다. 지하실 창문을 모래주머니로 보호하고, 힘닿는 대로 식료품을 구비해 놓아야 했다. 주민들이 전부 호수 건너편으로 피신한 상태라 이웃집들은 텅 비어 있었다. 숲에는 흩어진 군인들과 나치 친위대들이 돌아다녔으며, 무엇보다 곳곳에 수류탄이 많이 떨어져 있어서 아이들 때문에 무척 걱정이 되었다. 낮에는 늘 총성이 들렸고, 밤에는 아무도 살지 않는 곳에 우리 집만 덩그러니 있었으므로, 늘 바짝 긴장을 하고 있어야 했다. 그리하여 5월 4일, 미군 대령 파시가 몇몇 군인들을 대동하고 나를 체포하기 위해 우리 집에 들이닥쳤을 때, 나는 마치 죽도록 지친 수영 선수가 다시 단단한 땅에 발을 디디는 기분이었다.

전날 밤에는 눈이 내렸는데 내가 떠나는 날에는 구름이 개이고 태양이 얼굴을 내밀더니 눈 쌓인 대지에 환한 봄 햇살을 비추었다. 나는 세계 여러 지역에서 전투 경험이 있다는 미군 감시병 한 사람에게 이 산중 호수 마을의 정경이 마음에 드느냐고 물었다. 그랬더니 그는 이곳이 지금까지 자신이 가봤던 곳 중 가장 아름다운 곳이라고 했다.

16
과학자의 **책임**
1945 ~1950

체포된 뒤 나는 하이델베르크, 파리, 벨기에를 잠깐씩 경유하여 '팜홀'(영국 정보부 소유의 가옥)에 한동안 머물렀다. 오토 한, 막스 폰 라우에, 발터 게를라흐,[*] 카를 프리드리히 폰 바이츠제커, 카를 비르츠 등 '우라늄 클럽' 소속의 오랜 친구 몇 명과 젊은 동료들과 함께였다. 팜홀은 고드맨체스터의 가장자리에 위치한 곳으로, 유서 깊은 대학 도시인 케임브리지에서 25마일 밖에 떨어져 있지 않았다. 예전에 카벤디시 실험실을 방문하면서 이미 와본 적이 있었던 지역이었다. 이곳에 억류된 열 명의 물리학자 중 오토 한은 인간적 매력과 늘 침착하고 사려 깊은 태도로 모든 이의 신뢰를 한 몸에 받았다. 그래서 필요할 때마다 감시자들과 협상을 하는 것도 그의 몫이었다.

---

[*] Walther Gerlach(1889~1979). 독일의 물리학자. 오토 슈테른과 더불어 슈테른-게를라흐 실험을 고안하고 소위 공간의 양자화를 확인했다. 1943년 슈테른만이 홀로 노벨 물리학상을 받았는데, 게를라흐는 나치 활동에 치중하고 있었기 때문이다.

사실 별다른 어려움은 없었다. 우리를 담당하는 장교들은 매우 예의가 발랐고, 우리를 인간적으로 대해주었기에 얼마 지나지 않아 우리와 그들 사이에 진정한 신뢰가 싹텄다. 원자 에너지에 대한 우리의 연구에 대해서는 별반 질문도 하지 않았다. 우리의 연구에 관심을 보이지 않으면서도 세심하게 우리를 감시하고 외부 세계와의 모든 접촉을 차단하는 것이 약간 모순적으로 느껴질 정도였다. 우리를 취조하는 미국의 물리학자들에게 전쟁 중 미국과 영국에서 우라늄에 대해 집중적인 연구가 이루어지지 않았느냐고 물으면 늘 독일과 달리 미국의 물리학자들은 전쟁에 더 직접적으로 관련된 과제들을 맡아야 했다는 대답만 돌아올 뿐이었다. 그런 대답은 납득할 수 있는 것이었다. 전쟁 중 미국의 학자들이 핵분열에 대해 이렇다 할 성과를 올린 것이 눈에 띄지 않았기 때문이었다.

그런데 1945년 8월 6일 카를 비르츠가 내게 오더니 방금 라디오에서 일본의 히로시마에 원자폭탄이 투하되었다는 보도가 나왔다고 전해주었다. 나는 처음에 이런 보도를 믿지 않으려 했다. 원자폭탄을 제조하는 데는 어마어마한 비용이 들 것이라고, 족히 수십억 달러는 들 것이라고 확신했기 때문이었다. 게다가 내가 그렇게도 잘 아는 미국의 원자물리학자들이 전력을 다해 그런 프로젝트를 추진했다는 것이 심정적으로 믿기지 않았다. 나를 취조했던 미국 물리학자들의 말을 라디오 보도보다 더 믿고 싶은 마음이었다. 라디오 보도는 일종의 프로파간다일지도 몰랐다. 게다가 우라늄이라는 단어는 직접적으로 언급되지 않았다는 이야기를 들으니, '원자폭탄'이라는 말이 뭔가 다른 것을 뜻하는 게 아닌가 하는 생각까지 들었다. 저녁에 원자폭탄 제조에 어마어마한 비용이 들어갔다는 보도가 나왔을 때에야 비로소 나는 내가 25년간 몰두해온 원자물리학의 발전이 수십만이 넘는 인명을 앗아가고 말았다는 사실을 받아들일 수밖에 없었다.

오토 한은 당연히 깊은 충격을 받았다. 우라늄 핵분열은 그의 일생일대의 과학적 발견이었고, 아무도 예상할 수 없었지만, 바로 원자 기술을 가능케 한 결정적인 첫걸음이었던 것이다. 그런데 이제 이런 발견이 대도시와 대도시의 수많은 주민들, 전쟁에 아무런 책임이 없는 무고한 민간인들을 끔찍한 종말로 내몰았으니 말이다. 한은 깊은 충격을 받고 혼란스러워서 자기 방에 틀어박혀 버렸고, 우리는 그가 자살 기도라도 할까봐 심각하게 걱정했다. 한을 제외한 우리들은 그날 저녁 흥분한 나머지 여러 가지 무분별한 말들을 쏟아냈고, 다음 날이되어서야 생각을 좀 가다듬고 일어난 사건을 침착하게 논할수 있었다.

우리가 억류되어 있던 팜홀은 빨간 벽돌로 지은 고풍스러운 건물이었으며, 이 건물 뒤에는 방치된 잔디밭이 하나 있어, 우리는 그곳에서 파우스트볼을 하곤 했다. 이 잔디밭과 옆집 정원에 면한 담쟁이 넝쿨이 뒤덮인 담 사이에는 게를라흐가 공들여 가꾼 장미 화단이 있었는데, 우리 포로들에게 이런 장미 화단 둘레길은 중세 수도원의 회랑과 비슷한 역할을 했다. 단둘이 대화하기에 적절한 장소였다. 끔찍한 소식을 들은 다음 날 아침 카를 프리드리히와 나는 오랜 시간 그 길을 오르락내리락 하며 생각도 하고, 이야기도 나누었다. 대화는 오토 한을 걱정하는 것으로 시작되었다. 카를 프리드리히가 이렇게 물었던 듯하다.

"오토 한이 저렇게 절망하는 것도 이해가 가요. 자신의 가장 커다란 과학적 발견으로 이제 씻을 수 없는 오명을 안게 되었으니까요. 하지만 그가 죄책감을 느낄 필요가 있을까요? 그러니까 원자물리학 연구를 함께 해온 우리 다른 연구자들보다 더 죄책감을 느낄 이유가 있을까요? 결국 우리 모두 이런 불행에 연루되어 있는 셈인데요. 누구에게 책임이 있는 것일까요?"

나는 이런 질문에 답해 보고자 했다.

"여기서 '책임 소재'를 따지는 건 의미가 없다고 생각해. 우리가 이런 전체의 인과관계 속에 얽혀 있다 하더라도 말이야. 오토 한과 우리는 현대 과학의 발전에 참여했어. 이런 발전은 인류가, 최소한 유럽 사람들이 이미 수백 년 전에 선택한 일이지. 더 정확히 말하자면 선택했다기보다 응했다고 해야 할까? 우리는 경험을 통해 이런 일이 좋은 결과를 낼 수도 있고, 나쁜 결과를 낼 수도 있다는 걸 알고 있어. 하지만 우리는 지식이 늘어갈수록 좋은 것이 더 우세하게 될 거라고 확신했지. 나쁜 결과들을 막을 수 있으리라고 말이야. 이것은 특히 19세기의 진보에 대한 믿음이었어. 한이 우라늄 핵분열을 발견하기 전에는 한도 다른 어떤 사람도 원자폭탄의 가능성을 예견할 수 없었어. 당시의 물리학은 그런 길을 알지 못했으니까. 그리고 과학의 발달에 참여하는 것 자체를 잘못이라고 볼 수는 없어."

카를 프리드리히가 말했다.

"하지만 이제 극단적인 사람들이 나올 거예요. 그들은 과학의 발달이 이런 불행을 초래할 수 있으니 앞으로는 과학 연구에서 손을 떼어야 한다고 말할 거예요. 자연과학의 진보보다 사회적, 경제적, 정치적으로 더 중요한 과제들이 있다고 말이에요. 그 말은 옳을 수도 있어요. 하지만 그렇게 생각하는 사람은 오늘날의 세계에서 과학의 발달이 인간 삶의 토대를 이룬다는 사실을 잘 모르고 있는 거예요. 과학의 발전을 외면해 버린다면, 지구상의 인구수는 단시일 내에 급격히 감소해 버릴 거예요. 그러나 이런 일은 원자폭탄과 비슷한, 혹은 그보다 더 나쁜 불행을 통해서도 있을 수 있어요.

게다가 아시다시피 지식은 권력이기도 해요. 지구상에 권력을 얻으려는 다툼이 있는 한—권력 다툼은 아직 끝날 기미가 보이지 않아요—지식을 놓고도 경쟁이 벌어질 거예요. 훗날 세계 정부 같은 것, 즉 중앙집권적이면서도 자유가 보장되는 질서가 생긴다면 지식 발전에 대한 노력은 약화될 수도 있지요. 하지만 그런 일은 지금 우리가 당면한 문제는 아니에요. 과학의 발전은 당분간 계속될 거예요. 그러니 그 안에서 활동하는 개개인이 그것에 책임이 있다고 할 수는 없어요. 예나 지금이나 중요한 것은 이런 발전 과정을 좋은 쪽으로 돌리는 일일 거예요. 과학 발전이 인류의 복지에만 활용되도록 말이에요. 그러나 이런 발전 자체를 막을 수는 없어요. 따라서 문제는 각 개인이 무엇을 할 수 있을까. 연구에 참여하는 사람에게 어떤 의무가 생겨날까 하는 것이죠.”

“과학의 발달을 그렇게 세계 속에서 일어나는 역사적 과정으로 고찰하니, 세계사 속의 개인의 역할이라는 해묵은 질문이 떠오르는군. 이 부분에서 역시 개인은 기본적으로 대치될 수 있다는 사실을 받아들여야 할 거야. 꼭 그 사람이 아니면 안 된다는 법은 없어. 아인슈타인이 상대성이론을 발견하지 않았다면 조만간 다른 학자가 그 이론을 정립했을 거야. 푸앵카레나 로렌츠가 했겠지. 한이 원자핵 분열을 발견하지 않았다면, 몇 년 뒤 페르미나 졸리오가 그런 현상에 부딪혔을 테지. 물론 개개인의 위대한 업적을 축소시키려는 말은 아니야. 다만 결정적인 발견을 한 개인에게 그런 발견을 할 수도 있었을 다른 사람들보다 더 많은 책임을 지울 수는 없다는 것이지. 개개인은 역사적 발전 과정에서 결정적인 자리에 놓이게 되었던 것이고, 거기서 주어진 명령을 수행했던 것뿐이야. 그 이상은 아니야. 실제로 한은 독일에서 우라늄 핵분열 응용과 관련한 질문을 받을 때마다 평화로운 원자 기술에 대한 발언만 했어. 핵분열을 전쟁에 이용하려는 시도에 대해서는 가는 곳마다 만류하고 경고했지. 하지만 미국에서 개발하는 것까지 영향을 끼칠 수는 없었어."

카를 프리드리히가 말했다.

"여기서는 발견자와 발명자를 기본적으로 구분해야 한다고 봐요. 발견자는 기본적으로 발견 전에는 그 발견이 어떻게 활용될 수 있을지 알지 못해요. 발견한 뒤에도 실제적인 활용까지는 길이 멀어서 예측이 불가능할 수도 있고요. 갈바니와 볼타도 훗날의 전기공학에 대해 전혀 상상할 수 없었어요. 따라서 그들은 나중의 발전이 가지는 유익과 위험에 대해 일말의 책임도 없는 셈이죠. 하지만 발명자들은 보통 달라요. 발명자는 특정한 실용적 목표를 염두에 두지요. 이런 목표를 달성하는 것이 가치가 있다는 걸 확신해야 해요. 그러니 발명가에게는 그에 대한 책임을 부과할 수 있어요. 하지만 발명자도 개인으로서가 아니라 커다란 인간 공동체의 명령으로 행동해요. 전화 발명가는 사회가 빠른 의사소통을 바람직한 것으로 여긴다는 것을 알고 있었죠. 총을 발명한 사람도 전투력을 증강시키고자 하는 호전적인 권력의 명령을 좇은 것이었고요. 따라서 개인에게는 책임의 일부만을 지울 수 있을 거예요. 게다가 여기서도 마찬가지로 개인도 사회도 그 발명이 훗날 초래할 모든 결과를 조망하지는 못해요. 가령 농산물을 해충에서 보호할 수 있는 화학 성분을 만들어낸 화학자는 그렇게 곤충 세계에 개입하는 것이 나중에 그 지역에서 어떤 결과를 불러올지 예측하지 못해요. 다만 각 개인에게 자신의 목표를 좀 더 커다란 시각에서 봄으로써 작은 집단의 이익을 구하다가 분별없이 커다란 공동체를 위험에 빠뜨려서는 안 된다는 요구 정도는 제기할 수 있을 테지요. 따라서 요청되는 것은 기본적으로 기술과 과학의 진보가 이루어지는 커다란 연관을 세심하고 양심적으로 고려해야 한다는 것뿐이에요. 자신의 유익에 직접적으로 부합하지 않더라도 이런 연관을 유념해야 하지요."

"이런 방식으로 발견과 발명을 구분한다면, 원자폭탄은 둘 중 어느 쪽에 속하지?"

"한의 원자핵 분열 실험은 발견이고, 폭탄 제조는 발명이지요. 따라서 폭탄을 제조한 미국의 원자물리학자들에게는 방금 발명가에 대해 했던 이야기가 적용될 거예요. 그들은 개인으로서가 아니라, 전쟁을 하는 가운데, 전투력을 극도로 증강시키려고 했던 인간 공동체의 명령에 따라 행동했어요. 선생님은 심정적인 이유에서라도 미국 물리학자들이 원자폭탄을 개발하는 데 전력을 다할 거라고는 상상할 수 없다고 말했었지요. 어제도 처음에는 원자폭탄이 떨어졌다는 사실을 믿지 않으려고 했고요. 이제 미국에서 일어난 일을 어떻게 설명할 수

360

있을까요?"

"미국의 물리학자들은 전쟁 초기에 정말로 독일이 원자폭
탄을 만들까봐 두려워했을 거야. 그것은 십분 이해할 수 있는
일이야. 독일의 한이 원자핵 분열을 발견했고, 히틀러가 많은
유능한 물리학자들을 추방해 버리기 전에 독일의 원자물리학
은 높은 수준에 있었으니까. 따라서 원자폭탄을 이용해 히틀
러가 승리할지도 모른다고 몹시 우려했을 거야. 그래서 이런
불행을 막기 위해 자기들도 원자폭탄을 보유하는 것이 정당
하다고 생각했겠지. 나치 강제수용소에서 벌어졌던 일을 생각
하면 그런 태도를 비난할 수 있을지 잘 모르겠어. 독일과의 전
쟁이 끝난 뒤에는 아마 미국의 많은 물리학자들이 원자무기
를 사용하는 것을 만류했겠지. 하지만 이 시기에는 이미 공은
다른 쪽으로 넘어가 있었어. 그 역시 우리가 뭐라고 비난할 자
격은 없어. 우리도 우리의 정부가 저지른 끔찍한 일들을 막을
수 없었으니까. 우리가 그 규모를 알지 못했다고 변명할 수는
없어. 우리는 그 규모를 알기 위해 더 많이 노력할 수 있었을
테니까 말이야.

이 모든 생각에서 기가 막힌 것은 이런 일들이 개인의 의사
와는 상관없이 거의 불가피하게 이루어졌다는 것이야. 세계사
에서는 늘 선한 목적을 위해서는 온갖 수단으로 싸워도 되고,
나쁜 목적을 위해서는 그러면 안 된다는 것이 기본 원칙으로
자리 잡았어. 좀 더 고약하게 말하자면 목적이 수단을 정당화

시킨다는 것이지. 이런 말을 어떻게 반박할 수 있을까?"

카를 프리드리히가 대답했다.

"아까 발명자에게는 커다란 연관성 가운데 자신의 목표를 보라고 요구할 수 있다는 이야기를 했었잖아요. 자, 그러면 어떻게 될까요? 이런 상황에서 우선 늘 얕은 생각들이 제기돼요. 가령 원자폭탄을 투입함으로써 전쟁을 더 빨리 끝낼 수 있다고들 하지요. 원자폭탄을 투하하지 않고 전쟁을 오랫동안 질질 끌게 되면 원자폭탄을 투입할 때보다 전체적으로 보면 희생자들이 더 많아질 거라고 말이에요. 선생님도 어제 저녁에 이런 논지를 언급했던 것 같은데요. 하지만 이런 생각들이 말도 안 되는 이유는 원자폭탄 사용이 추후에 미치게 될 정치적 결과들을 알지 못하기 때문이에요. 원자폭탄으로 인해 유발된 분노가 훗날 전쟁들로 이어져 훨씬 더 많은 희생자를 낼 수도 있잖아요? 이 새로운 무기를 통해 권력의 이동이 일어나게 되고, 나중에 모든 열강이 핵무기를 보유하게 되면 서로 소모적으로 대치하는 가운데 권력 상황이 다시금 변할 수도 있고요. 아무도 미래를 예측할 수 없어요. 그래서 목적이 수단을 정당화시킨다는 건 말이 되지 않아요. 차라리 나는 다른 말을 기본으로 삼고 싶어요. 이 역시 우리가 간혹 언급했던 이야기죠. 수단의 선택이 그 일이 좋은지 나쁜지를 결정한다고 말이에요. 여기서도 이런 말이 옳은 게 아닐까요?"

나는 이런 생각을 좀 더 자세히 논해 보고자 했다.

"과학 기술의 진보로 말미암아 지구상의 독립적 정치 단위는 점점 그 세력을 넓혀가고, 그 수는 점점 적어지게 될 거야. 결국에는 하나의 중심적인 질서로 나아가겠지. 이런 질서가 개개인과 개별적인 민족들에게 충분한 자유를 보장해주기만을 바랄 따름이야. 이런 방향으로 나아가는 것은 불가피한 일인 듯해. 문제는 이렇듯 최종적으로 질서가 잡힌 상태로 가는 길에 얼마나 많은 불행들이 더 있을 것인가 하는 거지. 따라서 이런 전쟁 뒤에 남게 될 소수의 강대국은 영향권을 더 넓게 확장시킬 걸로 보여. 그것은 공동의 관심사, 비슷한 사회 구조, 공통된 세계관, 또는 경제적 정치적 압박을 통한 동맹을 통해서만 이루어질 수 있겠지. 강대국의 직접적인 영향권 밖에서 약한 집단들이 강한 집단의 위협을 받거나 압제를 받는 곳에서는 강대국이 약한 쪽을 도와주게 될 거야. 균형을 잡아서 결국 다시금 더 많은 영향력을 얻고자 말이야.

1, 2차 대전에 대한 미국의 개입도 이런 식으로 해석해야할 거야. 따라서 나는 계속 이런 방향으로 정세가 전개될 것으로 봐. 이런 추세가 굳이 나쁜 것 같지도 않아. 그런 식의 팽창 정책을 추진하는 열강들에 대해서는 물론 제국주의라는 비난이 제기되겠지. 하지만 여기서야말로 수단의 선택이라는 문제가 결정적인 것 같아. 어떤 강대국이 자신의 영향력을 신중하게 행사해서, 경제적 문화적 수단만을 투입하고 폭력을 사용하여 해당 민족을 억압하려고 하지 않는다면, 폭력을 사용하

는 강대국보다는 제국주의라는 비난을 덜 받을 거야. 이런 경우 그 강대국의 영향권 내의 질서 구조는 미래의 통일적인 세계 질서 구조의 모범으로 여겨질 수도 있지.

지금 미국이 바로 자유의 요람으로, 개개인이 스스로를 자유롭게 펼쳐 나갈 수 있는 사회 구조로 여겨지고 있어. 의사 표현이 자유롭고, 종종 개인의 권리가 국가 질서보다 더 중요하게 취급되며, 개개인을 배려한다는 것, 그리하여 전쟁 포로도 다른 나라들에서보다 더 좋은 대우를 받는다는 사실, 이 모든 것이 많은 사람들로 하여금 미국의 내부 구조가 미래 세계의 내부 구조의 모범이 될 수 있지 않을까 하는 희망을 갖게 했어. 일본에 원자폭탄을 떨어뜨릴 것인가를 논의할 때 이런 희망을 고려했어야 했는데, 원자폭탄을 투하함으로써 사람들의 이런 희망에 심각한 타격을 입힌 게 아닐까? 이제 미국과 경쟁 관계에 있는 나라들은 미국의 제국주의적 면모를 강하게 비판할 것이고, 그런 비판은 원자폭탄 투하로 인해 설득력을 얻게 될 거야. 승리가 확실한 상태에서 원자폭탄을 투하한 것은 순전히 힘의 과시로 받아들여질 것이고, 그러니 이제 어떻게 세계가 자유로운 질서로 나아갈 수 있을지 길이 보이지가 않아."

카를 프리드리히가 말했다.

"그러니까 원자폭탄이라는 기술적 가능성을 커다란 연관에서 보아야 했다고 생각하시는 거죠? 지구상의 통일된 질서로 이르게 하는 전 지구적인 과학기술 발전의 일부로 말이에요. 승리가 이미 확정된 시점에서 원자폭탄을 투하한 것은 세력 다툼을 하는 민족국가들의 시대로 퇴보하는 것이며, 통일적이고 자유로운 세계 질서라는 목표에서 멀어지게 하는 것임을 알았어야 했는데 말이에요. 원폭 투하는 미국이 좋은 일을 한다는 믿음을 약화시킬 테고, 미국의 사명을 신뢰할 수 없게 하니까요. 원자폭탄이 존재한다는 것 자체는 불행한 일이 아니에요. 원자폭탄이 앞으로 경제력이 막강한 강대국에만 정치적 독립성을 부여하게 될 테니까요. 약소국들은 정치적으로 제한적인 독립성만 가지게 될 수도 있어요. 그러나 완전한 독립성을 포기한다고 해서 개인의 자유가 제한된다는 의미는 아니에요. 오히려 그것은 일반적인 생활수준이 높아지는 대신 치러야 할 대가로 받아들여질 수도 있어요.

그런데 얘기를 하다보니 원래 질문에서 멀어져버렸네요. 우리는 모순된 생각이 팽배하고, 열정과 광기에 노출된 동시에 기술적 진보에 관심이 있는 인간 사회에서 개개인이 과연 어떻게 행동을 해야 하는가를 알고자 했잖아요. 우린 아직 이런 것에 대해서는 아는 것이 없으니까요."

내가 대답했다.

"어쨌든 우리는 과학적 혹은 기술적 진보로 인해 중요한 과제 앞에 선 개개인은 이런 과제를 생각하는 것만으로는 충분하지 않다는 것을 알았어. 그는 과학적, 기술적 과제를 커다란 발전의 일부분으로서 보아야 해. 이런 과제를 연구한다는 것 자체가 이런 전개를 긍정한다는 것을 의미해. 이런 일반적인 연관을 고려하면 올바른 결정을 내리기가 더 쉬울 거야."

"그러니까 개인이 옳은 것을 생각만 하는 게 아니라 실행하고자 한다면, 공무에도 관여하고, 국가 행정에도 영향을 미치도록 노력해야겠지요. 그런 일은 이상한 일이 아닐 거예요. 그리고 우리가 앞에서 생각해보았던 일반적인 전개에 잘 들어맞지요. 과학과 기술의 진보가 일상에 중요해지는 만큼 진보의 주역들이 공무에 끼치는 영향력도 더 커질 수 있어요. 물론 물리학자들과 기술자들이 정치가들보다 더 지혜로운 결정을 내린다고 말할 수는 없어요. 하지만 학자들은 과학 연구를 통해 객관적이고, 냉철하게 생각하는 훈련이 되어 있어요. 더 중요하게는 넓은 연관에서 사고하는 훈련이 되어 있지요. 따라서 학자들은 정치에 논리적 정확성, 선견지명, 청렴결백 등 건설적인 영향력을 행사할 수 있을 거예요. 그렇게 생각하면 미국의 원자물리학자들은 정치적 영향력을 발휘하려고 충분히 애쓰지 않았다는 비난을 면하기 어려워요. 원자폭탄 사용을 둘러싼 결정을 너무 빠르게 손에서 놔버렸다는 비난 말이에요. 원자폭탄 투척이 얼마나 끔찍한 결과를 가져올지에 대해 일찌감치 알고 있었던 것은 사실이니까요."

"난 우리가 여기서 '비난'이라는 말을 입에 담을 수 있을지 잘 모르겠어. 이 부분에서는 우리가 대서양 저쪽의 친구들보다 운이 더 좋았던 것 같아."

포로 생활은 1946년 1월에 끝났고, 우리는 독일로 돌아왔다. 이제 우리가 1933년부터 생각에 생각을 거듭해온 재건 작업이 시작되었다. 그러나 이 작업은 생각보다 더 힘들었다. 우선은 나와 함께 과학 연구소에서 과학을 하겠다고 모인 사람들은 아주 소수였다. 게다가 카이저 빌헬름 학회를 옛날과 같은 형태로 베를린에서 다시금 재건하는 것은 불가능했다. 한편으로는 베를린의 정치적 미래가 불안했기 때문이고, 한편으로는 민족적 상징인 카이저를 연상시키는 이름을 그대로 존속시키는 것은 점령 세력에게 용인할 수 없는 일이었기 때문이다. 영국 점령군은 우리에게 괴팅겐에 위치한 예전에 항공역학 실험 시설로 쓰던 건물에서 과학 연구소를 다시 열 수 있도록 허락해 주었다. 그리하여 우리는 괴팅겐으로 이사했다. 20년 전 닐스 보어를 알게 되었으며, 그 뒤 보른과 쿠랑 밑에서 공부했던 추억이 담긴 바로 그 도시였다. 이제 90세가 다 된 막스 플랑크도 전쟁의 막바지에 괴팅겐으로 옮겨온 상태였고, 우리와 더불어 예전 카이저 빌헬름 연구소의 연장선상에서 옛 연구소와 새로운 연구소를 관할하는 조직을 만드는 데 힘썼다. 괴팅겐에서 나는 운 좋게도 플랑크의 바로 옆집을 임대해서 살았으므로, 플랑크와 종종 정원 울타리 앞에서 담소를 나누었고, 플랑크는 저녁에 우리 집으로 건너와 실내악을 듣곤 했다.

당시는 기본적인 생필품도 부족하고, 단순한 연구 장비를 갖추는 것조차 힘들던 시절이었다. 그럼에도 행복한 시절이었다. 12년 전처럼 많은 것들이 가능하지는 않았지만 그래도 다시금 재기할 수 있었다. 한 달, 한 달 지나면서 연구소 일도, 가정생활도 점점 자리가 잡혀 나가면서 안정이 되었다. 모두 믿음을 갖고 기꺼이 힘을 합친 결과였다. 점령군은 우리에게 여러모로 재건에 도움을 주었다. 이런 도움은 물질적인 면에서 도움이 되었을 뿐 아니라, 우리가 다시금 선의로 새로운 세계를 재건하고자 하는 커다란 공동체의 일원이라는 느낌을 갖게 해주었다. 우리가 재건하고자 하는 세계는 무너져 버린 과거에 대한 슬픔이 아니라 이성적인 미래를 지향하는 세계였다.

과거로부터 희망에 찬 미래로의 사고의 전환은 특히나 두 차례의 대화를 통해 확연해졌으므로 그 대화 내용을 여기서 짧게 소개하고자 한다. 그중 하나는 전쟁 뒤에 다시금 코펜하겐에서 닐스를 만나 나누었던 대화다. 닐스를 만날 수 있었던 것은 상당히 황당한 일 때문이었는데 여기서 이 일을 언급하는 것은 1947년 여름 괴팅겐의 분위기가 어땠는지를 보여주기 위해서이다. 당시 영국의 첩보기관은 러시아 측에서 오토 한과 나에 대한 음모를 계획하고 있다는 소식을 입수했다. 스파이들이 한과 나를 몇 킬로미터 떨어진 국경을 넘어 러시아 점령 지역으로 납치해 가리라는 것이었다. 그리고 낯선 스파이들이 괴팅겐에 도착했다는 거의 확실한 정보가 있다면서 한과 나를 당분간 괴팅겐에서 영국 점령지의 행정 본부에서 가까운 헤르포르트로 이송시켰다. 그리고 내가 이 시기를 활용하여 코펜하겐의 닐스 보어를 만나고 올 수 있도록 일정을 잡아주었다.

영국의 장교로서 괴팅겐에서 우리에게 여러 가지 편의를 봐주었던 로널드 프레이저는 나와 함께 보어를 만나, 1941년 10월 내가 코펜하겐을 방문했을 때 나눴던 이야기를 듣고 싶다는 뜻을 비추었다. 영국 군용기가 뷔케부르크에서 코펜하겐까지 우리를 실어다 주었고, 공항으로부터는 자동차로 티스빌데에 있는 보어의 별장으로 갔다. 우리는 다시금 예전에 그토록 자주 그 앞에서 양자론에 대해 토론하곤 했던 난로 앞에 앉았고, 모래가 깔린 좁은 숲길을 걸었다. 20년 전 보어의 아이들과 손을 잡고 해변가로 뛰어갔던 바로 그 길이었다. 하지만 1941년 가을에 나누었던 대화를 재구성해 보고자 했을 때 우리는 기억이 멀리 도망가 버렸다는 것을 느꼈다. 나는 우리가 밤에 펠레알레를 산책하던 도중에 그 민감한 이야기를 꺼냈다고 확신하는데, 닐스는 칼스베르 명예저택에 있는 자신의 연구실에서 그 이야기를 했다고 굳게 믿고 있었다. 또한 닐스는 내가 굉장히 조심스럽게 던진 말에 자신이 소스라치게 놀랐던 것은 기억했지만, 내가 그것의 기술적인 활용 가능성을 이야기하며 그런 상황에서 물리학자들이 과연 어떻게 해야 하는지 하는 질문을 제기했던 것은 전혀 기억하지 못했다. 우리 둘은 곧 과거의 망령은 더 이상 불러오지 말고 묻어 두는 게 낫다고 느꼈다.

예전 바이에른의 고산 목장에서처럼 우리의 생각을 과거에서 미래로 돌리게 해준 것은 바로 물리학의 진보였다. 닐스는 막 영국의 파월에게서 소립자의 흔적이 담긴 사진을 받아 놓은 참이었다. 바로 파이중간자를 발견한 것이었다. 파이중간자는 그 이래로 소립자물리학에서 중요한 역할을 했다. 그리하여 우리는 이런 입자와 원자핵 속의 힘 사이에 존재하는 관계들에 대해 이야기했다. 파이중간자의 수명이 기존에 알려진 다른 모든 소립자들보다 더 짧은 것 같아 보였으므로 우리는 이런 종류의 입자가 이것 말고도 더 많을지도 모른다는 이야기를 했다. 이런 입자들이 많지만, 그것들이 수명이 훨씬 더 짧기에 관찰을 벗어날 수도 있다고 말이다. 따라서 우리 앞에 흥미로운 연구 분야가 폭 넓게 열려 있는 셈이었고, 우리는 새로운 젊은이들과 더불어 새로이 힘을 내 향후 몇 년 동안 이 분야의 연구에 전념할 수 있을 터였다. 여하튼 나는 이제 막 생겨난 괴팅겐의 연구소에서 이런 주제를 연구하고자 했다.

괴팅겐으로 돌아오자 엘리자베트가 정말로 나에 대한 음모 비슷한 게 있었다고 전해 주었다. 두 명의 함부르크 항구 노동자가 우리 집 앞에서 밤에 체포되었는데 이들은 자신들이 나를 납치해서 근처에서 대기하고 있던 자동차로 데리고 오면 많은 돈을 주겠다는 약속을 받았노라고 자백했다는 것이었다. 그러나 나는 이런 해괴한 일을 곧이곧대로 믿기에는 뭔가 미심쩍었고, 영국 측은 6개월 후에야 이 수수께끼를 풀어낼 수 있었다. 전에 나치의 열혈 당원이었던지라 일자리를 찾지 못하고 있던 괴짜 같은 사람이 영국 첩보기관에 자리를 얻으려고 이 모든 음모를 날조하여, 항구 노동자 두 사람을 매수하는 동시에 영국 첩보기관에 이런 음모가 있다는 정보를 흘렸던 것이다. 이 계획은 처음에는 성공하는 듯했으나, 얼마 못가 들통이 나고 말았다. 훗날 우리는 이런 에피소드를 떠올리며 웃곤 했다.

과거에서 미래로 전환할 필요성이 확실히 부각된 두 번째 대화는 이제 막 수립된 독일의 대규모 연구 조직의 재건과 관련한 것이었다. 플랑크가 세상을 떠난 뒤 옛 카이저 빌헬름 연구소의 명맥을 잇는 새로운 연구 조직을 만드는 데 가장 주도적인 역할을 담당한 것은 오토 한이었다. 이 조직은 막스 플랑크 연구소라는 이름으로 괴팅겐에 설립되었고 오토 한이 초대 연구소장이 되었다. 나는 당시 괴팅겐 대학의 생리학자 라인과 함께 신생 독일에서 연방 정부와 과학 연구를 이어주는 역할을 하는 연구 이사회를 만들고자 노력하고 있었다. 과학의 진보에서 비롯된 기술이 도시와 산업의 물질적 재건뿐 아니라, 독일과 유럽의 전반적인 사회 구조에 중요한 역할을 하게 되리라는 것은 자명한 일이었다. 나는 베를린에 공습이 있은 뒤 부테난트와 나누었던 대화에서도 그런 이야기를 했거니와 과학 연구를 위해 폭 넓은 공적 후원을 이끌어내는 것뿐 아니라, 정부의 일에 과학적, 특히 자연과학적 사고를 끌어들이는 것 역시 마찬가지로 중요하다고 생각했다. 공무원들이 상반된 이해관계를 조정하는 데만 급급할 것이 아니라, 현대 세계의 기본이 되는 객관적 필연성을 의식하고, 감정에 치우친 사고로 도피하는 것은 불행의 지름길일 뿐임을 자각해야 한다고 생각했다.

따라서 나는 과학에 공적인 일에 목소리를 낼 수 있는 확실한 권리를 마련해 주고자 했다. 당시 나는 종종 아데나워에게 자문을 해주고 있었고, 아데나워 수상도 이런 계획을 지지해 주었다. 그러나 동시에 세간에서는 1920년대에 슈미트-오트가 이끌었던 독일 과학 비상대책 협의회를 다시금 발족시키려는 노력들이 이루어지고 있었다. 이 기구는 1차 대전이 끝난 뒤 독일 과학계에 굉장한 공적을 세운 바 있었다. 그러나 나는 대학과 각 주 행정부의 대표들이 주도하는 이런 노력이 상당히 우려스러웠다. 그들에게서 강한 복고적인 분위기가 느껴졌기 때문이었다. 과학 연구를 위한 공적인 후원을 끌어내려는 노력은 좋지만, 그 밖에는 두 영역의 계속적인 분리를 옹호하는 것이 내게는 시대착오적으로 보였다.

이런 갈등 속에서 한번은 괴팅겐에서 훗날 오랜 기간 학술원 의장을 지낸 법률가 라이저와 상세한 이야기를 하게 되었다. 그 자리에서 나는 라이저에게 그가 지지하는 비상 대책 협의회가 다시금 상아탑 안에서 현실 세계와 담을 쌓고 달달한 꿈에만 취하도록 조장하지 않을지 우려가 된다고 말했다. 그러자 라이저는 "하지만 우리 둘이 독일 국민의 민족성을 바꿀 수는 없어요"라고 받아쳤다. 나는 라이저의 말에 수긍할 수밖에 없었다. 정말로 많은 사람들의 사고에 필요한 변화를 야기하려면 한 사람의 좋은 뜻만으로는 불충분하고 외부 상황이 뒷받침을 해줘야 가능할 터였다. 그 뒤 아데나워가 도와줬음에도 우리의 계획은 좌절되고 말았다. 나는 새로운 필요성에 대해 대학 대표자들을 설득시키지 못했고, 우선은 이전의 비상 대책 협의회의 전통을 잇는 연구공동체만 탄생했다. 그로부터 10년 뒤 외적 필요성에 따라 연구부가 창설되었고 그 안에 자문위원회라는 기구가 생기면서 최소한 우리 계획의 일부는 실현될 수 있었다. 새로 설립된 막스 플랑크 연구소는 현대 세계의 필요성에 더 유연하게 대응할 수 있었다. 그러나 대학은 훗날 힘든 투쟁과 대치를 통해서만 혁신을 이룰 수 있을 것으로 보였다.

17

실증주의, 형이상학, 종교

1952

　학계에서 국제적 교류가 다시금 재개되면서 원자물리학의
옛 친구들이 새롭게 코펜하겐에 모였다. 1952년 초여름 코펜
하겐에서 유럽에 대형 입자가속기를 건설하는 문제를 안건으
로 학회가 열렸던 것이다. 나는 이 계획에 상당히 관심이 있
었다. 나는 소립자 두 개가 높은 에너지로 충돌하면 소립자들
이 많이 생성될 수 있을 것으로 보았고 거대 입자가속기를 통
해 정말로 그런 일이 일어날 수 있는지 실험적으로 밝혀지기
를 바랐다. 정상상태에 있는 원자나 분자처럼 대칭성, 질량, 수
명이 서로 다른 소립자가 다수 존재하는지도 알고 싶었다. 따
라서 학회의 안건은 내게 무척 중요한 것이었지만, 여기서는
그 내용을 자세히 언급하지는 않겠고, 이 만남을 기회로 닐스,
볼프강과 더불어 나누었던 대화에 대해 이야기하려고 한다.
볼프강 역시 취리히에 있다가 학회에 참석했다. 우리는 셋이
서 보어의 명예주택 작은 온실에 앉아 양자론은 이제 정말로
어엿한 과학으로 이해되고 있는지, 우리가 25년 전 여기서 해

석했던 내용이 그동안에 일반적으로 공인되는 물리학의 지적 유산이 되었는지 등의 해묵은 주제에 대해 이야기했다.

닐스가 말했다.

"얼마 전에 여기 코펜하겐에서 철학 학회가 열렸어요. 주로 실증주의 철학자들이 참석했지요. 빈 학파의 대표자들이 주도하는 학회였어요. 나는 이런 철학자들 앞에서 양자론에 대해 강연을 했어요. 그런데 강연이 끝난 뒤 아무도 이의나 까다로운 질문을 제기하지 않는 거예요. 내겐 정말이지 견딜 수 없는 상황이었어요. 처음 양자론을 접했을 때 경악하지 않는다면 그것은 양자역학을 이해하지 못했다는 뜻이거든요. 내가 강의를 너무 못해서 아무도 이게 대체 무슨 소리인지 알아듣지 못했을 수도 있어요."

볼프강이 대답했다.

"그건 꼭 강의가 나빠서는 아니었을 거예요. 어떤 내용이 사실이라면 덮어놓고 받아들인다는 것이 실증주의자들의 신조거든요. 비트겐슈타인은 '세계는 일어나는 모든 것이다', '세계는 사물들의 총체가 아니라, 사실들의 총체다'라고 했어요. 그러니까 어떤 이론이 사실을 서술하고 있다면 그것을 망설임 없이 받아들여야 한다는 뜻이죠. 실증주의자들은 양자역학이 원자 현상을 올바르게 기술하고 있다고 배웠기에 거기에 의문을 제기할 이유가 없었던 걸 거예요. 상보성, 확률 간섭, 불확정성 원리, 주체와 객체의 교차 등 우리가 양자론에 대해 하는 이야기들은 실증주의자들에게는 뜬구름 잡는 서정시나, 과학 이전 사고로의 퇴행, 혹은 그냥 허튼소리처럼 여겨질 거예요. 뭐 어쨌든 심각하게 받아들일 필요가 없는 것이고, 기껏해야 무해한 것이라고 생각하겠지요. 그런 식의 생각은 논리적으로는 들어맞을지도 몰라요. 다만 그렇게 되면 자연을 이해하는 것이 대체 무슨 뜻인지 알 수 없게 되어 버리겠죠."

나도 이야기를 거들었다.

"실증주의자들에게 이해는 예측 능력과 동일한 것이에요. 몇 안 되는 특정 사건만 예측할 수 있으면, 그 작은 부분만큼만 이해한 것이고, 다양한 많은 사건들을 예측할 수 있으면 넓은 분야들을 이해한 것이라고 보죠. '아주 조금 이해한 것'과 '거의 모두 이해한 것' 사이에는 연속적인 눈금이 있어요. 하지만 예측 가능성과 이해 사이에는 질적인 차이가 없는 거죠."

"그렇다면 자네는 예측 가능성과 이해 사이에 차이가 있다고 생각해?" 볼프강이 물었다.

내가 대답했다.

"응, 난 그렇게 확신해. 30년 전 발헨 호숫가에서 자전거 하이킹을 할 때도 그에 대해 말을 했던 것 같은데. 내 생각을 다음과 같은 비유로 설명할 수 있을 것 같아. 공중에서 날아가는 비행기를 관찰한다고 해봐. 우리는 일 초 뒤에 비행기가 어디에 있게 될지를 확실히 예측할 수 있어. 진행 방향으로 직선을 연장시키면 되니까. 비행기가 이미 커브를 그리고 있다는 것을 안다면, 그 커브도 함께 계산하면 되지. 그리하여 대부분의 경우 비행기의 궤도를 제대로 예측할 수 있어. 하지만 그렇다고 아직 그 궤도를 이해한 건 아니야. 그 전에 조종사하고 이야기하고 조종사에게서 그가 의도하고 있는 비행에 대해 설명을 듣고 나서야 비로소 그 궤도를 정말로 이해하게 되는 거지."

닐스는 내 설명이 흡족하지 않은 듯했다.

"그런 비유를 물리학에 적용하기는 힘들 거예요. 나는 실증주의자들이 원하는 것에 대해서는 그들의 생각에 쉽게 동의할 수 있어요. 하지만 그들이 원하지 않는 것에 대해서는 그렇게 쉽게 동의할 수 없어요. 약간 더 자세히 설명해 보기로 할까요. 이런 태도는 특히 영국과 미국에서는 익히 볼 수 있는 거예요. 다만 실증주의자들이 이를 체계화시켰을 따름이지요. 이런 태도는 근대 초기 자연과학의 태도로 귀결돼요. 그 전까지 사람들은 늘 세계의 커다란 연관에만 관심을 두었고, 그것들을 예로부터 내려오는 권위들, 무엇보다 아리스토텔레스와 교회의 교리에 비추어 논의했어요. 지엽적인 경험에 대해서는 별로 관심이 없었지요. 그 결과 각종 미신이 퍼졌고, 이것이 지엽적인 것들의 상을 왜곡시켰어요. 또한 커다란 질문에서도 진척을 보지 못했지요. 새로운 지식의 내용이 옛 권위들과 조화를 이룰 수 없었기 때문이에요. 17세기에야 비로소 사람들은 단호하게 권위로부터 떨어져 나와서 경험, 즉 지엽적인 것들의 실험적 연구에 열성을 보이기 시작했어요.

그래서 런던의 왕립학회를 비롯해, 학회들이 막 생겨나던 시기에 학자들은 신비 서적에 실린 주장들을 실험으로 반박함으로써 미신을 퇴치하는 데 힘썼다고 해요. 이를테면 테이블 위에 백묵으로 원을 그린 다음 밤 12시에 사슴벌레를 그 원 안에 놓고 특정한 주문을 외우면 사슴벌레가 그 원을 벗어나지 않는다는 미신이 있었어요. 그리하여 이제 학자들은 테이블 위에 그려놓은 원에 사슴벌레를 놓고는 주문을 외우며 정확히 관찰을 한 거예요. 그러면 사슴벌레가 태연하게 그 원을 넘어 도망치는 것을 관찰할 수 있었지요. 몇몇 학회에서는 구성원들에게 의무적으로 커다란 맥락은 논하지 못하게 하고 지엽적인 사실만을 다루도록 했어요. 그리하여 자연에 대한 이론적 숙고들은 개별적인 현상들만을 대상으로 했고, 전체적 연관은 도외시되었지요. 이론적 공식은 오히려 행동지침처럼 여겨졌어요. 가령 오늘날 엔지니어들을 위한 편람에 막대기의 좌굴挫屈 강도에 대한 유용한 공식이 실려 있는 것처럼 말이에요. 그래서 뉴턴은 진실의 커다란 대양은 연구되지 않은 채 전인미답 상태로 자기 앞에 놓여 있는데, 자신은 해변에서 놀다가 간혹 매끈한 조약돌이나 예쁜 조가비를 발견하고 좋아하는 어린아이 같다는 유명한 말을 했어요. 이런 말 역시 근대 초기의 자연과학적 상황을 보여줘요. 물론 뉴턴은 정말로 훨씬 더 많은 일을 했지요. 많은 자연현상의 기본이 되는 자연법칙을 수학적으로 정리해 냈으니까요. 하지만 그에 대해서 새삼 말할 필요는 없겠죠.

예전의 권위와 미신과 싸우는 가운데 자연과학자들은 때로는 도를 지나치기도 했어요. 가령 하늘에서 종종 돌들이 떨어진다는 보고들이 있었어요. 몇몇 교회와 수도원에서는 그런 돌들을 성물로 보관하기도 했고요. 그런데 18세기에 이르러 그런 보고들이 미신으로 치부되면서 과학자들은 수도원에 그런 가치 없는 돌들을 버리라고 권고했어요. 심지어 프랑스의 학회는 이제 하늘에서 돌들이 떨어졌다는 보고에는 대응하지 않고 그냥 무시해 버리기로 결정했지요. 몇몇 고대어가 철을 간혹 하늘에서 떨어지는 물질로 정의하고 있다는 지적에도 그 학회는 결정을 철회하지 않았어요. 그러다가 파리 근처에서 꽤 큰 규모의 유성우가 내려서 몇 천 개의 작은 운석들이 쏟아져 내렸을 때에야 비로소 자신의 입장을 철회했지요. 물론 내가 이런 이야기를 하는 것은 근대 초기 자연과학이 어떤 분위기에서 이루어졌는지를 보여주기 위한 거예요. 이런 분위기에서 많은 새로운 경험과 과학적 진보가 있었다는 건 우리 모두 아는 사실이니까요.

그런데 이제 실증주의자들은 이런 근대의 자연과학적 방법을 하나의 철학 체계로 정립시키고 정당화시키고자 노력하고 있어요. 그들은 예전의 철학에서 사용하던 개념들은 자연과학적 개념과 같은 정확성을 가지고 있지 않다는 걸 지적해요. 그렇게 그들은 예전의 철학에서 제기되고 논의되었던 질문들은 종종 전혀 의미가 없다고 생각하지요. 더 이상 중요하게 다룰 필요가 없는 가상의 문제라고 말이에요. 실증주의자들이 모든 개념에서 극도의 명확성을 추구하는 것은 물론 좋다고 생각해요. 하지만 자신들이 의미하는 명확한 개념이 없다는 이유로 더 일반적인 질문들에 대해 생각하는 것을 금지하는 것은 이해할 수 없는 일이에요. 그렇게 금지하면 양자론도 이해할 수 없을 테니까요."

볼프강이 질문했다.

"그런 태도 때문에 양자론을 더 이상 이해할 수 없다고 한다면, 그러면 선생님은 물리학이 한편으로는 실험과 측정으로, 다른 한편으로는 수학적인 공식으로 이루어질 뿐 아니라 이 두 철학, 즉 실험과 수학이 만나는 곳에서도 이루어진다고 생각하시는 건가요? 즉 실험과 수학 사이에서 일어나는 것들을 일반적인 언어를 사용해서 설명해야 한다고 말이에요. 저역시 양자론의 이해에 관한 모든 어려움이 이런 부분에서 생겨난다고 봅니다. 실증주의자들은 대부분 이런 부분에 대해서는 침묵하고 넘어가지요. 여기서는 더 이상 정확한 개념으로 처리할 수 없으니까요. 실험물리학자는 자신의 실험에 대해 이야기할 수 있어야 하고 사실상 고전물리학의 개념들을 사용해서 이야기해요. 그런데 우리는 이미 그 개념들은 자연에 정확히 들어맞지 않는다는 것을 알고 있어요. 이 점이 바로 근본적인 딜레마예요. 단순히 무시해 버릴 수 없는 딜레마죠."

내가 말을 거들었다.

"실증주의자들은 그들의 표현을 빌리자면 '과학 이전의' 특성을 갖는 모든 질문을 민감하게 배척해요. 인과 법칙을 다룬 필립 프랑크의 책이 기억나는데, 그 책에서는 질문들 혹은 문장들에 형이상학의 잔재라거나 과학 이전의 사고 혹은 물활론적 사고를 했던 시대의 잔재물이라는 낙인을 찍고 있었어요. 가령 '전체성'과 '엔텔레케이아'*는 전 과학적인 것으로 거부하고, 이런 개념들이 일반적으로 사용되는 발언은 검증할 수 있는 내용이 아니라는 증명을 시도하고 있지요. 그 책에서 '형이상학metaphysics'이라는 말은 욕설일 따름이에요. 굉장히 불확실한 사고 과정에 낙인을 찍는 말로 사용되지요."

닐스가 다시금 말을 받았다.

"이렇게 언어를 제한해 버리면 정말 아무것도 할 수가 없어

---

* entelecheia. 완료 또는 완성한 상태를 의미하는 용어로 아리스토텔레스의 중요 술어이다. 완전 현실태라고도 한다. 아리스토텔레스의 자연철학에서는 '에네르게이아'와 같은 뜻으로 사용된다. 엔텔레케이아의 문자적인 뜻은 '끝에 있음'이며, 에네르게이아는 '작동함'이다. 가능성을 의미하는 '뒤나미스'와 대응된다. 라이프니츠는 이를 비물질적이고 연장이 없는 정신과 같은 실체로서 물질적 세계 전체에 깔려 있는 것이라고 보았다. 19세기 말 생물학자 한스 드리슈는 생명과 물질의 차이를 강조하면서 생명에 있는 근본적인 요소를 엔텔레케이아로 보았다.

요. '공자의 말씀'이라는 제목의 실러의 시가 있죠. 내가 이 시에서 특히 다음 구절을 좋아한다는 걸 알 거예요. '명확함은 충일함에서 비롯되고, 진리는 심연에 있다'라는 구절 말이에요. 충일함은 경험의 충일만이 아니라, 개념의 충일이기도 해요. 우리의 문제와 현상을 다양한 방식으로 이야기하는 게 필요하다는 말이지요. 양자론의 형식적 법칙과 관찰되는 현상 사이의 기묘한 관계에 대해 늘 다양한 개념으로 이야기하고, 그것을 다각도로 조명하고, 내적 모순을 의식함으로써만이 사고 구조의 변화가 야기될 수 있어요. 이런 사고 구조가 양자론을 이해하는 전제가 되지요.

항상 나오는 이야기인데, 양자론은 '파동'과 '입자'라는 상보적 개념을 사용해 자연을 이중적으로 기술하는 것을 허용하기 때문에 불충분한 이론이라고들 해요. 그러나 양자론을 정말로 이해한 사람은 여기서 이야기하는 것이 이원론이라고 생각하지 않을 거예요. 양자론을 원자 현상에 대한 통일적인 묘사로서 느끼겠지요. 다만 그 이론을 실험에 적용하기 위해 자연적인 언어로 번역하니까 서로 이질적으로 보이는 것뿐이에요. 그러므로 양자론은 어떤 상황을 명백하게 이해했으면서도 이런 상황을 표현할 때는 상과 비유로 할 수밖에 없음을 보여주는 놀라운 예예요. 여기에서 상과 비유는 기본적으로 고전적 개념인 '파동'과 '입자'이지요. 이것들은 현실세계와 정확히 맞아 떨어지지 않아요. 또한 부분적으로는 서로 상보적인 관계에 있고 그 때문에 서로 모순되지요. 하지만 일상 언어로 현상을 기술해야 할 때는 이런 상들로 진실에 접근할 수 있어요.

일반적인 철학, 특히 형이상학에서도 비슷할 거예요. 어떤 진실을 이야기하고자 할 때, 우리는 그 진실에 정확히 부합하지 않는 상과 비유로 이야기할 수밖에 없어요. 때로는 모순을 피할 수 없지요. 하지만 이런 상들로 진실에 다가갈 수 있어요. 현실 자체는 부인할 수 없는 거예요. '심연에 진리가 있다.' 이 말 역시 문장의 앞부분과 마찬가지로 옳은 거지요.

당신이 조금 전에 이야기했던 필립 프랑크 말인데, 당시 코펜하겐에서 열린 학회에 필립 프랑크도 참석해서 강연을 했어요. 당신 말대로 그의 강연에서 형이상학(메타피직스)이라는 말은 욕설 내지 최소한 비과학적 사고의 예로 취급되었지요. 강연이 끝난 뒤 나더러 강연을 어떻게 보는지 의견을 말해달라기에 나는 대략 다음과 같이 이야기했어요.

우선 '메타'라는 접두어를 논리학이나 수학과 같은 개념 앞에는 붙여도 무방한데—프랑크가 메타논리학과 메타수학에 대해 이야기했죠—물리학 앞에는 붙이지 말아야 하는 이유를 이해할 수 없다, 메타라는 접두어는 그 뒤에 오는 개념을 문제 삼는 것이며, 해당 분야의 토대를 묻는 것 아니냐. 그런데 물리학의 배후를 묻는 것은 왜 안 되는 것이냐. 그러면서 이 문제에 대한 나의 입장을 전달하기 위해 약간 다른 식으로 접근해 보고 싶다고 했어요. 그러고는 과연 '전문가란 누구인가'라고 물었어요. 많은 사람들은 전문가는 해당 분야에 대해 아주 많이 알고 있는 사람이라고 대답할 테지요. 그러나 내가 보기에는 그렇게 정의할 수 없는데 그것은 어떤 분야에 대해 정말로 많이 아는 것은 불가능하기 때문이에요. 그래서 전문가란 해당 분야에서 저지를 수 있는 가장 굵직한 실수들 몇 가지를 알고 그것을 피할 줄 아는 사람이 아니겠느냐고 했지요. 따라서 이런 의미에서 필립 프랑크를 형이상학의 전문가로 부를 수 있을 텐데 필립 프랑크는 형이상학에서 빚어지는 가장 굵직한 실수들을 피할 줄 알기 때문이라고 했어요. 프랑크가 이런 칭찬을 달가워했는지는 잘 모르겠어요. 하지만 내 입장에서는 전혀 비꼬아서 한 말이 아니라 진심으로 한 말이었어요. 이런 토론에서 내게 무엇보다 중요한 것은 진실이 존재하는 심연을 그냥 도외시해서는 안 된다는 거예요. 어떤 부분에서도 그렇게 안이하게 해서는 안 되지요."

그날 저녁 볼프강과 나는 둘이서 이런 대화를 계속했다. 때는 바야흐로 백야의 계절이었다. 대기는 따뜻했고, 여명이 거의 자정까지 이어졌다. 지평선 바로 아래 놓인 태양이 도시를 파르스름한 빛으로 감쌌다. 그리하여 우리는 그 밤에 랑에 리니에 부두의 긴 방파제 길을 걷기로 했다. 랑에 리니에는 남쪽으로 안데르센 동화에 나오는 작은 인어공주 청동상이 세워져 있는 해변의 바위에서 시작되어 북쪽으로 작은 등대가 항구 입구를 알리는 방파제까지 닿아 있었다. 여명 속에서 들고 나는 배들을 구경하다가 볼프강이 내게 이렇게 물었다.

"베르너, 자네 닐스가 오늘 실증주의자들에 대해 한 이야기가 만족스러웠어? 자네는 실증주의에 대해 닐스보다 더 비판적인 것 같은데 말이야. 정확히 말하자면 진리에 대해 실증주의자들과는 전혀 다른 개념을 가지고 있는 것 같다고 할까. 닐스가 자네가 이야기하는 진리 개념을 받아들이려 할지는 모르겠지만."

"나도 모르겠어. 닐스가 자랐던 시대는 19세기 시민사회의 전통적인 사고, 특히 기독교 철학사상에서 떨어져 나오기 위해 엄청나게 노력을 해야 했던 때였어. 힘들게 그 작업을 해야 했기 때문에, 지금도 고대철학이나 신학의 언어를 유보 없이 사용하는 것을 꺼릴 테지. 하지만 우리는 달라. 우리는 양차 대전과 두 차례의 혁명을 겪은 뒤 자연스럽게 모든 전통에서 벗어났어. 나는—이 점에서는 닐스와 마찬가지로—정확한 언어로 표현되어 있지 않다고 해서 오래된 철학적 질문이나 사고를 금하는 것은 정말로 말도 안 된다고 생각해. 물론 때로는 그런 사고들을 이해하기가 어려워. 그럴 때면 나는 그런 사상들을 현대적인 용어로 옮겨보고 이제 새로운 답변을 할 수 있는지를 보려 하지. 아무튼 나는 옛 질문들을 다시금 묻는 것이나, 옛 종교의 전통적인 언어를 사용하는 것에 거부감은 없어. 종교에서는 상과 비유로 말하는 것이 중요해. 물론 이것들은 의미하는 바를 정확히 표현하지는 못하지. 하지만 결국 근대 자연과학 이전 시대에 발생한 대부분의 종교들은 바로 이런 상과 비유로 묘사되어야 하는 내용과 사실들을 담고 있어. 가치에 대한 질문에 관한 것들이지. 오늘날에는 종종 그런 비유에 의미를 부여하는 것이 힘들다는 점은 실증주의자들의 말이 옳을 거야. 하지만 이런 의미를 이해하는 것은 여전히 과제로 남아. 그것은 우리 현실의 중요한 부분이니까 말이야. 그래서 더 이상 옛 언어로 말하는 것이 불가능하다면, 새로운 언어로 표현하는 것이 우리의 과제일 거야."

"그런 문제들을 생각하면, 진실이라는 개념을 예측 가능성과 연결시키는 것은 말도 안 되는 것임을 단번에 알 수 있어. 하지만 자연과학에서의 진실 개념은 어떨까. 아까 보어의 집에서 자네는 비행기의 궤도를 비유로 들었잖아. 나는 그 비유로 무얼 말하려 한 것인지 모르겠어. 자연 속의 무엇이 파일럿의 의도나 임무에 해당한다는 거지?"

나는 다음과 같이 대답했다.

"'의도'나 '임무' 같은 말들은 인간의 영역에서 나온 말들이고, 자연과 관련해서는 기껏해야 은유로 볼 수 있어. 하지만 다시금 프톨레마이오스의 천문학과 뉴턴 이후의 행성 운동 이론을 비교해 보면 좀 더 명확해질 것 같아. 예측을 진리의 시금석으로 보면 프톨레마이오스의 천문학은 나중의 뉴턴 것에 뒤지지 않았어. 하지만 우리가 오늘날 뉴턴과 프톨레마이오스를 비교하면, 뉴턴이 천체의 궤도를 더 포괄적이고 올바르게 정리했다고 보지. 뉴턴은 자연의 구성에 바탕이 되는 '의도'를 기술했다고 볼 수 있어. 현대 물리학의 예를 들어볼까? 우리가 에너지 내지 전하의 보존 법칙이 보편성을 지니고 있고, 그것들이 물리학의 모든 영역을 초월하여 유효하며, 기본 법칙이 갖는 대칭성을 통해 생겨난다고 말하면, 이 말은 대칭성이 자연 창조의 밑바탕을 이루는 '계획'의 결정적인 요소라고 말하는 셈이야. 여기서 '계획', '창조' 같은 말들은 다시금 인간의 영역에 속한 것이고, 그렇기에 기껏해야 은유로 볼 수 있어. 그러나 언어는 인간 외적인 개념들을 제공해주지는 않아. 따라서 내가 자연과학의 진리 개념에 대해 더 무슨 말을 할 수 있을까?"

"그래. 물론 실증주의자들은 자네가 불명확한 소리를 떠벌리고 있다고 말하면서, 자신들은 그런 일을 허용하지 않는다는 걸 자랑스러워할 수 있어. 하지만 진리는 어디에 더 많이 있는 것일까? 불명확한 곳에? 아니면 명확한 곳에? 닐스는 '진리는 심연에 존재한다'는 말을 인용했어. 하지만 심연이 있을까? 진리가 있을까? 그리고 이런 심연은 삶과 죽음의 문제와 어떤 관계가 있을까?"

대화는 잠시 끊겼다. 불과 몇 백 미터 떨어지지 않은 곳에서 커다란 여객선이 지나가고 있었다. 하늘색 여명 가운데 휘황찬란하게 불 밝힌 여객선은 동화에나 나올 법할 정도로 비현실적으로 보였다. 나는 여객선을 보며 잠시 몽상에 잠겨 저 배에 탄 사람들의 운명에 대해 생각했다. 볼프강의 질문은 나의 상상 속에서 증기선에 대한 질문으로 바뀌었다. 증기선은 과연 무엇일까? 기관실, 전기 배선 시스템, 전구들을 가지고 있는 쇳덩어리일까? 아니면 인간의 의도의 표현, 인간관계의 결과로서 만들어진 조형물일까? 아니면 이번에는 단백질 분자뿐 아니라 철과 전자파를 조형력의 대상으로 삼은 생물학적 자연법칙의 결과일까? 따라서 '의도'라는 말은 단지 인간 의식에 있는 조형력이나 자연법칙의 반사작용을 이야기하는 것뿐일까? 이런 연관에서 '단지'라는 말은 무슨 뜻일까?

이런 독백은 이제 더 일반적인 질문들로 넘어갔다. 세계의 질서정연한 구조 뒤에서 자신의 '의도'로 세계를 만들어낸 '의식'을 보는 것은 무의미한 것일까? 물론 그런 질문 또한 문제를 인간화시키는 것이다. '의식'이라는 말도 인간의 경험으로부터 나왔기 때문이다. 따라서 이런 개념은 원래는 인간의 영역 밖에서 사용해서는 안 된다. 그러나 그렇게 엄격히 제한하면, 동물의 의식에 대해 말하는 것도 허용되지 않을 것이다. 그러나 인간의 영역을 떠나서 그 말을 사용하는 것도 어떤 의미가 있는 듯한 느낌이 든다. '의식'이라는 개념을 인간의 영역 밖에서 사용하고자 하면, 그 의미는 더 넓어지는 동시에 더 모호해진다.

실증주의자들에게는 이럴 때 간단한 해법이 있다. 세계를 명확히 말할 수 있는 것과 침묵해야 할 것으로 구분하는 것이다. 따라서 이 부분에서는 침묵해야 할 것이다. 하지만 그렇게 따지면 실증주의보다 더 무의미한 철학이 있을까? 그 무엇도 명확하게 말하는 것은 불가능하지 않는가! 불명확한 모든 것을 제외시킨다면 지루하게 동어반복만 되풀이하게 될 것이다.

볼프강이 대화를 재개하는 바람에 이런 꼬리를 물던 생각들은 중단되었다.

"자네는 고대 종교의 비유와 상의 언어가 낯설지 않다고 했지. 그래서 실증주의자들처럼 제한하면 그 무엇도 할 수 없다고 말이야. 또한 자네 생각에 따르면 다양한 종교들은 그들의 다양한 상으로 결국은 거의 같은 현실을 말하고 있어. 그리고 이 현실은 가장 중요하게는 가치에 대한 문제와 결부되어 있고. 그런데 이게 무슨 말이야? 자네가 말하는 이런 '현실'은 자네의 진리 개념과 무슨 관계에 있어?"

"가치에 대한 질문은 우리가 무엇을 하고, 무엇을 추구하고, 어떻게 행동할 것인가에 대한 질문이야. 따라서 이런 질문은 인간에 의해, 인간에 대해 제기되지. 그것은 인생길을 헤쳐나갈 때 우리가 기준으로 삼아야 하는 나침반에 관한 질문이야. 이런 나침반은 여러 종교와 세계관에서 행복, 신의 뜻, 의미 등 아주 다양한 명칭으로 불리지. 나침반을 이렇게 다양한 명칭으로 부른다는 것은 인간 집단마다 의식 구조가 많이 다르다는 것을 보여줘. 나는 이런 차이를 축소시키고 싶지 않아.

하지만 이런 명칭들의 공통점은 그것들이 인간과 세계의 중심 질서와의 관계를 이야기하고 있다는 거야.

물론 알다시피 현실은 우리 의식 구조에 좌우돼. 객관화할 수 있는 부분은 현실의 작은 부분에 불과하지. 하지만 주관적인 부분이 문제가 될 때에도 중심 질서가 작용하기에, 이런 부분을 형상화하는 것을 우연이나 자의의 작용으로 볼 수는 없어. 물론 개인과 관련된 것이든, 민족과 관련된 것이든, 주관적인 영역에는 많은 혼란이 있을 수 있지. 악령이 지배하며, 행패를 일삼을 수도 있고, 좀 더 자연과학적으로 표현하자면, 중심 질서에서 떨어져 나온, 그래서 중심 질서에 맞지 않는 부분 질서가 작용할 수도 있어. 그러나 결국에는 언제나 중심 질서가 관철돼. 고대의 용어로 표현하자면 '하나'라고 하는 것이 말이야. 우리는 종교의 언어로 이런 질서와 관계를 맺게 되지. 따라서 가치를 묻는다는 것은 분리된 부분 질서들을 통해 생겨나는 혼란을 피하기 위해, 중심 질서의 뜻에 맞게 행동을 해야 한다는 요구라고 할 수 있어. '하나'의 활동은 우리가 질서 정연한 것을 좋은 것으로, 혼란스러운 것을 나쁜 것으로 느낀다는 데서도 이미 드러나지.

원자폭탄이 떨어져 파괴된 도시는 정말로 끔찍해 보여. 그러나 황야에 꽃이 피고 열매를 맺은 장면을 보면 우리는 기뻐하지. 자연과학에서 중심 질서는 '자연이 이런 설계에 따라 만들어졌다'와 비슷한 말을 할 수 있는 데서 드러나. 이런 자리에서 나의 진리 개념은 종교에서 이야기하는 현실과 연결되어 있어. 나는 양자론을 이해한 이후, 사람들이 이런 연관에 훨씬 더 친숙해질 수 있다고 생각해. 양자론에서는 추상적인 수학적 언어로 훨씬 넓은 영역에 대한 총체적인 질서를 표현할 수 있지만, 동시에 자연적인 언어로 이런 질서의 작용을 진술하려면 비유에 의존해야 하고, 모순과 역설을 감수하는 상보적 관찰 방식에 의존해야 한다는 걸 인식하게 되니 말이야."

볼프강이 대답했다.

"그래 그런 사고 모델은 전적으로 이해할 수 있어. 하지만 자네는 중심 질서가 계속 관철된다고 말하는데, 대체 그 말이 무슨 뜻이지? 중심 질서는 존재하거나, 아니면 존재하지 않거나 둘 중의 하나야. 하지만 관철된다는 건 무슨 뜻이야?"

"난 그저 대수롭지 않은 뜻으로 한 말이야. 즉 겨울이 지나고 나면 다시금 들에 꽃이 피고, 전쟁이 끝나고 나면 도시가 재건되듯이, 혼란스러운 상태가 계속해서 다시금 질서 잡힌 상태로 변한다는 이야기였어."

우리는 이제 한동안 침묵하며 나란히 걸었다. 곧 랑에 리니에의 북쪽 끝 지점에 다다랐고, 거기로부터 부두로 뻗은 좁은 방파제 위를 걸어 작은 등대까지 걸어갔다. 북쪽의 수평선 위로는 여전히 밝고 불그레한 띠가 태양이 수평선 아래 얕은 곳에서 동쪽으로 이동하고 있음을 보여주었다. 부두의 윤곽이 명확히 분간되었다. 방파제 끝에서 잠시 서 있는데, 볼프강이 단도직입적으로 이렇게 물었다.

"자네는 인격적인 신을 믿어? 물론 이런 질문은 질문 자체가 좀 모호하지만, 그래도 내가 무슨 질문을 하고 있는지는 알겠지?"

내가 대답했다.

"그 질문을 약간 바꾸어도 돼? 그러면 이런 식으로 바꿀 수 있을 거야. 너는 다른 사람의 영혼에 다가가 관계를 맺을 수 있는 것처럼, 사물이나 사건의 중심 질서에 바로 다가가 직접적으로 관계를 맺을 수 있어, 라고 말이야. 나는 오해를 피하기 위해 일부러 여기서 해석하기 어려운 '영혼'이라는 말을 썼어. 자네의 물음이 이런 뜻이라면 나는 그렇다고 대답할 수 있어. 여기서 내 개인적인 체험을 언급하는 건 좀 그러니까, 파스칼이 늘 지니고 다녔다는, '불'이라는 말로 시작되는 그 유명한 텍스트*를 떠올려 보는 것이 좋을 거야. 파스칼의 경험이 나 자신의 경험과 일치하는 것은 아니지만."

"그러니까 자네는 중심 질서가 다른 사람의 영혼과 같은 강도로 현존할 수 있다고 생각하는 거야?"

"아마도."

---

* 파스칼은 절대자를 만나는 강력한 체험을 한 뒤, 불이라는 제목으로 자신이 만난 하느님에 대해 기록해 놓았다. – 역주

"그런데 왜 '영혼'이라는 말을 써? 그냥 다른 사람이라고 말하지 않고?"

"'영혼'이라는 말은 여기서 한 존재의 중심 질서를 칭하는 거야. 외형은 아주 다채롭고 조망하기 힘들지만, 그 안에 깃든 중심 말이지."

"글쎄, 자네 의견에 동의할 수 있을지 잘 모르겠군. 사람은 자신의 체험을 과대평가해서는 안 되니까."

"물론 안 되지. 하지만 자연과학에서도 자신의 체험이나 신빙성 있게 보고되는 다른 사람의 체험을 참고하잖아."

"내가 쓸데없는 질문을 한 것 같군. 우리의 원래 문제인 실증주의로 다시 돌아가는 것이 좋을 것 같아. 실증주의 철학이 자네에게 맞지 않는 이유는 실증주의자들의 금지 사항을 준수하려면 방금 자네가 말했던 것들에 대해 말하지 못하기 때문이라는 거지. 하지만 그렇기 때문에 실증주의 철학이 가치의 세계와 무관하다고 볼 수 있을까? 실증주의 철학에는 기본적으로 전혀 윤리가 없다고 봐도 될까?"

"얼핏 보면 그래. 하지만 역사적으로는 반대겠지. 실증주의는 실용주의에서 나온 것이고, 실용주의에 속한 윤리적 태도에서 나온 거니까. 실용주의는 손을 놀리지 말고 스스로의 삶을 책임지고 거창하게 세계를 개선할 생각 같은 거 하지 말고 당면한 일에 힘쓰라고, 그리고 힘이 닿는 한, 작은 영역에서 더 좋은 세상을 만들기 위해 노력하라고 가르쳤어. 내가 볼 때 이런 부분에서 실용주의는 심지어 많은 종교보다 나은 것 같아. 종교적 가르침들은 수동적인 태도로, 불가피해 보이는 것들에 순응하게끔 하거든. 자신의 활동으로 아직 많은 것을 개선할 수 있는데도 말이야. 커다란 부분을 개선하고자 한다면, 작은 것에서 시작해야 한다고 하는 것은 실제적인 행동과 관련하여 좋은 원칙이 틀림없어. 과학의 경우에도 커다란 연관을 시야에서 잃어버리지만 않는다면, 이런 방법으로 과학을 하는 것이 옳을 거야. 뉴턴역학에서도 지엽적인 것을 세심하게 연구하면서 시선은 전체를 바라보는 것이 중요했어. 하지만 오늘날의 실증주의는 커다란 연관을 도외시하는 실수를 범하고 있지. 내 비판이 너무 지나친 것인지 몰라도 커다란 연관을 의식적으로 오리무중 가운데 놓으려고 해. 최소한 그 누구에게도 커다란 연관을 생각하도록 고무하지 않아."

"그래. 나 역시 실증주의에 대한 그런 비판에 동의해. 하지만 내 질문에 대한 대답은 아직 나오지 않았어. 이런 실용주의와 실증주의가 섞인 태도에 윤리가 있다면—물론 윤리가 있고, 그것이 미국과 영국에서 계속 작용하고 있다는 자네 말이 옳을 거야—그렇다면 이런 윤리는 어디서 나아갈 바를 알려주는 나침반을 얻는 것일까? 자네는 나침반은 결국 중심 질서와의 관계로부터 나올 수밖에 없다고 말해. 하지만 실용주의가 어느 부분에서 중심 질서와 관계를 맺고 있는 걸까?"

"나는 막스 베버의 명제에 따라 실용주의 윤리는 결국 칼

뱅주의에서, 즉 기독교에서 유래한 거라고 봐. 우리가 사는 서구 세계에서 무엇이 선이고, 무엇이 악이며, 무엇이 추구할 만한 것이고 무엇이 지양해야 할 것인지를 물으면 늘 기독교의 가치 척도를 발견하게 돼. 이런 종교의 상과 비유가 통하지 않을 것 같은 곳에서도 말이야. 그러나 언젠가 이런 나침반을 조절하는 자기력이 완전히 사라지면—이런 힘은 중심적인 질서로부터만 올수 있는데—나치의 강제수용소나 원자폭탄을 능가하는 끔찍한 일들이 일어나지 않을까 우려가 돼. 우리가 애초에 세계의 어두운 면에 대해 이야기하려던 건 아니니까 더 이상은 얘기 않겠어. 중심적인 영역은 다른 부분에서도 저절로 드러날 수 있을 거야. 과학에서는 닐스가 말한 것과 같아. 실용주의자들과 실증주의자들의 요구, 개별적인 영역의 세심함과 정확함, 언어의 명확성에는 동의할 수 있어. 그러나 그들의 금지 사항은 지킬 수가 없어. 커다란 연관에 대해 말할 수도 생각할 수도 없다면, 우리가 나아갈 바를 알려주는 나침반도 사라질 테니까."

늦은 시간인데도 작은 배가 부두에 남아 있어, 우리를 콩겐스 광장으로 데려다주었고, 그곳에서 우리는 보어의 집으로 쉽게 돌아갈 수 있었다.

18
정치적 논쟁과 **과학적** 논쟁

1956 ～1957

    전쟁이 끝나고 10년 동안 굵직한 파괴들은 어느 정도 복구가 되었다. 서독 지역만큼은 재건이 신속히 진행되어, 이제 독일 기업이 발전하는 원자 기술에 동참하는 것도 고려해볼 수 있게 되었다. 1954년 가을, 나는 정부의 위임으로 이 일과 관련하여 워싱턴에서 열린 첫 협상에 참여했다. 독일이 원자폭탄을 만드는 방법을 알고 있었음에도 전쟁 중에 원자폭탄을 제조하지 않았다는 사실은 이 협상에서 유리하게 작용했을 것이다. 어쨌든 우리는 소규모 원자로를 건설할 수 있게 되었고, 이제 독일에서 모든 장벽이 제거되고, 평화로운 원자 기술이 순조롭게 발전될 것처럼 보였다.

    이런 상황 가운데 독일에서도 장기적으로 원자 기술의 발전을 위해 중요한 준비 작업들이 이루어져야 했다. 우선적인 과제는 물리학자들과 엔지니어들, 더 넓게는 독일 기업이 이 새로운 분야의 기술적 사안에 친숙해지도록 해줄 연구 원자로를 건설하는 것이었다. 괴팅겐의 막스 플랑크 물리학 연구소에서 카를 비르츠가 이끄는 팀이 이런 프로젝트에서 주축을 담당할 것으로 보였다. 카를 비르츠 팀은 전쟁 기간 원자로 개발 경험을 축적했고, 그 뒤 논문이나 학회를 통해 최신의 연구 결과들을 지속적으로 숙지해왔던 것이다. 아데나워는 준비 작업이 과학적으로도 실제적인 필요에 부응하도록 공공기관이나 기업들의 회의에 나도 종종 배석시켰다. 그러나 나는 이런 회의를 통해 민주 법치국가라 해도 새로운 원자 기술과 관련한 중요한 결정들이 객관적인 필요에 따라 내려지기보다는, 조망하기 힘든 여러 이해관계를 조율해야 하고, 많은 경우 이런 이해관계가 객관적인 목적에 걸림돌이 될 수 있음을 깨달았다. 어느 정도 예견했던 것이긴 하지만 그래도 내게는 새로운 경험이었다. 이런 상황에 대해 정치가들을 비난하는 것은 부당한 일일 터였다. 공동체를 위해 서로 배치되는 이해관계를 적절히 조율하는 일은 정치가들이 해결해야 할 중요한 과제였고, 오히려 정치가들이 이런 과제를 수월하게 할 수 있도록 도와야 했다. 그러나 나는 이러한 정치적, 경제적 이해관계를 조율하는 데 능숙하지 못했고, 그런 회의에서 기대만큼 영향력을 발휘하지 못했다.

당시 나는 가까운 동료들과 대화를 나누던 중에 기술적 목적을 위한 최초의 연구용 원자로를 우리 막스 플랑크 연구소와 가까운 곳에 건설해야 한다고 확신했다. 그러려면 연구소와 나중에 더 확장될 대규모 기술 시설이 들어갈 꽤 커다란 부지가 필요할 터였다. 나는 이런 부지를 뮌헨 근처에서 물색하자고 제안했다. 물론 나의 제안에는 개인적인 동기도 들어가 있었다. 뮌헨은 내가 청소년 시절과 대학 시절을 보낸 도시였기 때문이다. 그러나 이와 별개로, 나는 뮌헨처럼 현대 세계에 개방적인 문화 중심지 부근이 연구 활동을 하기에 좋다고 생각했다. 또한 나는 막스 플랑크 연구소와 새로 설립될 원자 기술 센터는 긴밀한 협력을 유지해 나가야 한다고 보았다. 그렇게 하면 전쟁 동안 연구소에서 축적된 경험을 가장 잘 활용할 수 있으며, 이런 과제에 훈련된 우리 연구원들은 순수히 원자 기술에만 전념할 뿐, 기술 센터가 운용하게 될 막대한 자금을 다른 목적을 위해 사용하려는 유혹에 빠지지 않을 것이라고 보았다. 그러나 나는 곧 산업계의 영향력 있는 대표자들은 바이에른에 원자 기술 센터를 둘 마음이 없다는 것을 알았다.

그들은 바덴뷔르템베르크 주가 더 적합하다는 의견이었고 결국 칼스루에에 기술 센터를 건립하는 것으로 결정이 났다. 그런데 이상하게도 막스 플랑크 연구소는 뮌헨에 새로 지어 이전하는 것으로 결정되었다. 바이에른 주 정부에서 기꺼이 새 연구소를 지어주겠다고 한 것이었다. 이제 카를 비르츠는 원자 기술에 특화된 팀과 함께 막스 플랑크 연구소를 사직하고, 칼스루에로 옮겨 가야 했고, 카를 프리드리히마저 함부르크 대학 철학과 교수로 가게 되었다.

나는 일이 이렇게 꼬인 것이 참으로 마땅치 않았다. 뮌헨과 관련한 나의 개인적 희망이 고려되긴 했지만, 연구소와 원자 기술 센터가 가까이에서 긴밀히 협력을 해야 한다는 객관적인 이유들은 전혀 무시된 결정이었다. 더구나 카를 프리드리히, 카를 비르츠와 오랫동안 긴밀히 협동 연구를 진행해왔는데 이제 끝이라고 생각하니 우울하기 짝이 없었다. 칼스루에에 새로 설립되는 평화로운 원자 기술 센터가 장기적으로 거대 자본을 다른 목적에 도용하려고 하는 사람들의 간섭에서 벗어날 수 있을지도 걱정이 되었다. 중요한 결정권자들에게는 평화로운 원자 기술과 원자무기 기술의 경계선이 원자 기술과 원자 기초 연구만큼이나 명확하지 않다는 사실 또한 나를 불안하게 했다.

대다수의 국민들은 그렇지 않았지만, 간혹 정치계나 경제계 일각에서 이제 현대 세계에서 핵무기는 외부의 위험에 대항하는 일반적인 안전장치이므로 독일도 핵무기 보유를 고려해야 한다는 의견이 제기됨으로써 나의 걱정은 더 커졌다. 나와 대부분의 내 친구들은 핵무기는 독일의 외교적 입지를 약화시키만 할 뿐이며, 따라서 우리가 핵무기를 가지려고 한다면 스스로 해만 초래할 뿐이라고 확신했다. 전쟁 때 독일인들의 만행에 경악했던 경험이 아직도 깊이 각인되어 있어, 그 어떤 나라도 독일에게 핵무기를 허용하려 하지 않을 터였다. 당시 연방 수상인 아데나워와 여러 번 담화를 하면서 나는 아데나워 또한 군비 문제에서 독일은 늘 동맹국들이 요구하는 것의 최소한만 해야 한다는 생각을 하고 있다고 여겼다. 그러나 여기서도 서로 일치되기 어려운 다양한 이해관계를 조율하는 것이 문제였다. 친구들 가운데 특히 카를 프리드리히는 이런 주제에 계속해서 관심을 가졌고, 나중에 정치적 행동을 취할 때도 주도권을 잡았다. 나는 카를 프리드리히와 많은 대화를 했는데 어느 날 그에게 이렇게 물었던 것 같다.

"우리 연구소의 미래를 어떻게 생각하지? 원자 기술 연구를 막스 플랑크 연구소와 완전히 분리시킨 점이 걱정스러워. 물론 그 밖에도 연구할 거리는 많아. 하지만 누가 이런 분리를 원하는 거지? 뮌헨에 연구소와 기술 센터를 마련하자는 나의 이기적인 제안 때문에, 단지 그로 인해 이런 분리가 초래된 것일까? 아니면 원자 기술 센터를 막스 플랑크 연구소와 분리시켜야 하는 무슨 실제적인 이유라도 있는 것일까?"

카를 프리드리히가 대답했다.

"그런 정치색 짙은 질문에서 '실제적'이라는 말은 정의하기가 힘들어요. 어떤 지역에 원자 기술 센터가 들어서기로 선정이 되면 상당한 경제적 변화가 초래돼요. 당연히 일자리가 창출되고, 많은 사람들이 고용되지요. 이런 사람들을 위해 새로운 주택 단지도 조성되어야 하니까, 에너지를 생산하고 이용하는 일을 하는 업체들 역시 새로운 사업을 맡게 되겠지요. 그러므로 도시나 주의 입장에서는 원자 기술 센터 부지로 선정되는 것을 환영할 만한 충분한 '실제적' 이유가 있는 것이에요. 여기에서는―우리가 팜홀에서 원자폭탄 이야기를 하면서 분석했던 것과 비슷하게―평화로운 원자 기술 센터 부지 선정을 독일 전체의 경제, 기술 발전 계획의 일부로 보아야 할 거예요. 어디에서 가장 빠르게 원자로를 만들 수 있을지를 묻는 것으로는 충분하지 않아요. 전체적인 시각에서 다른 이유들도 고려해야 해요."

내가 물었다.

"물론 그런 이유들도 고려해야겠지. 그러니까 자네는 여기서 그런 요인들이 주된 역할을 했다고 보는 거야?"

"잘 모르겠어요. 사실 나도 이런 부분들로 인해 적잖이 염려가 돼요. 선생님도 아시다시피, 물리학을 잘 모르는 사람들은 원자 기술과 기초 연구의 경계를 잘 알지 못해요. 따라서 어떻게 하다보면 원자 기술과 직접적으로 상관이 없는 기초 연구를 원자 기술 센터에 위임할 수도 있어요. 이건 뭐 그리 중요한 일은 아니죠. 더 위험한 것은 평화로운 원자 기술 센터에서 나중에 무기 기술에 활용할 수 있는 연구가 진행될 수도 있다는 거예요. 가령 플루토늄을 얻는 방법이라든지요. 카를 비르츠는 연구가 평화로운 원자 기술의 경계를 벗어나지 않도록 하기 위해 무지하게 노력을 할 거예요. 하지만 개인으로서 버텨내기 힘든 외부의 강압이 있을 수도 있어요. 그러므로 우리는 정부로부터 핵무기를 만들지 않겠다는 구속력 있는 성명을 받아내야 해요. 정부 쪽에서는 가능하면 여러 가능성을 열어두려고 할 거예요. 손발이 묶인 상태가 되기 싫겠죠. 물론 우리 쪽에서 성명서를 발표하는 것도 생각해 볼 수 있어요. 하지만 그런 호소가 과연 의미가 있을까요? 선생님은 작년에 마이나우 섬에서 물리학자들이 발표한 성명서에 함께 서명을 했잖아요. 그 일이 만족스러웠나요?"

"그래 난 그 일에 함께했지. 하지만 난 그런 일이 달갑지 않아. 평화를 원하고 핵무기를 반대한다고 선포하는 것은 정말 하나마나한 소리 아냐? 건강한 오감을 가진 모든 사람은 자연스럽게 평화를 원하고 원자폭탄에 반대해. 굳이 학자들의 성명이 필요하지 않아. 정부는 정치적인 계산에서 스스로도 평화에 찬성하고 원자폭탄에 반대한다고 떠들어댈 거야. 다만 이때의 평화는 자기 민족에게 좋고 명예로운 평화고, 원자폭탄은 타국이 보유한 몹쓸 폭탄이라는 점을 슬그머니 덧붙이겠지. 그러므로 유익한 게 전혀 없어."

"어쨌든 일반 국민들은 이를 통해 핵무기를 수단으로 하는 전쟁이 정말로 비이성적인 일이라는 걸 다시금 상기하게 되겠지요. 그런 경고가 이성적이지 않다면, 선생님은 마이나우의 성명서에도 서명하지 않았을 테고요"

"하지만 내용이 일반적이고 구속력이 없을수록 성명서 같은 것은 별 효력이 없다고 봐."

"맞아요. 정말로 뭔가 새로운 일을 시도하려고 한다면 좀 더 괜찮은 아이디어를 떠올려야 할 거예요."

"경제적이고 정치적인 권력을 행사하고, 무기로 위협하여 압박을 가하는 등의 옛 정치 수단들은 특히 독일 밖 대부분의 나라들에서 아직 건재해. 최근에 독일 정부의 요인이 프랑스가 핵무기를 보유하면 독일도 같은 요구를 할 수 있어야 한다고 말하는 걸 들었어. 나는 즉각 반박했지만, 이런 논지를 들으며 놀랐던 것은 그 말이 추구하는 목표가 아니라 전제였어. 핵무기를 보유하는 것이 독일에 정치적으로 유익하다는 전제를 깔고 있는 거지. 그러고는 어떻게 하면 이런 유익한 목표에 이를 수 있을까를 물을 따름이었어. 우려되는 건 이런 견해를 가진 사람들은 그와 다른 생각을 하는 사람을 구제불능의 몽상가로 여기리라는 거야. 아니면 기껏해야 독일과 러시아의 합병 등 자신과 다른 정치적 목표를 추구하는 교활한 사기꾼으로 여기겠지."

"선생님은 지금 화가 치민 나머지, 생각이 약간 지나치신 것 같아요. 연방 정부의 정책은 그보다는 이성적이지 않을까요. 그리고 다른 나라의 원조에만 의존하는 완전히 수동적인 상태와 자체 핵무장 사이에는 중간 단계들이 많다고 생각해요. 어쨌든 우리는 잘못된 방향으로 나아가지 않도록 힘닿는 한 최선을 다해야 할 겁니다."

"그건 아주 힘들 거야. 지난 몇 달간의 일들을 보면서 나는 정치와 과학 두 가지를 다 잘할 수는 없다는 걸 배웠어. 여하튼 나는 그럴 힘이 없어. 어쩌면 이건 당연한 일이기도 해. 정치를 하건, 과학을 하건 중요한 것은 자신의 분야에 전력을 다하는 것뿐, 두 마리의 토끼를 다 잡을 수는 없는 거니까. 그래서 나는 다시 과학이나 열심히 하려고 해."

"안 돼요. 특별히 정치를 직업으로 삼는 사람들이 있기는 하지만, 아울러 우리가 1933년과 같은 불행을 막으려 한다면 모든 사람이 정치에 관심을 가져야 해요. 발을 빼서는 안 돼요. 특히나 사안이 원자물리학에서 비롯된 것이라면요."

"알았어. 자네가 내 도움을 필요로 하는 경우에는 함께할 게."

이런 대화를 했던 1956년 여름, 나는 매우 피로를 느끼고 있었다. 내 힘이 한계에 다다른 듯한 느낌이었다. 무엇보다 볼프강 파울리와의 과학적 논쟁이 나를 짓눌렀다. 나는 중요한 과학적 문제에서 파울리에게 나의 생각을 납득시킬 수 없었다. 일 년 전 피사에서 열린 학회에서 나는 소립자론의 수학 구조에 대해 굉장히 이례적인 제안을 했는데, 볼프강은 이를 인정하려 하지 않았다. 파울리는 탁월한 중국계 미국인 물리학자 리정다오*가 고안한 수학 모델에서 관련 가능성들을 검토했고 내가 여기서 완전히 잘못된 방향으로 나가고 있다는

---

* 李政道(1926~). 중국계 미국 물리학자. 약한 핵력에서 좌우 대칭성이 깨진다는 것을 예측한 공로로 양전닝(楊振寧)과 함께 1957년 노벨 물리학상을 받았다.

결론을 내렸다. 하지만 나는 파울리의 말을 믿을 수가 없었고, 파울리는 이런 경우에 늘 그래왔듯이 나를 아주 신랄하게 몰아세웠다.

취리히에서 보낸 파울리의 편지에는 이렇게 적혀 있었다.

'이런 말들은 피사 학회 때 자네가 자네 자신의 연구에 대해 쥐뿔도 이해하지 못했다는 것을 반증할 뿐이야.'

그러나 이 어려운 수학 문제에 전력을 다하기에는 나는 너무나 지친 상태였다. 그래서 한동안 휴식을 취하기로 했다.

나는 가족을 모두 데리고 덴마크 셸란 섬의 작은 해수욕장인 리셀레이에에 한 시골집을 얻어 들어갔다. 티스빌데에 있는 보어의 여름별장으로부터 10킬로미터 정도밖에 떨어져 있지 않은 곳이었다. 나는 이 기회를 이용해 닐스에게 손님으로서의 폐를 끼치지 않으면서 닐스와 많은 시간을 보내고자 했다. 정말 행복한 몇 주였다. 닐스와 서로 오가며 함께했던 시간들은 피로를 씻어주었고, 과거 함께했던 시간들과 그동안 변해 버린 세계 사이의 공백을 메꾸어 주었다. 닐스는 물론 나와 볼프강 사이의 어려운 수학적 논쟁에는 개입하지 않으려 했다. 그는 물리학이 아니라 수학적 성격을 띤 질문들은 자신의 소관이 아니라고 느꼈다. 그러나 내가 소립자물리학의 기본으로 삼고자 했던 철학적 입장에는 동의해 주었고, 그 방향으로 계속 연구해 보라고 격려해 주었다.

덴마크에서 돌아온 지 몇 주 안 되어 나는 심하게 앓았고 한

동안 병상을 지켜야 했다. 연구를 한다는 건 생각도 할 수 없었고, 카를 프리드리히가 다른 친구들과 더불어 정부에 우리의 소망을 피력하기 위해 벌였던 정치적 토론도 멀리서만 그 추이를 지켜볼 뿐이었다. 내가 병상에서 일어날 수 있었던 첫날, 우리 집에서는 훗날 '괴팅겐 18인'이라 불리게 된 모임이 열렸다. 그 모임에서 우리는 당시 국방부 장관이자, 전 원자력 장관이었던 슈트라우스에게 보내는 서한을 작성했다. 우리는 만약 이 편지에 대해 만족스러운 답변을 받지 못하면 핵무장과 관련한 질문에 어떠한 조언도 하지 않겠다고 적었다. 나는 카를 프리드리히가 이 과정에서 주도적인 역할을 해주어 기뻤다. 당분간은 지켜보기만 할 수 있을 뿐, 남들의 절반만큼도 힘을 보태지 못했기 때문이었다.

이어지는 몇 주간 건강은 아주 느리게 회복되었지만, 나는 볼프강과의 논쟁을 마무리해 보고자 했다. 문제는 소립자의 자연법칙을 정리하기 위해, 양자역학 이래로 이런 목적을 위해 사용되어왔고, 물리학자들이 약간 모호하게 '힐베르트 공간'이라 부르는 수학 공간을 확장시키는 작업이었다. 이미 13년 전 폴 디랙도 양자역학에서보다 약간 더 일반적인 계량을 허락함으로써 이 공간을 확장시키려 했다. 그러나 볼프강은 당시 그러면 양자역학에서 확률로서 해석해야 하는 단위들이 때로 음수값을 가지게 될 수 있음을, 즉 그런 수학은 더 이상 물리학적으로 이성적으로 해석될 수 없음을 증명한 바 있었다. 그리고 피사 학회 때는 리정다오가 제안한 모델에 대한 자신의 이의들을 수학적으로 아주 자세히 제시했다. 반대로 나는 피사 학회 때 나의 강의에서 디랙의 제안을 다시금 취해서 내가 기술하는 특별한 경우에는 볼프강의 이의들을 피할 수 있을 거라고 주장했다. 그러나 볼프강은 나를 믿어주지 않았다.

그래서 나는 다시금 볼프강 자신의 수학적 방법으로 리정다오의 모델을 활용해 내가 언급한 특별한 경우에는 그런 어려움들을 피할 수 있음을 증명하고자 했다. 1월 말이 되어서야 비로소 나는 그런 증명을 자세히 정리하여 볼프강에게 편지를 보낼 수 있었다. 하지만 동시에 나의 건강 상태는 다시 악화되었다. 의사는 내게 괴팅겐을 떠나 마기오르 호숫가의 아스코나로 가서 아내 엘리자베트의 간호 아래 완전히 회복한 뒤에 돌아올 것을 권했다. 아스코나에서 볼프강과 주고받았던 서신들은 지금도 내게 가장 끔찍한 기억으로 남아 있다. 나와 볼프강은 정말이지 치열한 공방을 벌였고, 문제를 규명하고자 수학적으로 무진 애를 썼다. 나의 증명은 처음에 모든 점에서 아직 명백하지 못했고, 볼프강은 내가 의도하는 것을 이해하지 못했다. 나는 계속해서 내 생각을 상세히 표현하고자 했으나 볼프강은 계속해서 내가 자신의 이의를 받아들이지 못한다고 분개했다. 결국 볼프강은 참을성을 잃고 내게 이렇게 적어 보냈다.

'자네의 편지는 정말 안 좋았어. 거의 모든 내용이 내게는 가망 없이 잘못된 것으로 느껴져. 자네는 내가 써 보낸 내용들을 다 무시해 버리고, 자네의 고정관념 내지 틀린 결론만을 반복하고 있어. 이런 식으로 나는 시간만 낭비한 꼴이 되었고, 이제는 토론을 끝낼 수밖에 없어.' 그러나 나는 거기서 물러설 수 없었다. 병세가 잦아들지 않고, 어지럼증과 우울증이 찾아왔지만, 나는 완전히 명확해질 때까지 밀고 나가려 했다. 그리고 거의 6주 동안 씨름한 끝에 볼프강의 방어벽을 뚫는 데 성공했다. 볼프강은 내가 제기된 수학 문제의 가장 일반적인 해解가 아니라 일련의 특별한 해에만 관심이 있으며, 이런 특별한 경우에 대해서만 물리학적으로 해석할 수 있다고 주장했음을 이해했다. 그렇게 우리는 합의의 첫발을 떼었고, 여러 가지 수학적 세부 사항들을 검토한 끝에 드디어 이 문제를 완전히 이해했다고 확신했다.

여하튼 내가 소립자론의 바탕으로 삼고자 한 독특한 수학적 도식에는 직접적으로 인식할 수 있는 내적 모순이 없었다. 물론 그것만으로 유용성이 입증된 것은 아니었다. 하지만 이런 자리에서 계속해서 해를 찾아야 한다고 믿는 다른 이유들이 있었으므로, 나는 이미 들어선 방향으로 계속 연구를 진행할 수 있었다. 아스코나에서 돌아오는 길에 나는 취리히 대학 병원에 들러 철저한 건강 검진을 받아야 했고, 그 기회를 이용해 볼프강을 만났다. 만남은 평온한 가운데 이루어졌고, 볼프강은 헤어지면서 우리가 참으로 '지루했던 합의'에 도달했음을 확인해 주었다. 그로써 '아스코나 전투'는—나중에 우리는 이 일을 우스갯소리로 그렇게 불렀다—종결되었다.

이어지는 몇 주간 나는 옛 고향인 우어펠트의 발헨 호숫가에서 보냈다. 그곳에서 몸은 아스코나에서보다 훨씬 더 빠르게 회복되었다. 괴팅겐으로 돌아와 보니 핵무장에 대한 정치 토론이 위기로 치닫고 있었다. 연방 정부는 우리 물리학자들에게 핵무장에 대해 확답을 주지 않은 상태였는데, 정부의 입장이 이해가 가긴 해도 이러다 잘못된 방향으로 나아가지는 않을지 우리 학자들의 걱정은 커져만 갔다. 그런데 그 뒤 아데나워는 공적인 연설에서 핵무기는 기본적으로 재래 무기를 개선한 것에 지나지 않으며, 일반적인 무장과 비교할 때 그저 정도의 차이만 있을 따름이라고 했다. 이런 말은 우리의 인내심의 한계를 넘어서는 것이었다. 자연스럽게 일반 대중에게 핵무기에 대한 잘못된 상을 심어줄 수 있기 때문이었다. 따라서 우리 학자들은 이제는 행동해야 할 때라고 느꼈고, 카를 프리드리히는 지체 없이 성명을 발표하자고 했다.

이 일과 관련하여 우리는 빠르게 다음 사항에 의견의 일치를 보았다. 즉 여기서는 그냥 평화를 원하고 원자폭탄에 반대한다는 사실을 그저 일반에 알리는 것에 그쳐서는 안 된다는 것이었다. 그보다는 이런 상황에서 우리가 이룰 수 있을 특정한 목표를 정해야 할 것이었다. 목표는 자연스레 두 가지로 정리되었다. 첫째, 독일 국민들에게 핵무기의 영향에 대해 가감 없이 알려야 하며, 조금이라도 완곡한 표현을 쓰거나 미화시 켜서는 안 된다는 것, 그리고 둘째, 정부가 핵무장에 대해 변화된 입장을 갖도록 해야 한다는 것이 그것이었다. 따라서 우리의 성명은 단지 독일 연방 공화국에만 관련된 것이며, 우리는 핵무장이 독일의 국가 안보를 증진시키기보다는 위협할 것임을 분명하게 이야기해야 했다. 다른 국가나 국민들이 핵무기를 어떻게 생각하는가 하는 것은 우리가 상관할 바가 아니었다.

마지막으로 우리는 우리가 개인적으로 핵무기에 대한 어떤 협력도 하지 않겠다고 맹세함으로써 우리의 성명에 한층 무게를 실을 수 있다고 보았다. 우리는 무기 개발에 대한 협력을 거부하는 것이 우리의 당연한 의무라고 여겼다. 운이 많이 작용했지만, 하물며 전쟁 중에도 핵무기를 개발하지 않았다는 이유 때문에라도 말이었다. 카를 프리드리히는 친구들과 성명과 관련하여 세부적인 사항들을 논의했으나, 나는 여전히 몸조심을 해야 하는 상태였으므로 대부분의 모임에 참석하지 못했다. 카를 프리드리히가 작성한 성명서는 수정을 거친 후 괴팅겐 18인의 물리학자들의 회의에서 가결되었다.

우리의 성명은 1957년 4월 16일 신문에 발표되어, 사회적으로 커다란 반향을 불러왔다. 그리하여 성명을 낸 지 며칠 만에 첫 번째 목표는 거의 이루어진 것으로 보였다. 핵무기가 미칠 영향의 심각성에 대해 모두가 공유하는 것으로 보였기 때문이었다. 그러나 정부의 태도는 일관성이 없었다. 아데나워는 자신이 심사숙고하여 마련한 계획에 차질을 빚게 한 우리의 행동에 상당히 당황한 것 같았다. 그리고 나를 포함한 우리 괴팅겐 물리학자 중 몇 명에게 본으로 와서 논의를 하자고 요청해왔다. 나는 아데나워의 청을 거절했다. 입장차가 좁혀질 수 있다고 생각되지 않았고, 건강상으로도 그런 힘든 토론을 감당할 만한 상태가 아니었기 때문이다. 아데나워는 내 마음을 돌리고자 전화를 걸어왔고, 통화로 꽤 오랜 시간 논쟁이 벌어졌다. 이때 했던 중요한 이야기들은 아직도 기억에 생생하다.

아데나워는 처음에 우리가 지금까지 모든 중요한 문제들과 관련하여 서로 말이 잘 통했고, 정부는 연방 공화국의 평화로운 원자 기술을 위해 여러모로 뒷받침해 왔다고 지적하면서, 괴팅겐 물리학자들의 성명 발표는 오해에서 비롯된 것이라고 말했다. 그러면서 우리 과학자들은 아데나워가 핵무장과 관련하여 약간의 선택의 여지를 확보해두려는 이유를 경청해 주어야 하며, 우리가 이런 이유들을 알게 되면 쉽게 합의에 이를 수 있을 것이고, 이런 합의를 공표하는 것이 중요하다고 했다. 나는 내가 지금 몸이 안 좋은 상태라 핵무장과 같은 첨예만 문제를 논하는 일을 감당할 수 없을 것 같다고 했다. 또한 의견차를 좁히는 것이 그리 쉽지 않을 거라고 생각한다고도 말했다. 지금까지 우리에게 전달된 논지는 독일이 군사적으로 약하고, 러시아가 훨씬 강하다는 것, 그리고 상당한 희생을 치를 마음이 없이는 미국이 독일을 지켜줄 것을 기대할 수 없다는 이야기인데, 우리 역시 이런 논지들을 꼼꼼히 따져 보았다며, 영국이나 미국 같은 나라에서 독일을 어떻게 보고 있는지에 관해서는 우리 물리학자들이 독일의 일반 국민들보다 더잘 알고 있을 거라고 받아쳤다. 과거에 미국을 여행한 뒤, 나는 독일 연방 방어군이 핵무장을 하는 것은 봇물 같은 항의를 유발할 것이며, 이로 인해 그렇지 않아도 불안정한 정정이 악화되는 것은 핵무장이 가져오는 모든 군사적 유익을 뛰어넘는다는 것을 확신한다고도 했다.

그러자 아데나워는 우리 물리학자들은 기본적으로 인간의 선한 면을 신뢰하고, 폭력 사용을 기피하는 이상주의자들이라는 점을 잘 알고 있다고 대답했다. 그리고 우리가 핵무장을 하지 말고 모든 갈등을 평화적 수단으로 조정하고자 노력해야 한다고 만인을 대상으로 호소한다면 자신도 반대하지 않는다고 했다. 오히려 자기도 그것을 바란다고 했다. 그러나 우리의 성명서는 마치 우리가 독일이 약해지는 것을 바라기라도 하는 듯한 인상을 준다고 했다.

이런 비난에 대해 나는 거의 화를 내면서 강하게 반박했다. 나는 우리가 이 부분에서 이상주의자가 아니라, 아주 정신이 말짱한 현실주의자로서 행동하기를 바란다고 했다. 독일 연방

군의 핵무장은 연방 공화국의 정치적 입지를 약화시키고 정작 중요한 국가 안보는 핵무장을 통해 매우 위험해질 것임을 확신하며, 내 생각에 우리 시대는 안보 문제와 관련하여 중세에서 근대로 넘어갈 때처럼 급변하고 있으므로 경솔하게 굳어진 옛날 사고의 틀을 따르기 전에 이런 변화를 깊이 생각해야 한다고 했다. 우리의 성명의 의도는 이런 의식들을 불러일으키고, 옛 생각을 좇다가 정책이 잘못된 방향으로 나아가지 않도록 막기 위해서였다고 했다.

아데나워는 나의 논지를 받아들이지 못했다. 게다가 그는 우리 소수의 원자물리학자들이 커다란 정치공동체의 이해관계에 입각하여 심사숙고된 계획에 개입하는 것은 월권행위라고 생각했다. 하지만 한편으로는 우리의 성명이 공공에 미치는 영향이 크며, 우리가 많은 독일인들과 많은 외국인들의 입장에서 이야기했다는 것을 감안하여 우리의 논지를 간단하게 무시해 버리기는 어려운 모양이었다. 아데나워는 재차 나더러 본에 와달라고 설득했지만, 이어 그것이 내게 너무 무리가 되는 요구임을 수긍했다.

나는 아데나워가 당시 우리의 행동에 얼마나 불만이 컸는지를 알지 못한다. 몇 년 뒤 아데나워는 내게 편지를 보내어, 자신은 자신과 다른 정치적 의견을 충분히 존중할 수 있다고 말했다. 그러나 그는 기본적으로는 모든 정치적 행동이 갖는 좁은 경계를 잘 아는 회의론자였을 것이다. 그 밖에도 아데나워는 주어진 가능성 안에서 길을 헤쳐 나가는 데 즐거움을 느끼는 사람이었고, 이런 길들을 가는 것이 생각보다 어려운 것으로 드러나면 실망했다. 그를 인도하는 나침반은 내가 수십 년 전 덴마크에서 닐스 보어와 하이킹을 하며 이야기했던 옛 프로이센적인 모범은 아니었다. 대양제국이 지향하는 아이슬란드의 전설 속 바이킹의 자유로운 표상도 아니었다. 오히려 가톨릭교회에 면면이 살아 있는 유럽의 옛 로마 기독교 전통과 19세기에 형성된 사회적 표상이 주도적인 역할을 했다. 이런 표상은 19세기에 형성된 것으로 공산주의와 무신론적 색채가 짙었지만, 아데나워는 그 표상에 기독교적 본질이 있다고 보았다. 가톨릭적 사고에는 동양의 철학과 지혜도 일부 담겨 있었고, 아데나워가 어려울 때마다 힘을 얻는 것은 바로 이런 부분이었다. 아데나워와 내가 포로 생활 경험에 대해 나누었던 이야기가 기억난다. 아데나워는 한동안 게슈타포에게 체포되어 먹을 것도 제대로 먹지 못한 채 좁은 감방에 갇혀 있었고, 나는 영국에서 억류되어 있었지만 별 불편 없이 상대적으로 유쾌한 포로 생활을 했으므로 나는 아데나워에게 그 시절 얼마나 힘들었느냐고 물었다. 그러자 아데나워는 이렇게 대답했다.

"아, 사람이 그런 좁은 감방에 갇혀 있으면 말이죠. 며칠, 몇 주, 몇 달을, 전화벨 소리 하나 들리지 않고, 찾아오는 사람 하나 없이 그렇게 갇혀 있다 보면 깊은 사색에 잠길 수 있어요.

고요히 과거를 생각하고, 앞으로 무슨 일이 있을지도 생각하고. 아주 차분하게, 혼자서 말이에요. 그건 실은 아주 멋진 일이죠."

19
통일장 이론
1957 ~1958

　　베네치아 항구의 두칼레 궁전과 광장 맞은편에 산 조르조 섬이 있다. 이 섬은 치니 백작의 소유다. 치니 백작은 그곳에서 고아와 버려진 아이들을 위한 학교를 운영한다. 아이들은 학교에서 교육을 받은 뒤 선원이나 장인이 된다. 치니 백작은 섬에 있는 옛 베네딕트 수도회 수도원도 리모델링했는데, 2층의 몇몇 근사한 방을 객실로 꾸몄다. 1957년 가을 파도바에서 원자물리학회가 열렸을 때 볼프강과 나는 연배가 지긋한 몇몇 물리학자와 더불어 치니 백작의 초청을 받아 산 조르조에 묵었다. 멀리 항구의 소음이 나지막이 들려오는 조용한 수도원 뜰에서, 그리고 종종 함께 파도바까지 오가면서 우리는 당시 당면한 과학적 주제들에 대해 대화를 할 수 있었다. 이때 우리 모두의 화제가 되었던 것은 젊은 중국계 미국 물리학자인 리정다오李政道와 양전닝楊振寧의 발견이었다. 이 두 이론 물리학자들은 그때까지 자연법칙의 거의 자명한 특성으로 여겨졌던 좌우대칭성이 방사성 현상에 관여하는 약한 상호 작용에서는 깨질 수 있다는 생각에 도달했고, 실지로 나중에 우젠슝吳健雄의 실험을 통해 방사성 베타붕괴에서는 좌우대칭성이 크게 깨질 수 있음이 확인되었다. 베타붕괴에서 방출되는 질량이 없는 입자들인 중성미자들은 하나의 형태만이, 즉 그것을 좌형이라고 한다면 좌형만이 존재하는 것처럼 보였다. 반중성미자는 우형으로 나타날 텐데 그런 것은 보이지 않았다. 볼프강은 중성미자의 특성에 대해 비상한 관심을 가지고 있었다. 그는 20여 년 전 중성미자의 존재를 처음으로 예언한 장본인이었기 때문이다. 중성미자의 존재는 일찌감치 증명되어 있었다. 그러나 리와 양의 새로운 발견은 중성미자의 모형을 특별하고 강력한 방식으로 바꾸어 버렸다.

볼프강과 나는 질량이 없는 중성미자들이 나타내는 대칭성 속성은 그 배후에 놓인 자연법칙의 대칭성 속성이어야 한다는 견해를 갖고 있었다. 그러나 중성미자에서 좌우대칭성이 결여되어 있다면, 좌우대칭성은 원래 기본적인 자연법칙에 들어 있지 않은데 상호 작용과 그로 인한 질량을 통해 비로소 이차적으로 자연법칙 안으로 들어온 것인지 따져봐야 한다. 수학적으로 어떤 방정식에 동등한 풀이가 두 개 존재할 수 있는 것처럼 사후의 중복의 결과로 좌우대칭성이 나타나는 것일 수도 있었다. 이런 가능성은 매우 흥분되는 것이었다. 그것이 자연법칙의 단순화로 귀결될 수 있기 때문이었다. 우리는 이전의 물리학적 경험으로부터 실험에서 예기치 않던 단순함이 드러날 때면 자연스럽게 극도로 주의를 기울여야 된다는 것을 알고 있었다. 커다란 연관이 드러나는 지점에 이른 것일 수 있기 때문이었다. 따라서 리와 양의 발견 뒤에 결정적인 인식이 숨어 있는 듯한 느낌이 들었다.

파도바 학회에 참석한 리정다오 역시 그런 생각을 가지고 있는 듯했다. 나는 리와 함께 수도원 뜰을 거닐며 관찰되는 비대칭성에서 어떤 결과를 도출할 수 있을지에 대해 오랫동안 대화를 나누었다. 리 역시 '모퉁이만 돌면' 새로운 중요한 연관들이 기다리고 있을 수도 있다고 말했다. 물론 이런 경우 모퉁이를 통과하는 것이 얼마나 쉬울지 어려울지 알지 못한다. 볼프강은 아주 낙관적이었다. 한편으로는 자신이 중성미자들과 관련한 수학 구조들을 잘 알고 있었기 때문이었고, 한편으로는 '아스코나 전투'를 통해 수학적 모순 없이 상대론적인 양자 장이론을 구성할 수 있다는 희망이 생겼기 때문이었다. 볼프강은 앞서 언급했던 중복, 혹은 양분에 특히나 매력을 느꼈다. 아직은 수학적으로 정리해낼 수 없지만, 이런 과정을 통해 좌우대칭성이 나타날 수 있다고 믿었다. 더 연구를 해봐야겠지만, 양분이 자연에 추가적으로 새로운 대칭성을 가져다줄 수 있으리라는 것이었다. 하지만 그 뒤 어떻게 해서 대칭이 깨지는가 하는 것은 양분에 대해서보다 더 감이 오지 않았다. 어쨌든 우리는 자연법칙이 변하지 않고 유지되는 연산과 달리 전체 세계, 즉 우주는 대칭성을 띨 필요가 없다는 이야기를 하곤 했다. 따라서 대칭성의 감소가 나아가 우주의 비대칭으로 소급될 수도 있다는 생각이었다. 이 모든 생각들은 당시 우리의 머릿속에 여기서 서술하는 것보다 훨씬 모호한 형태로 얽혀 있었다. 그러나 한번 이런 쪽으로 생각을 시작하자, 거의 벗어날 수 없을 정도로 매력적이었다. 그래서 이런 생각들은 이어지는 그 뒤의 시기에 아주 중요한 역할을 했다. 한번은 볼프강에게 그가 이런 양분 과정에 그렇게 커다란 비중을 두는 이유가 뭐냐고 물었다. 그러자 볼프강은 이렇게 대답했다.

"이전의 원자껍질 물리학은 아직 고전물리학의 레퍼토리에 속한 구체적인 상을 전제로 할 수 있었어. 보어의 대응 원리는 제한적일지라도 그런 상들을 활용할 수 있다고 주장했어. 그러나 원자껍질에서도 사건의 수학적 진술은 고전물리학적인 상들보다 훨씬 추상적이지. 심지어 입자상과 파동상 같은 서로 모순되는 상들을 같은 현실에 귀속시킬 수 있어. 그러나 소립자물리학에서는 그런 상을 가지고는 아무것도 할 수 없을 거야. 소립자물리학은 훨씬 더 추상적이야. 따라서 이 분야에서 자연법칙을 정리하기 위해서는 자연계에서 실현되는 대칭성, 즉 다르게 표현하면 자연의 공간을 비로소 펼치는 대칭 조작symmetry operation—가령 변위나 자전—외에는 출발점으로 삼을 게 없어. 그런데 그러고 나면 어쩔 수 없이 이런 대칭 조작이 있고, 다른 것은 없는 이유가 무엇일까 하는 질문에 이르게 되지. 내가 상상하는 양분 과정이 여기서 도움이 될 수도 있어. 그것이 자연의 공간을 자연스럽게 확장시키고, 그럼으로써 새로운 대칭 가능성을 만들 수 있으니까. 이상적인 경우 자연에 존재하는 모든 대칭성을 양분의 결과로 볼 수도 있어."

물론 이런 문제를 본격적으로 연구하기 시작한 것은 학회에서 돌아오고 나서였다. 나는 괴팅겐에서 내적 상호 작용을 가진 물질의 장을 기술하고, 자연에서 관찰되는 모든 대칭성을 압축된 형태로 묘사하는 장의 방정식을 찾는 데 온 힘을 쏟았다. 거기서 나는 베타붕괴에 결정적인 역할을 하는 상호 작용을 본보기로 활용했는데, 이것은 리와 양의 발견을 통해 가장 단순하고 아마도 최종적일 형태가 알려져 있었다.

1957년 늦가을 나는 제네바에서 이런 주제로 강연을 했고, 돌아오는 길에 취리히에 잠시 들러 볼프강과 논의를 했다. 볼프강은 계속 그 방향으로 연구를 진전시켜 보라고 격려해 주었다. 볼프강의 동의를 얻는 것은 내게는 무척 중요한 일이었다. 그리하여 나는 몇 주간 계속해서 물질장의 내적 상호 작용을 묘사할 수 있는 다양한 형태들을 연구했고, 흔들리는 상들 가운데 불현듯 높은 대칭성을 가진 장 방정식이 떠올랐다. 그것은 디랙의 옛 전자 방정식보다 복잡하지 않았지만, 상대성 이론의 시공간 구조뿐 아니라, (바이에른 스키 산장에서 꿈꾸었던) 양성자와 중성자 사이의 대칭도 포함하고 있었다. 수학적으로 표현하자면, 로렌츠 군 外에도 아이소스핀 군들을 포함하고 있어, 자연에서 나타나는 대칭성을 전반적으로 묘사하고 있는 것으로 보였다. 이에 대해 적어 보내자 볼프강도 곧바로 크게 관심을 보였다. 여기서 처음으로 소립자의 복잡한 전 스펙트럼과 상호 작용을 포괄할 정도로 넓은 동시에, 단순히 우연으로 볼 수 없는 모든 것을 확정할 만큼 좁은 틀이 발견된 것처럼 보였기 때문이었다. 따라서 우리는 이런 방정식을 소립자 통일장 이론의 토대로 삼을 수 있을 것인가 하는 문제를 함께 연구해 보기로 했다. 볼프강은 소수의 아직 결여된 대칭이 추후에 양분 과정을 통해 추가될 수 있을지도 모른다는 희망을 가졌다.

이런 방향에서 한 발자국씩 나아가면서 볼프강은 점점 더 열광 상태에 빠졌다. 연구를 하면서 볼프강이 그렇게 흥분하는 건 처음 보는 일이었다. 과거 여러 해 동안 소립자물리학에서의 부분적인 질서를 다루지만, 전체의 연관과는 무관했던 모든 이론적 시도에 비판적이고 회의적이었던 볼프강은 이제 새로운 장 방정식의 도움으로 커다란 연관을 정리해 내려는 의지를 불태웠다. 그는 단순성과 높은 대칭성을 보여주는 이런 방정식이 소립자의 통일장 이론을 위한 출발점이 될 게 틀림없으리라고 기대했다. 나 역시 오랜 노력 끝에 소립자의 세계로 들어가는 문의 열쇠를 드디어 손에 쥔 것 같은 기분에 이런 새로운 가능성에 매료되었다. 물론 바라는 목표에 도달하기까지는 많은 어려움을 극복해야 할 터였다. 1957년 크리스마스를 코앞에 두고 나는 볼프강의 편지를 받았다. 편지에는 수학적으로 상세한 내용과 더불어 당시 그의 고조된 기분도 표현되어 있었다.

'……양분과 대칭 감소, 이것이 푸들의 정체야.* 양분은 악마의 아주 오래된 속성이지. ('의심zweifel'이라는 말은 원래 '둘로 갈라진다zweiteilung는 의미를 가지고 있었다고 해.) 버나드 쇼의 작품에서 한 주교는 "악마를 위해 부디 페어플레이를 해달라"고 말해. 그러므로 악마 역시 크리스마스 축제에 필수적인 존재인 거야. 두 신적인 존재는—그리스도와 악마—그들이 그동안 훨씬 더 대칭적인 존재가 되었다는 걸 알아야 할 텐데. 이런 이교적인 말을 자네 아이들한테는 하지 마. 물론 폰 바이츠제커 남작에게는 해도 무방하겠지. 이제 우리는 찾았어. 진심을 담아. 자네의 볼프강 파울리.'

약 8일 뒤에 쓴 편지에는 이런 인사말이 적혀 있었다.

'자네와 자네 가족에게 새해에 축복이 임하기를, 바라건대 올해 소립자물리학에 광명이 있기를.' 이어 볼프강은 이렇게 썼다.

'상은 매일 바뀌어. 모든 것이 유동적이야. 아직 발표는 하지 마. 그러나 좋은 결과가 나올 거야. 모든 것이 어떤 모습을

---

*『파우스트』1부, 〈서재〉 1323행. – 역주

떨지 아직은 알 수가 없어. 알아가는 과정에 자네에게 행운이 깃들기를.' 그리고 그는 파우스트를 인용했다.

'"이성이 다시 말을 걸고 희망은 다시 꽃피기 시작하네. 사람들을 생명의 시내를, 아, 생명의 우물을 흠모한다네."* 해뜨기 전, 1958년의 새해 아침노을을 반기노라…… 오늘은 이만 줄일게. 자료를 많이 동봉했어…… 자네는 이제 스스로 알아낼 수 있을 거야…… 푸들이 가버렸다는 것을 알게 될 거야. 푸들은 자신의 정체를 드러냈어. 양분과 대칭 감소! 나는 그것에 나의 반대칭으로 맞섰지. 나는 그를 상대로 페어플레이를 했어. 그러자 그는 슬쩍 자취를 감추었지…… 이제 신년을 축하하세. 새해로 전진하세. 티퍼레리(아일랜드 남부의 현)까지는 먼 길이야. 먼 길을 가세. 진심을 담아. 볼프강 파울리.'

물론 이 편지에는 이 자리에서 소개할 필요는 없는 많은 물리학적 수학적 세부적인 내용이 담겨 있었다.

그런데 몇 주 뒤 볼프강은 석 달간의 순회강연 일정으로 미국으로 떠나야 했다. 나는 볼프강이 아직 미완성 단계의 흥분된 연구를 하다가 미국인들의 맹숭맹숭한 실용주의에 노출된다는 것이 꺼림칙해서 여행을 말렸다. 하지만 계획을 변경할 수는 없었다. 우리는 볼프강이 떠나기 전에 공동 발표의 초안

---

* 『파우스트』 1부, 〈서제〉 1198~1201행. – 역주

을 잡아, 늘 해오던 대로 이 문제에 특별한 관심을 가지고 있는 몇몇 친한 물리학자들에게 보냈다. 하지만 그러고 나서는 드넓은 대서양으로 가로막힌 사이가 되었다. 볼프강의 편지는 뜸해졌고, 편지 속에서는 피로와 체념의 기색이 느껴졌다. 그러나 내용상으로는 여전히 기존의 방향을 고수했다. 그런데 어느 날 갑자기 볼프강의 무뚝뚝한 편지가 도착했다. 내용인즉슨 자신은 이제 이 분야를 연구하는 것에도, 발표하는 것에도 관여하지 않기로 했다는 것이었다. 우리가 발표할 내용의 초안을 전달했던 물리학자들에게도 이 내용은 더 이상 자신의 현재 생각과 무관하다는 뜻을 전했다고 했다. 그리고 이제부터는 지금까지의 결과물을 가지고 나보고 모든 것을 알아서 하라고 했다. 그 뒤 편지는 오랫동안 끊겼고, 나는 볼프강이 왜 그런 결정을 했는지 자세한 내막을 알 수 없었다. 명확하게 드러나지 않는 구조들이 볼프강의 용기를 앗아가지 않았는가 생각할 뿐이었다. 그러나 나로서는 그의 행동이 도무지 이해가 가지 않았다. 물론 불명확하다는 것은 나도 충분히 의식하고 있었다. 하지만 전에도 우리는 종종 함께 안개 속을 헤쳐 나가지 않았던가. 사실 연구를 하며 이런 상황을 만나는 것은 내게는 가장 흥미로운 일이었다.

나는 1958년 제네바에서 열린 한 학회에서야 볼프강을 만날 수가 있었다. 그 학회에서 나는 장 방정식에 대한 당시의 분석 상황들을 보고했는데, 볼프강은 내게 거의 적대적으로 맞섰다. 그는 나의 분석 중 몇 군데에 문제가 있다고 했는데, 어떤 부분에서는 그런 비판이 부당하게 느껴졌다. 하지만 그는 더 이상 깊게는 이야기하지 않으려 했다. 몇 주 뒤 우리는 코모 호숫가 바렌나에서 다시 한번 상당한 시간을 함께 보낼 수 있었다. 테라스에 면한 정원으로부터 호수가 내려다보이는 한 저택에서 매년 정기적으로 여름학교가 열렸는데, 그해의 주제는 소립자물리학이었으므로, 볼프강과 내가 그곳에 초청되었던 것이다. 볼프강은 이번에는 내게 거의 옛날처럼 다시 친절하게 대했다. 하지만 그는 왠지 다른 사람이 되어 버린 것 같았다. 우리는 공원과 호수를 가르는 장미넝쿨이 둘린 돌길을 산책하기도 하고, 꽃들 사이의 벤치에 앉아 파란 수면 너머 맞은편 산들의 뾰족뾰족한 능선을 바라보기도 했다. 볼프강은 다시금 우리의 공동의 희망에 대해 이야기하기 시작했다.

볼프강이 말했다.

"자네가 이 문제를 계속적으로 연구해 나가는 것은 괜찮은 것 같아. 얼마나 더 해야 할지 자네 스스로 알고 있으니까. 세월이 흐르다 보면 진전이 있겠지. 모든 것이 우리가 바랐던 대로 될 수도 있어. 자네의 낙관적인 전망이 옳을지도 모르고. 하지만 난 더 이상 함께할 수가 없어. 이제 나한테는 그럴 힘이 없어. 지난 크리스마스 무렵에는 내가 예전처럼 전력을 다해 이런 문제에 뛰어들 수 있을 거라고 생각했어. 하지만 더 이상 그럴 수가 없어. 자네는 할 수 있을 거야. 자네가 데리고 있는 젊은 연구자들이 해낼 수도 있겠지. 괴팅겐의 자네 연구소에는 탁월한 젊은 물리학자들이 있는 것 같으니까. 하지만 난 너무 힘들어. 이제 이런 상황을 받아들일 수밖에 없어."

나는 볼프강을 위로하려고 했다. 크리스마스 때 생각했던 것만큼 연구가 빨리 진척되지 않으니까 실망한 것뿐이며, 연구를 하다보면 다시금 기운이 되살아날 것이라고 했다. 그러나 볼프강은 내 말에 수긍하려고 하지 않았다.

"아니야. 모든 것이 전과는 달라졌어"라고 말할 뿐이었다.

바렌나에 나와 동행했던 아내 엘리자베트는 볼프강의 건강 상태를 몹시 걱정하며, 볼프강이 아무래도 중병에 걸린 것 같다고 했으나 나는 딱히 그렇게 생각하지는 않았다. 바렌나의 공원을 함께 산책하던 것이 볼프강과의 마지막 만남이 될 줄은 꿈에도 몰랐다. 1958년 말경 나는 볼프강이 응급 수술을 받다가 세상을 떠났다는 소식을 들었다. 그가 소립자론 연구를 포기했던 즈음 그의 병이 시작되지 않았나 하는 생각이 들었다. 그러나 여기서 무엇이 더 먼저였는지를 논하는 것은 부질없는 일이리라.

20

소립자와 **플라톤** 철학

1961~1965

전후 괴팅겐에 설립되었던 막스 플랑크 물리학 및 천체 물리학 연구소는 1958년 가을 뮌헨으로 이전했고, 그로써 나의 생활도 새로운 국면으로 접어들었다. 새로운 연구소는 뮌헨 북쪽 영국 정원 가장자리에 자리 잡고 있었다. 나와 청년운동을 함께 했던 옛 친구 제프 루프가 설계한 넓은 공간의 현대적인 연구소에서 신세대 물리학자들은 과학의 발전 과정에서 주어진 과제들을 넘겨받았다. 특히 한스-페터 뒤르*가 소립자의 통일장 이론에 관심을 보였다. 한스-페터 뒤르는 어릴 적에 독일에서 자랐고 미국에서 학업을 마친 뒤 캘리포니아의 에드워드 텔러 밑에서 오랫동안 조교 생활을 하다가 다시 독일에서 연구 활동을 하고자 하는 물리학자였다. 그는 캘리포

---

* Hans-Peter Dürr.(1929~2014). 핵물리학, 양자물리학, 입자물리학, 중력 이론, 인식론, 철학 등 다방면에서 방대한 연구를 한 물리학자이며, 퍼그위시 국제대회나 그린피스를 비롯하여 과학자의 사회적 책임과 환경문제에 대한 생태주의적 해결에 앞장섰다.

니아에서 이미 예전 우리의 라이프치히 서클 이야기를 들었고, 뮌헨에 와서는 철학과 물리학의 연계를 위해 가을마다 정기적으로 우리와 함께했던 카를 프리드리히와의 대화를 통해 라이프치히 서클의 맥을 이어갈 수 있었다. 카를 프리드리히와 뒤르, 나, 이렇게 셋은 나의 새로운 연구실에 모여 통일장 이론의 물리학적, 철학적 측면을 논하곤 했다. 대화는 이런 식으로 전개되었다.

카를 프리드리히: 내가 관심 있는 철학적 질문은 잠시 접어두고 작년에 통일장 이론에 좀 진전이 있었는지 알고 싶군요. 통일장 이론은 물리학 이론이니까 실험에서 입증되거나 반박되거나 해야 하잖아요. 이런 면에서 내게 이야기해줄 만한 진보가 있나요? 특히 파울리가 관심을 가졌던 '양분과 대칭성 감소'와 관련하여 뭔가 알아낸 것이 있는지 궁금하군요.

뒤르: 우리는 최소한 좌우대칭의 한 경우에 관해서는 양분을 이해했다고 믿습니다. 상대성이론에서 소립자의 질량에 대한 2차 방정식이 존재하고, 이 방정식의 해가 두 개로 나오거든요. 대칭성 감소는 훨씬 더 흥미롭습니다. 지금까지 주목하지 않았던 일반적이고 중요한 연관이 거기에 있는 것 같습니다. 자연법칙의 엄격한 대칭성이 소립자 스펙트럼에서 깨어진 상태로 나타난다면, 세계 또는

우주, 즉 소립자가 생성되는 토대가 자연법칙보다는 대칭성이 적기 때문일 겁니다. 이것은 전적으로 가능한 일이고, 대칭적인 장 방정식과도 모순되지 않습니다. 그런 상황이 존재한다면—지금 증명을 하려는 건 아니지만—필연적으로 원격 작용을 하는 힘들이나 정지질량이 거의 없는 소립자가 있어야 한다고 봐야 할 겁니다. 전자기 역학도 이런 방식으로 이해할 수 있을지도 모르고, 중력 또한 그렇게 성립될 수 있습니다. 우리는 이런 지점에서 아인슈타인이 그의 통일장 이론이나 우주학의 기반으로 삼고자 했던 단초들과 연결될 수 있기를 바라고 있습니다.

카를 프리드리히: 그러니까 당신은 장 방정식으로 우주의 형태가 명확하게 결정되는 것이 아니라고 보는군요. 즉 장 방정식과 조화를 이룰 수 있는 다양한 형태의 우주가 있다고 말이에요. 이것은 이 이론이 우연의 요소를 가지고 있다는 의미예요. 즉 우연이, 더 정확히 말해, 설명이 되지 않는 일회적인 것이 거기서 중요한 역할을 할 수 있다는 의미지요. 기존의 물리학의 입장에서 보면 이것은 놀랄 일이 아니에요. 거기서도 초기 조건은 자연법칙을 통해 확정되지 않으니까요. 초기 조건들은 우연적이에요. 즉 그것들은 다르게 될 수도 있었어요. 오늘날의 우주, 즉 항성과 항성계들이 무질서하게 분포된 무수한 은하계를 바라보면 별들과 그 위치, 은하계의 수와 크기가 다른 값을

띨 수도 있었다는 생각을 하게 돼요. 세계가 다른 자연법칙을 가지고 있지 않더라도 말이에요. 다행히 소립자 스펙트럼에 대해서는 개별적인 우주 상태가 중요하지 않을 거예요. 그러나 당신은 우주의 일반적인 대칭성이 소립자 스펙트럼으로 거슬러 올라간다고 보는군요. 그런 일반적인 특징은 일반상대성이론에서처럼 단순화된 우주 모델로 묘사할 수 있을 거고, 그 토대가 되는 장 방정식은 어떤 모델들은 허락하고 다른 모델들은 배제할 거라고 말이에요. 소립자의 스펙트럼은 이런 모델에 따라 약간 달라질 거고요. 그래서 당신은 소립자 스펙트럼으로부터 우주의 대칭성을 추론할 수 있고요.

뒤르: 맞습니다. 우리는 정확히 그것을 바라고 있습니다. 우리는 가령 얼마 전에 이런 대칭성에 대한 가정들을 만들었습니다. 그런 가정들은 나중에 특정 소립자들에 대한 새로운 실험들을 통해 반박되었습니다. 그래서 우리는 이런 실험적 결과에 맞는 다른 가정들을 찾아냈습니다. 이제 전체의 전자기역학을 양성자와 중성자의 교환이나 일반적으로는 아이소스핀 군과 달리, 세계의 비대칭성을 토대로 이해할 수 있을 것 같습니다. 따라서 통일장 이론은 관찰된 현상을 일반적인 연관으로 정리해 내기 위해 당분간은 이런 부분에서 유연성이 많은 이론이라 할 수 있습니다.

카를 프리드리히: 이런 방향에서 생각을 전개시키다 보면, 흥미로우면서도 어려운 질문에 이르게 돼요. 나는 우연성과 관련하여 일회적인 것과 우연한 것을 원칙적으로 구별해야 한다고 생각해요. 우주는 유일무이해요. 일회적으로 존재하지요. 따라서 태초에는 일회적인 결정들로 우주의 대칭성이 이루어졌어요. 그러다가 훗날 많은 은하계와 많은 별이 생겨나면서는 비슷비슷한 결정들이 내려졌지요. 그런 결정들은 양이 많고 반복되기에 우연하다고 부를 수 있을 거예요. 바로 거기에서 양자역학의 빈도 법칙이 작용하게 될 테고요. 물론 여기서 '태초'니 '나중'이니 하면서 시간 개념을 이야기하는 것도 원래는 말이 되지 않아요. 시간 개념 자체도 우주 모델을 통해 비로소 명확한 의미를 얻게 되니까요. 그러나 지금 그 이야기를 할 필요는 없겠죠. 그런데 그렇게 보면 당신들이 장 방정식으로 기술하고자 하는 자연법칙조차도 태초에 있었던 일회적인 결정으로 봐야 할 거예요. 자연법칙이 왜 다른 형식이 아니라 이런 형식을 가지는가 하는 질문도 제기될 수 있으니까요. 우주가 다른 대칭성이 아니고, 왜 이런 대칭성을 가지고 있는가 하는 질문도 말이에요. 그런 질문에는 답이 없을 거예요. 그러나 나는 당신들의 장 방정식을 무작정 받아들이는 것으로는 만족스럽지 않아요. 그런 방정식이 높은 대칭성과 단순성으로 가능한 다른 형식들보다는

탁월하다 해도 말이에요. 파울리의 양분과 대칭성 감소 과정을 통해 당신들의 장 방정식에 더 깊은 의미를 부여할 수 있을지도 몰라요.

하이젠베르크: 나도 그런 가능성을 배제하지는 않아. 하지만 지금은 태초에 내려졌던 결정들의 일회성에 좀 더 주목하고 싶어. 이런 결정들은 한 번에 영원히 대칭성을 확정했어. 이렇게 놓인 형식들이 그 뒤의 사건을 계속하여 규정해 왔지. '태초에 대칭이 있었다'라는 문장은 데모크리토스의 '태초에 입자가 있었다'라는 명제보다 옳은 게 틀림없어. 소립자는 대칭을 구현하고, 대칭을 가장 단순하게 표현하지. 하지만 소립자들은 대칭의 결과이기도 해. 추후 우주의 전개에서는 우연이 개입하지. 그러나 우연도 태초에 설정된 형식에 따라, 양자론의 빈도 법칙을 충족시켜. 나중에 점점 더 복잡한 전개가 이루어지면서 이런 작용은 반복될 수 있었어. 그렇게 다시금 일회적인 결정이 내려졌고, 그 결정이 이어지는 사건들을 계속해서 규정했지. 가령 생명의 탄생에서도 그런 일이 있었던 것 같아. 나는 여기서 현대 생물학의 발견들이 아주 시사하는 바가 많다고 생각해. 지구의 특별한 지리적 기후적 조건들은 복잡한 탄소 화학을 가능케 만들었어. 그런 화학이 정보를 저장할 수 있는 사슬형 분자를 허락했지. 핵산은 생물의 구조에 대한 진술을 담고 있는 적절한 정보 저장

소로 입증되었어. 이런 부분에서 일회적인 결정이 내려졌던 거야. 추후 전 생물학을 규정하는 형식이 설정되었지. 그러나 이런 추후의 발달에서는 다시금 우연이 중요한 역할을 해. 다른 항성계의 어느 행성이 우리 지구와 같은 기후적, 지리적 조건을 가지고 있고, 그곳에서 역시 탄소 화학이 핵산을 만들어냈다 하더라도, 그곳에서 이 지구와 같은 생물들이 탄생했을 거라고 볼 수는 없어. 하지만 그런 생물들은 핵산의 기본 구조에 따라 형성되겠지. 나는 이런 말에서 괴테의 자연과학을 떠올리게 돼. 괴테는 모든 식물은 원시 식물에서 연유한다고 주장했어. 원시 식물은 객체인 동시에, 모든 식물 구조의 바탕이 되는 기본 구조를 의미하지. 괴테의 시각에서 보면 핵산을 원시 생물로 볼 수 있어. 핵산은 한편으로는 객체이고, 한편으로는 모든 생물의 기본 구조이기 때문이지. 이런 말로 우리는 이미 플라톤 철학에 이르게 돼. 소립자를 플라톤의 『티마이오스』에 나오는 정다면체와 비교할 수 있을 거야. 그것들은 원시 상들, 즉 물질의 표상들이야. 이런 원시 상들이 다른 모든 사건들을 규정해. 그것들은 중심 질서를 보여주는 것들이지. 다채로운 전개가 이루어지면서 나중에는 우연이 중요한 역할을 하겠지만, 이런 우연 역시 어떻게든 중심 질서와 연관될 거야.

카를 프리드리히: '어떻게든'이라는 말이 좀 그렇군요. 그 말

이 무슨 뜻인지 더 정확히 설명해 주실 수 있나요? 선생님의 생각에는 그러니까 이런 우연이 무의미하다는 건가요? 우연이 양자역학이 수학적으로 정리된 빈도 법칙을 실행할 뿐이라는 건가요? 선생님의 말은 마치 그것을 넘어서 전체와의 연관을 가능하게 여기는 것처럼 들려요. 전체가 개별적인 사건에 의미를 부여한다는 말로요.

뒤르: 양자역학의 빈도 법칙을 벗어나는 모든 것은 평소에는 현상들이 양자론의 틀에 들어맞는 이유를 이해할 수 없게 할 겁니다. 따라서 기존의 경험들에 따르면 그런 이탈들은 전혀 가능하다고 보면 안 됩니다. 하지만 선생님 역시 그렇게 생각하시지는 않을 거예요. 이런 질문은 빈도가 문제가 되는 것이 아니라, 본질상 일회적인 사건, 혹은 결정과 관계가 있을 겁니다. 그러나 선생님이 사용하는 '의미'라는 말은 이런 질문을 자연과학이 다루어서는 안 되는 것으로 만듭니다.

대화는 여기서 일단 끊겼다가 며칠 뒤 토론에서 계속되었다. 나는 이 토론에는 기본적으로 청중으로 참여했다. 슈타른베르크 호수와 암머 호수 사이 구릉지에 작은 숲으로 둘러싸인 호숫가에 위치한 막스 플랑크 행동학 연구소에서 당시 콘라트 로렌츠와 에리히 폰 홀스트가 동료들과 함께 그곳에 서식하는 동물들의 행동을 연구하고 있었다. 그들은 로렌츠의 책 제목처럼 동물, 새, 물고기와 더불어 이야기를 했다. 이 연구소에서 가을에 정기적으로 콜로키움이 열렸다. 생물학자, 철학자, 물리학자, 화학자들이 모여 주로 생물학의 기본적이면서 동시에 인식론적인 문제에 대해 논하는 자리였다. 학자들은 그 모임을 가볍게 줄여서 '육체와 영혼 토론회'라 불렀다. 나는 간혹 이 토론회에 참여했는데, 생물학에 대해 별로 아는 것이 없었으므로 거의 사람들의 이야기를 듣기만 할 뿐이었다. 하지만 생물학자들의 토론을 통해 배우고자 하는 마음은 컸다. 그날은 현대 다윈 이론, 즉 '우연한 돌연변이와 자연선택'을 주제로 토론이 이루어졌던 기억이 난다. 그리고 이 이론을 뒷받침하기 위한 예로 생물 종의 탄생과 인간 도구의 탄생이 비슷하다는 이야기가 나왔다. 수상 교통수단으로 맨 처음 등장한 것이 노 젓는 배였으며, 이후 호수와 해안은 노 젓는 배들로 북적였다. 그러다가 어떤 사람이 돛으로 바람의 힘을 활용하자는 생각을 해냈고, 그 뒤 돛단배가 노 젓는 배를 제치고 주류를 이루었다. 그러다가 드디어 증기기관이 발명되면서 증기선이 모든 바다에서 돛단배와 범선을 몰아내 버렸다. 기술이 발전하면서 미비한 시도의 결과물들은 빠르게 도태된다. 조명 기술에서도 백열전구가 등장하면서 네른스트 전구는 곧장 밀려났다. 그러므로 다양한 생물 종에서 일어나는 선택 과정도 이와 비슷하게 상상해야 한다는 것이었다. 돌연변이는 양자론에서처럼 순전히 우연적으로 일어나지만, 자연선택은 자연이 행한 대부분의 시도들을 다시금 걸러내고, 주어진 환경에서 입증된 잘 적응한 소수만이 살아남게 한다는 것이었다.

이런 비유를 생각하면서 나는 앞에서 예로 든 기술 발전 과정이 중요한 점에서 다윈 이론과 모순된다는 것이 떠올랐다. 즉 다윈 이론에서 우연이 개입하는 부분에서 말이다. 다양한 인간의 발명품들은 우연이 아니라, 인간의 의도와 생각을 통해 탄생한 게 아닌가. 그리하여 나는 이 비유를 원래 생각했던 것보다 더 진지하게 받아들이면 어떻게 될지 상상해 보고자 했다. 그러면 다윈의 우연의 자리에는 무엇이 올까? 여기서 '의도'라는 개념을 사용할 수 있을까? 우리는 애초에 인간의 경우에만 '의도'라는 말이 무슨 뜻인지를 이해할 뿐이다. 기껏해야 소시지를 먹으려고 식탁 위로 뛰어 오르는 강아지에게나 '의도'라는 것을 허용할 수 있을 정도다. 박테리아에 다가가는 박테리오파지가 스스로를 증식하기 위해 박테리아에 침투하려는 의도를 가지고 있을까? 여기서 '그렇다'고 대답할 수 있다면 유전자도 자신을 변화시켜서 환경의 조건에 더 잘 적응하고자 하는 의도가 있다고 볼 수 있을까? 그러나 이쯤 되면 '의도'라는 말은 남용되고 있다고 말할 수 있다. 그러나 이런 질문을 조금 더 신중하게 표현할 수 있을지도 모른다. 가능한 것, 즉 이룰 수 있는 목표가 인과적 진행에 영향을 끼칠 수 있을까라고 말이다. 그러나 그로써 우리는 다시금 양자론의 틀 속에 있게 된다. 양자론의 파동함수는 가능한 것을 묘사하지 사실적인 것을 묘사하지 않기 때문이다. 다른 말로 하면, 다윈의 이론에서 그렇게 중요한 역할을 하는 우연은 그것이 양자역학의 법칙 안에 있다는 이유로 우리가 처음에 상상했던 것보다 훨씬 더 미묘한 게 되는 것이다.

이렇게 꼬리를 물고 이어지던 생각은 토론 가운데 생물학에서의 양자론의 의미에 대해 상당한 의견 차이가 빚어지면서 중단되었다. 이런 대립의 이유는 대부분의 생물학자들이 원자와 분자의 존재를 양자론으로만 이해할 수 있음을 기꺼이 인정하면서도, 그 밖에는—화학자들과 생물학의 도구인—원자와 분자를 고전물리학의 대상으로 보고 싶어하기 때문이었다. 즉 원자와 분자를 돌이나 모래처럼 취급하려는 것이다. 그렇게 취급해도 종종은 올바른 결론으로 이를 수 있다. 그러나 더 정확성을 기해야 하는 경우, 양자론의 개념 구조는 고전물리학과는 아주 다르다. 그래서 고전물리학의 개념으로 생각하면 간혹 잘못된 결론에 이를 수 있다. 그러나 '육체와 영혼 토론회'에서 이런 주제에 대해 어떤 논의들이 있었는지는 여기서는 생략하고 넘어가도록 하겠다.

나의 뮌헨 연구소의 젊은 물리학자들은 소립자 통일장 이론에서 제기된 문제들을 계속 연구했다. 처음 몇 해 동안 숨막히게 몰아쳤던 대결은 고요한 고찰로 바뀐 지 오래였다. 이젠 한 걸음 한 걸음 이론 속으로 파고들어, 가능한 한 그 틀 안에서 개별적인 현상에 대해 종합적인 상을 이끌어내는 것이 중요했다. 제네바와 브루크헤이븐의 거대 입자가속기에서 수행된 실험들은 소립자 스펙트럼에 관해 세부적이고 새로운 지식들을 공급해 주었으므로, 이런 결과들이 이론이 이야기하고 있는 것과 맞는지를 확인해야 했다. 이렇게 세월이 흐르면서 통일장 이론이 구체적인 물리학적 형태를 띠어간 만큼, 이를 철학적으로 규명하는 것에 대한 카를 프리드리히의 관심도 높아만 갔다. 파울리의 옛 주제인 양분과 대칭성 감소는 아직 완전히 규명되지 않은 상태였다. 뒤르가 토의한 좌우대칭의 예는 특수한 경우일 뿐이었고, 그것을 통해 문제의 본질적인 특징을 알 수는 없었다. 카를 프리드리히는 진지하게 문제의 뿌리로 다가가고자 했다.

이 시기 우리는 우어펠트에서 토론을 하곤 했다. 우어펠트의 시간들은 평화롭고 편안했다. 우리는 주말이나 휴가 때 발헨 호숫가의 우리 집으로 갔다. 테라스에 앉아 있으면 호수와 산들은 40년 전 로비스 코린트의 그림과 같은 정취를 자아냈다. 드물게 전쟁 때의 당혹스러운 장면들이 스쳐가기도 했다. 미군 대령 파시가 기관단총을 들고 테라스 담 뒤에서 사격 자세로 총을 겨누고 있었고, 거리에는 총소리가 요란했다. 아이들은 지하실 모래주머니 뒤에서 사태가 진정되기를 기다렸다. 그러나 이제 불안한 세월은 지나가고, 우리는 평온하게 앉아 플라톤이 제기했고 이제 소립자물리학에서 해답을 찾게 될 수도 있는 커다란 문제에 관해 생각에 잠겼다.

카를 프리드리히는 자신의 생각을 들려주었다.

"자연에 대한 모든 생각들은 커다란 원이나 나선형을 그릴 수밖에 없어요. 자연에 대해 생각할 때만이 자연을 이해할 수 있기 때문이죠. 모든 행동 방식, 생각과 더불어 우리는 자연의 역사로부터 배출되었어요. 따라서 원칙적으로는 어떤 지점에서든지 시작할 수 있을 거예요. 하지만 우리의 사고는 가장 간단한 것에서 시작하는 것이 자연스럽게끔 되어 있어요. 그리고 가장 간단한 것은 양자택일이지요. 예스냐 노냐, 존재냐 비존재냐, 선이냐 악이냐. 이런 양자택일이 일상생활에서처럼 생각되는 한, 그로부터 아무것도 나오지 않아요. 그러나 우리는 양자론에서는 양자택일에 예와 아니오라는 대답이 있을 뿐 아니라, 다른 상보적인 대답도 있음을 알고 있어요. 예 혹은 아니오에 대한 확률이 규정되고, 예와 아니오 사이에 진술 가치를 갖는 그 어떤 간섭이 확정되지요. 따라서 가능한 대답들의 연속체가 있어요. 수학적으로 말하자면 두 개의 복소변수複素變數를 가진 일차변환의 연속군이죠. 상대성이론의 로렌츠 군도 이미 여기에 포함되어 있어요. 이런 가능한 대답들 중 어느 하나에 대해 그것의 정당성 여부를 묻는다면, 이미 실제 세계의 시공간 연속체와 관계된 공간에 대해 질문을 제기하는 거예요. 나는 선생님들이 장 방정식에서 규정했고, 세계가 펼쳐지는 방식이 된 군 구조를 양자택일의 서로 중첩되는 층을 통해 전개시켜 보고 싶어요."

내가 끼어들었다.

"자네는 파울리가 말한 양분을 아리스토텔레스적 의미에서의 양분으로 보지 않고, 결정적인 자리에 상보성이 들어오는 것에 중요성을 부여하고 있군. 아리스토텔레스적인 의미에서의 양분은 파울리의 말대로 정말로 악마의 속성일 거야. 그것은 계속적인 반복을 통해 카오스에 이를 뿐이지. 그러나 양자론의 상보성과 함께 등장하는 제3의 가능성은 유용하고, 반복을 통해 실제 세계의 공간에 이르게 돼. 고대 신비주의에서도 '3'이라는 수는 신적인 원칙과 연결되어 있었어. 굳이 신비주의까지 언급하지 않으려면 헤겔의 삼단논법인 정반합만 생각해도 그래. 여기서 합은 정과 반의 혼합, 정과 반의 절충만은 아니야. 정과 반이 연결되면서 질적으로 새로운 것이 생겨날 때만이 생산적일 수 있어."

카를 프리드리히는 이런 말에 그다지 만족하는 빛을 보이지 않았다.

"지금 하신 말씀은 일반적인 철학적 사고로는 훌륭해요. 하지만 난 좀 더 정확히 하고 싶어요. 난 이런 방식으로 정확히 실제적인 자연법칙에 이를 수 있기를 바라요. 선생님 팀에서 개발한 장 방정식이 자연을 올바르게 묘사하고 있는지 아직 확실히는 모르지만, 아무튼 그 방정식은 이런 양자택일의 철학에서 나온 것처럼 보여요. 하지만 그렇다면 수학에서 행해지는 정도의 엄격함으로 그것도 진술할 수 있어야 할 거예요."

내가 덧붙였다.

"그러니까 자네는 플라톤이 온 세계가 그의 정다면체와 삼각형으로 이루어져 있다고 보았던 것처럼 소립자들과 이 세계 전체가 양자택일로 구성되어 있다고 보는군. 플라톤의『티마이오스』의 삼각형이 물질이 아니듯, 양자택일 역시 물질은 아니지. 그런 논리를 양자론의 토대로 삼는다면, 양자택일이 기본 형식이 되고, 이로부터 반복을 통해 복잡한 기본 형식들이 나오게 되는 것이고. 따라서 자네 생각에 따르면, 길은 양자택일로부터 대칭군으로, 즉 특성으로 이어지는 것이로군. 하나 혹은 여러 개의 특성이 소립자를 나타내는 수학적인 형태들이고, 이런 형태들이 바로 소립자의 표상들이고, 소립자라는 객체들이 이제 그런 표상을 따르게 되는 것이지. 이런 일반적인 구조를 나는 전적으로 이해할 수 있어. 또한 삼각형보다 양자택일이 우리 사고의 훨씬 더 기본적인 구조임에 틀림없어. 그러나 자네의 요구에 부응하는 것은 무척 어려울 것 같아. 지금까지 물리학에서는 결코 등장하지 않았던 굉장히 추상적인 사고를 요할 테니 말이야. 그래서 내게는 너무 어려운 일인 것 같아. 하지만 젊은 세대들은 추상적인 사고가 더 수월하겠지. 자네가 팀의 동료들을 데리고 꼭 그 일을 해 보았으면 좋겠어."

그때 멀찌감치 떨어진 곳에서 우리의 대화를 경청하던 엘리자베트가 대화에 끼어들었다.

"젊은 세대가 커다란 연관과 관련한 어려운 문제들에 관심을 가질 거라고 생각해요? 간혹 당신들이 독일이나 미국에서 이루어지는 물리학에 대해 이야기하는 소리를 들으면, 젊은 세대는 거의 세부적인 것에만 관심을 갖는 것 같은데요. 커다란 연관들에 대해 이야기하는 것은 거의 터부시되는 것 같았어요. 그러면 천문학이 시작되었던 고대처럼 되지 않을까 싶어요. 겹쳐지는 원이나 타원으로 다가오는 일식이나 월식을 계산하는 것으로 만족하고 그것을 뛰어넘어 아리스타르코스의 태양 중심설에는 전혀 관심을 가지지 않는 상태 말이에요. 그러다 보면 당신들이 말하는, 보다 일반적인 문제들에 대한 관심이 완전히 사라지게 되지 않을까요?"

나는 그렇게 염세적으로 생각하고 싶지 않았기에 아내의 말에 약간 반박을 해보았다.

"개별적인 것에 대한 관심은 좋고, 필요한 거지. 우리는 결국 있는 그대로의 현실을 알고자 하는 거니까. 닐스 역시 '충일함만이 명확함에 이른다'는 말을 즐겨 인용했다는 거 알잖아. 게다가 난 터부시하는 일이 그리 나쁜 거라고 생각하지 않아. 터부는 어떤 내용 자체를 금지하기 위한 것이 아니라, 많은 사람의 조소나 허튼소리에서 그 내용을 보호하기 위한 것이거든. 괴테는 터부에 대해 이렇게 이야기했어. '아무에게나 말하지 말고, 현인들에게만 말하라. 대중은 금방 비웃어버리기 때문이다.' 그러므로 터부에 대해서는 나쁘게 생각하지 않는 게 좋아. 그리고 난 계속해서 커다란 연관들에 대해 생각하는 젊은이들도 있을 거라고 생각해. 마지막까지 충실하게 과학을 하고 싶다는 이유에서라도 말이야. 그렇다면 그런 젊은이들의 수가 얼마나 많은지는 별로 중요하지 않아."

플라톤 철학에 대해 생각해 본 사람은 세계가 상을 통해 결정된다는 것을 안다. 그러므로 이 시기 뮌헨에서 내게 깊이 각인된 상을 소개하면서 이 책을 마감하려 한다. 어느 날 우리 부부는 첫째와 둘째 아들을 데리고 꽃이 만발한 들판을 지나 슈타른베르크 호수와 암머 호수 사이 구릉지로 차를 몰았다. 막스 플랑크 행동학 연구소의 에리히 폰 홀스트를 방문하기 위해서였다. 에리히 폰 홀스트는 뛰어난 생물학자였을 뿐 아니라, 훌륭한 비올라 연주자이자 바이올린 제작자였다. 우리가 폰 홀스트를 찾아간 것은 악기에 대해 조언을 구하기 위해서였는데, 혹시 그가 당시 젊은 대학생이었던 내 아이들과 더불어 연주를 할 수도 있겠다는 생각에 바이올린과 첼로도 가져갔다. 폰 홀스트는 자신이 손수 설계하고 예술적이고 생동감 넘치게 꾸민, 새 집을 구경시켜 주었다. 이 화창한 날 널찍한 거실에는 넓은 창과 문을 통해 햇살이 환하게 비쳐 들고 있었다. 창밖으로는 파란 하늘 아래 연둣빛 너도밤나무가 보였고, 제비젠 연구소가 보호하는 새들이 이리저리 분주하게 날

아다녔다. 폰 홀스트는 비올라를 꺼내 나의 두 아들 사이에 자리 잡았고 세 사람은 베토벤이 젊은 날에 작곡했던 세레나데 D장조를 연주하기 시작했다. 생명력과 환희로 넘쳐나는 곡, 소심하고 피로한 사람에게 중심 질서에 대한 신뢰를 회복시켜주는 곡이었다. 이 음악을 들으며 나는 우리 한 사람 한 사람은 닐스의 말마따나 삶이라는 커다란 드라마의 관중이자 배우로서, 짧은 시간 살다 가겠지만, 삶과 음악과 과학은—인간적인 시간의 잣대로 볼 때—영원히 이어지리라는 생각에 가슴이 벅차올랐다.

해제

대화들

1969년에 출간된 『부분과 전체』는 독일의 물리학자 베르너 하이젠베르크의 자전적 이야기이다. 대화의 형식으로 하이젠베르크 자신의 생각이 어떻게 흘러왔는지 담담하게 회고하고 있다. 하지만 동시에 20세기 과학에서 가장 중요한 화두 중 하나였던 원자물리학을 둘러싼 하나의 역사이기도 하며 과학, 특히 물리학에 평생 몰두한 사람이 과학과 철학과 정치와 종교와 문화와 윤리의 관계를 어떻게 보고 있는가에 대한 기록이다.

베르너 하이젠베르크는 '불확정성 원리'라는 이름으로 널리 알려져 있다. 양자역학이라는 말이 익숙하지 않은 사람이라도 불확정성이라는 단어가 주는 낯선 느낌에 묘하게 끌리게 된다. 모든 것이 불확실한 현대사회에서는 더더욱 이 말이 매력적으로 느껴진다. 물리학은 가장 믿을 만하고 가장 확실한 학문으로 여겨지지만, 이 불확정성 원리에 따르면 가령 입자의 궤적이라는 개념에 근본적으로 그리고 원리적으로 불확실한 구석이 있다고 말한다. 아이러니하게도 바로 하이젠베르크의 인생 전체에서 확실성과 불확실성이란 문제가 늘 곁에 있었고, 그런 만큼 그의 인생담 자체가 한 편의 영화처럼 흥미진진하다.

실상 하이젠베르크의 가장 큰 공로는 단순히 불확정성 원리에 있지 않다. 양자역학이라는 이름의, 세상의 물질적 구조를 모두 해명하는 가장 중요하고 강력한 이론을 만들어낸 사람 중 하나가 바로 하이젠베르크이기 때문이다.

두 문화

영국의 소설가이자 과학저술가인 찰스 스노는 『두 문화와 과학 혁명』이라는 저서에서 인문학의 문화와 자연과학의 문화 사이의 차이에 대해 말하고 있다. 스노는 원론적으로 텍스트를 읽는 것을 중심에 둔 인문학적 전통에 있는 사람들과 근대 유럽의 과학 혁명과 19세기에 여러 과학 전문 분야가 성립된 시기 이후에 나타나는 과학자 또는 과학 기술자의 전통에 있는 사람들이 문화적으로 상당히 다르다는 점을 지적했다. 19세기 독일의 철학자 빌헬름 딜타이는 과학 또는 학문Wissenschaft을 자연과학Naturwissenschaft과 정신과학Geisteswissenschaft으로 구별했다. 지금까지의 독일 학문의 전통에서도 자연과학과 정신과학의 차이는 유지되고 있다. 19세기 일본의 니시 아마네가 유럽의 '사이언스' 또는 '비센샤프트'를 '科學'으로 번역했고 일본의 제국대학들이 과학 또는 분과 학문을 法科, 醫科, 文科, 理科 등으로 나누었다. 일본의 식민지 지배를 받던 우리나라에서도 이와 같은 분류가 그대로 관철되면서, 한국의 독특한 문과/이과 구별이 자리를 잡았다.

하이젠베르크는 문과일까, 이과일까? 현대 물리학의 근간이 되는 양자역학과 양자장이론을 확립하고 원자물리학과 핵물리학에서 가장 중요한 기여를 한 사람 중 하나인 하이젠베르크는 당연히 '이과'일 것 같다. 그러나 이 책에 등장하는 하이젠베르크의 대화들을 듣고 있다 보면, 세상의 근본원리만이 아니라 사람들이 살아가는 이야기, 윤리적 판단과 사회적 갈등의 문제, 칸트철학과 양자역학의 연관, 전쟁과 폭력이 난무하는 삶에서 인간으로서의 가치와 의미를 찾으려는 지난한 노력 등을 쉽사리 읽을 수 있다. 무엇보다도 물리학자들이 새로운 것을 발견하고 풀리지 않는 의문에 대한 답을 찾아가는 과정은 지극히 '문과적'이다. 하이젠베르크가 이 책을 쓴 가장 큰 동기도 바로 그와 같이 자연과학과 정신과학 사이의 대화를 모색하는 것이었다.

우리는 이 자서전적인 책을 통해 그 자신이 자연과학과 정신과학의 한가운데 있던 하이젠베르크의 삶을 이해할 수 있다. 그의 기억과 회고를 통해, 그와 대화를 나누었던 20세기 최고의 지성들이 남긴 목소리를 들을 수 있다.

하이젠베르크의 청년 시절

1919년 1차 대전에서 패전한 독일은 말 그대로 폐허 속에 있었다. 막대한 전쟁배상금으로 전후 복구조차 쉽지 않았다. 설상가상으로 바이에른 지방에서는 뮌헨을 중심으로 내전이 벌어졌다. 그해 말 러시아 혁명에 고무된 뮌헨의 사회주의자들이 혁명을 통해 바이에른 평의회 공화국을 만들어 바이마르 공화국으로부터 독립을 추구했으나, 바이마르 공화국 정부군과 민방위군에 의해 해체되었다. 그 과정에서 여러 정치 세력들 사이의 갈등은 시가전으로까지 비화되었다.

패전과 그에 이은 내전으로 당시 독일의 청년들은 어떻게 살아가야 할지 막막한 상태에 놓여 있었다. 많은 독일인들이 갈등과 절망으로 괴로워하고 있던 이 시기에 하이젠베르크는 바이에른 지방 중심의 독일 청년운동Jugendbewegung에 참여하고 있었다. 이 책의 첫 번째 장은 바로 이 이야기로 시작한다. 여느 자서전적인 회고록과 달리, 어릴 적 이야기나 가족이 아니라 하이젠베르크 자신이 평생 큰 애정을 지니고 있었던 청년운동 이야기로 시작된다는 것이 흥미롭다.

하이젠베르크가 다닌 막스 김나지움은 군사예비연합의 바이에른 청년지부에 속해 있었지만, 당시 바이에른의 젊은이들은 정부가 만든 군사 예비 연합이 아니라 '길을 찾는 사람들Pfadfinder'이라는 조직에 더 끌리고 있었다. 이는 영국에서 시작된 보이스카우트의 독일판으로서 군대식 조직과 청교도적 국제주의를 표방하고 있었다. 1차 대전이 끝난 직후, '길을 찾는 사람들'의 레겐스부르크 지부를 중심으로 기성세대의 낡은 관념과 수구적인 가치가 아니라 새로운 시대를 위한 가치를 추구하는 청년운동이 결성되었다. 이 운동에 적극적이었던 볼프강 뤼델과 에버하르트 뤼델 형제는 막스 김나지움의 또래 친구들을 모았다. 이 단체는 청소년의 자립적인 활동을 강조했지만, 그렇다고 해서 지도자가 필요하지 않은 것은 아니었다. 볼프강 뤼더는 수학과 음악에서 뛰어낸 재능을 보여 많은 학생들의 존경을 받고 있을 뿐 아니라 지적인 자신감과 준수한 용모에 훌륭한 리더십을 갖춘 선배를 그룹의 지도자로 끌어들이자고 제안했다. 바로 베르너 하이젠베르크였다. 하이젠베르크는 당시 중상류층의 보수적 가치관을 내재화하면서 바이마르의 공화주의에 반대하고 있었지만 그렇다고 낡은 왕정을 지지하지도 않았다.

이 책의 1장에는 전쟁이 끝난 직후의 하이젠베르크의 혼란스러웠던 마음이 잘 드러난다. 바이에른의 소비에트 공화주의자들을 진압하는 데 참여한 일이며, 그 와중에 플라톤의 『티마이오스』를 읽던 기억이며, 원자 이론을 설명하는 당시의 과학 교과서를 읽었을 때의 당혹감 등이 친구들과의 대화를 통해 잘 드러나 있다.

이론물리학과 원자 이론

청년운동과 고전 음악에 대한 사랑에도 불구하고 하이젠베르크는 이론물리학자로 살아가겠다는 결심을 굳히게 된다. 하이젠베르크는 1920년 뮌헨의 루트비히-막스밀리안 대학에 입학했다. 하이젠베르크가 처음에 관심을 가진 쪽은 이론물리학이 아니라 순수수학이었다. 뮌헨 대학에서 그리스어를 가르치던 아버지의 소개로 수학과의 린데만 교수를 처음 만났지만 그 교수는 하이젠베르크에게 관심을 보이지 않았고 하이젠베르크도 매력을 느끼지 못했다. 다행히 베르너는 당시 막 생겨나고 있던 무척 새로운 분야와 그 분야의 전문가를 소개받을 수 있었다. 원자 이론이라는 분야를 개척해 나가고 있던 아르놀트 조머펠트가 바로 그 사람이었다.

닐스 보어가 1913년에 새로운 원자 모형을 발표하자 조머펠트는 이를 크게 환영하면서 더 세련된 이론으로 발전시켰다. 이를 흔히 보어-조머펠트 이론이라 부르며 고전 양자론이라고도 한다. 1900년 흑체복사에서 나타나는 특이한 에너지 분포를 설명하기 위해 막스 플랑크는 에너지의 값이 실수처럼 연속적인 값이 아니라 정수처럼 띄엄띄엄 떨어진 값만 가능하다는 가설을 도입했다. 이를 일정한 양의 정수배만 가능하다는 의미로 독일어로 'quantisiert'라 불렀는데, 이것이 일본어 '量子化'를 거쳐 한국어로 '양자화'가 되었다. 5년 뒤 네덜란드의 파울 에렌페스트와 독일의 알베르트 아인슈타인은 빛과 관련된 현상들, 특히 광전 효과를 설명하기 위해 광자 또는 광양자라는 가설을 도입했다.

물질이 근본적으로 어떤 모습으로 되어 있는가 하는 문제는 고대 그리스로부터 자연철학자들의 가장 중요한 쟁점이었다. 그리스의 자연철학은 이슬람 자연철학으로 계승되었고, 연금술과 점성술은 사실 이슬람 자연철학의 중요한 성과이기도 했다. 인도와 동아시아에서도 물질의 근본에 대한 자연철학적 탐구는 쉼 없이 계속되었다.

17세기 유럽에서 갈릴레오로부터 뉴턴에 이르기까지 근대과학의 기반이 만들어졌다. 갈릴레오는 기하학을 통해 낙하의 법칙을 증명하고 이를 직접 만든 장치로 실험하여 확인했다. 뉴턴은 자신이 생각해 낸 빛과 색의 새로운 이론을 두 개의 프리즘을 이용한 실험으로 증명하고 운동의 일반 법칙을 수학을 통해 연역적으로 논증했다.

18세기에 영국의 화학자 존 돌턴이 화학적 원자론이라는 것을 도입한 이래, 19세기 내내 물질의 근본적인 구성에 대한 탐구는 끝을 모르고 확장되었다. 19세기에 새롭게 발견된 전기와 자기와 빛에 대한 탐구는 전통적인 뉴턴역학을 더 다양한 영역으로 확장하면서 물리학이라는 전문 분야를 만들어냈다. 게다가 에너지라는 개념이 여러 사람의 손을 통해 정리되면서 모든 물리적 현상들을 통일적으로 서술할 수 있는 언어가 만들어졌다. 무엇보다도 눈으로 확인할 수 있는 현상을 설명하기 위해 그 바탕에 깔려 있는 원자라는 개념을 확립하고 여기에 확률과 통계의 이론을 덧붙인 통계적 열 이론은 19세기 말 가장 뜨겁고 강렬한 성과였다.

19세기 독일어권의 물리학은 철두철미 실험 위주였다. 영국이나 프랑스보다 뒤늦게 과학의 세계에 눈을 뜬 독일은 실질적이고 경험적인 기술 위주의 과학을 발전시켰다. 이런 상황을 바꾸기 시작한 것은 오스트리아의 물리학자 루트비히 볼츠만과 독일의 물리학자 막스 플랑크였다. 전기나 자기나 빛처럼 눈으로 직접 볼 수 없는 자연현상을 다루기 위해서는 탄탄한 수학적 분석과 상상력 풍부한 가설들과 이에 대한 정교한 실험적 확인이 만나는 새로운 접근 방법이 요청되었다. 이 분야가 바로 이론물리학이었다.

조머펠트는 바로 독일에서 새로 싹트고 있던 이론물리학의 대표자였다. 관찰한 현상에 대한 가설을 세우고 수학적으로 분석하고 실험을 통해 확인하는 작업은 결코 쉽지 않은 일이었지만, 하이젠베르크의 재능은 이론물리학에 적격이었다.

보어와 하이젠베르크의 만남

조머펠트는 탁월한 연구자였을 뿐 아니라 매우 훌륭한 교육자이기도 했다. 고전 양자론은 1919년에 출판된 조머펠트의 저서 『원자구조와 분광선』을 통해 최고조에 이르렀다. 뮌헨 대학에는 하이젠베르크 외에도 볼프강 파울리, 그레고르

벤첼, 오토 라포르테, 발터 하이틀러, 카를 베셰르트, 알브레히트 운죌트, 페터 드베이어, 한스 베테와 같은 뛰어난 학생들이 몰려들었다. 조머펠트는 능력이 뛰어난 학생들에게 좋은 연구 경험을 쌓게 하는 것이 중요하다고 믿었다. 그가 파울리를 보어의 코펜하겐 이론물리학연구소에 보내 보어의 조수 역할을 하게 한 것이나 1922년 괴팅겐 대학에서 열린 '보어 축제'에 하이젠베르크를 데리고 간 것은 그와 같은 관심 덕분이었다.

수학에 큰 관심을 가졌던 의사 파울 볼프스켈은 페르마의 마지막 정리를 증명하는 사람을 위해 당시 10만 마르크라는 막대한 상금을 유산으로 남겼다. 이 상금은 괴팅겐 왕립과학 학술원에 맡겨졌는데, 그 대표격이었던 당시 독일의 가장 저명한 수학자 힐베르트는 매우 현명한 인물이었다. 페르마의 정리를 다루는 정수론의 좁은 영역에 국한하지 않고 수학과 수학을 응용한 여러 분야에서 가장 독보적인 학자들을 괴팅겐 대학에 초청해서 강연을 하게 했는데 보어의 강연도 힐베르트가 주도한 것이었다.

1922년 보어가 괴팅겐 대학에서 원자 이론에 대해 강연한 것은 상당히 이례적인 일이었다. 1차 대전이 발발하자, 예술, 문학, 과학 분야의 독일 지식인들이 독일의 군사 행동은 정당하다는 이른바 '93인 선언'을 발표했다. 여기에는 빌헬름 뢴트겐, 빌헬름 오스트발트, 발터 네른스트, 파울 에를리히, 아돌프 폰 바이어, 에밀 폰 베링, 루돌프 오이켄, 헤르만 에밀 피셔, 빌헬름 빈, 리하르트 빌슈테터, 필립 레나르트, 게르하르트 하우프트만, 막스 플랑크, 프리츠 하버 등의 노벨상 수상자들도 포함되어 있었다. 그런 만큼 전쟁이 끝난 뒤에도 독일 과학계를 바라보는 다른 나라 과학자들의 시선은 곱지 않았다. 그러나 보어는 오히려 이런 상황일수록 적극적인 지원이 필요하다고 믿고 있었고, 괴팅겐 강연은 그런 보어의 신념이 빚어낸 멋진 작품이었다.

괴팅겐 대학의 가장 큰 강의실은 원자 이론의 대가가 펼치는 강의를 듣기 위해 모여든 교수들과 학생들로 가득 찼다. 그 중 하나가 조머펠트를 따라온 젊은 하이젠베르크였다. 두 주 동안 진행된 보어의 셋째 날 강의는 코펜하겐 연구소의 연구원 헨드리크 크라머스가 1920년에 발표한 논문을 중심으로 전개되고 있었다. 바로 그때 청중 속에서 한 청년이 벌떡 일어나 강연의 내용에 대해 문제 제기를 하고 거침없이 자신의 주장을 펼쳤다. 하이젠베르크는 이미 조머펠트의 세미나에서 보어와 크라머스의 논문에 대해 발표하면서 그 내용을 완전히 숙지하고 단점과 한계를 깊이 있게 토론한 적이 있었기 때문이다.

예의 바르고 사려 깊은 보어는 그의 유명한 말 "아주 흥미로운 주장입니다. 하지만……"으로 대답을 시작했지만, 대답이 확연하지는 않았다. 강의가 끝나자마자 보어는 그 학생이 누군지 알아보려 했는데, 다름 아니라 독일의 동료 연구자 조머펠트가 데려 온 학생임을 알고 놀랐다. 이 책에서 묘사되고 있듯이, 두 사람은 함께 학교 옆 숲을 거닐며 그 질문에 대해 대화를 나누었고, 공식 강의가 없는 다음 날은 조머펠트와 그 젊은 친구를 자신이 머물고 있는 숙소로 초대해 함께 식사를 하면서 더 많은 이야기를 나누었다.

다소 오만하지만 자신감이 넘치고 패기만만한 청년이었던 하이젠베르크는 집안의 기대를 크게 받고 있었고, 이 무렵의 심경을 상세하게 편지로 써서 부모님에게 보냈다. 그는 자신의 질문과 비판에 이 저명한 물리학자가 당황하면서 따로 불러 이야기를 듣고 나중에 지도 교수와 함께 불러 이야기를 나눈 것이 너무나 기뻤다고 편지에 적었다.

헬골란트의 빛

탁월하지만 아직 다듬어지지 않은 다이아몬드 원석 같은 하이젠베르크에게는 세 명의 훌륭한 스승이 있었다. 조머펠트는 1923년 하이젠베르크를 괴팅겐 대학의 막스 보른에게 보내서 강의와 연구를 돕도록 했다. 보른은 기존의 보어-조머펠트 이론의 한계를 지적하면서 이를 체계적이며 포괄적인 소위 '양자역학'으로 발전시켜야 한다고 주장했다. 하이젠베르크는 1924년 박사 학위 논문이 통과된 뒤 보른의 지도 아래 교수 인정 학위 논문을 준비했다. 1923년에 보른과 함께 쓴 세 편의 논문과 그 뒤에 단독으로 쓴 여섯 편의 논문은 보어-

조머펠트 이론을 확장하기 위한 발판이었다.

하이젠베르크가 부딪힌 가장 어려운 문제는 비정상 제만 효과와 헬륨의 분광선의 파장들을 설명할 수 없다는 것이었다. 제만 효과는 분광선의 파장이 자기장이 있을 때와 없을 때 차이를 보이는 현상을 가리키는데, 비정상 제만 효과는 고전 양자론 즉 보어-조머펠트 이론으로 설명할 수 없는 것을 통틀어 가리키는 표현이었다. 또 수소의 분광선과 달리 헬륨의 분광선은 설명하기 어려운 부분이 많았다.

하이젠베르크는 비정상 제만 효과를 물고 늘어지다가 1925년 봄 알레르기성 비염을 앓는 바람에 휴가를 내서 헬골란트를 찾아갔다. 이 책의 5장에서 상세하게 묘사된 것처럼 어느 날 밤 갑자기 막혀 있던 문제가 삽시간에 해결되는 놀라운 경험을 한다. '마치 표면적인 원자 현상을 통해 그 현상 배후에 깊숙이 숨겨진 아름다운 근원을 들여다 본 느낌이었다. 이제 자연이 그 깊은 곳에서 내게 펼쳐 놓은 충만한 수학적 구조들을 좇아가야 한다고 생각하자 나는 거의 현기증을 느낄 지경이었다.' 양자역학이 탄생하는 순간이었다.

물론 더 정확히 말하면, 이것은 출발점에 지나지 않았다. 뛰어난 아이디어가 있다고 해도 그것이 곧 의미 있는 연구 결과로 이어지기까지는 많은 노력과 협동이 필요한 법이다. 괴팅겐 대학에서는 막스 보른이 파스쿠알 요르단과 함께 새로운 양자역학이 어떤 모습이어야 하는지 규명하려 하고 있었다.

드디어 1926년 2월 4일에 출판된 막스 보른, 베르너 하이젠베르크, 파스쿠알 요르단 세 명의 공동 논문 「양자역학에 관하여 제2부」가 발표되었다. 흔히 '삼인작'이라는 이름으로 널리 알려져 있는 이 논문은 행렬을 이용한 가장 체계적인 양자역학의 틀을 보여준 논문이다. 이보다 앞서 폴 디랙이 「양자역학의 기본 방정식」이란 논문을 1925년 12월 1일에 발표했다. 이와 독립적으로 나온 논문이 1926년 3월 13일에 발표된 에르빈 슈뢰딩거의 「고유값 문제로서의 양자화」이다. 슈뢰딩거의 이론은 당시 파동역학이라는 이름으로 불렸으며, 실제적인 많은 난제들이 파동역학으로 해결되었다.

하이젠베르크의 세 번째 스승이라 할 수 있는 보어는 사실 20세기 전반부 내내 원자물리학자 대부분의 스승이기도 했다. 1921년 덴마크의 칼스베르 재단의 후원으로 코펜하겐에 이론물리학 연구소가 설립되었다. 보어가 1922년 노벨 물리학상을 받으면서 이론물리학 연구소의 명성은 더 커져갔고, 전 세계에서 가장 활발하게 원자 이론, 특히 양자론을 연구하는 중심이 되어 있었다. 이곳에서 보어는 뛰어난 젊은 연구자들을 초청하여 공동연구를 하는 방식으로 원자물리학을 발전시켰다. 하이젠베르크의 중요한 연구 업적도 코펜하겐에서 이루어진 것이 많았다.

독일 최연소 정교수 취임과 서른 한 살의 노벨상

1926년 4월, 하이젠베르크에게 어려운 선택의 순간이 찾아왔다. 갑작스럽게 독일 내의 교수 자리가 여럿 비게 되면서 라이프치히 대학 이론물리학 부교수 자리에 하이젠베르크가 1순위로 추천된 것이었다. 하지만 하이젠베르크는 1926년 5월 1일부터 코펜하겐의 이론물리학 연구소로 가서 크라머스의 후임으로 보어의 조수 겸 코펜하겐 대학 강의를 맡기로 약속한 상태였다.

하이젠베르크는 4월에야 뒤늦게 보어에게 재정 지원에 대해 물어보는 편지를 보냈고, 보어는 서둘러서 하이젠베르크의 급여를 올려주겠다는 전신을 보냈다. 당시 독일의 학계에는 젊은 학자가 대학에서 제안한 교수직을 수락하지 않으면 한동안 다른 대학에서도 그 학자는 후보에서 제외되는 관례가 있었다.

아들이 교수가 되는 것을 소원으로 삼고 있던 하이젠베르크의 아버지는 라이프치히 대학의 제안을 수락하라고 종용하고 있었다. 하이젠베르크는 괴팅겐의 막스 보른과 리하르트 쿠랑에게 상의했다. 둘 다 보어와 함께 일할 수 있는 최고의 기회를 놓치지 말라는 대답을 보내왔다. 그 무렵 하이젠베르크는 베를린 대학의 막스 폰 라우에의 초청으로 콜로키움을 하게 되었고, 베를린 대학에 포진해 있던 기라성 같은 물리학자들(아인슈타인, 네른스트, 라우에, 마이트너, 라덴부르크)은 라이프치히 대학의 제안을 거절하고 코펜하겐으로 가라는 충고를 주었다. 이때 하이젠베르크가 아인슈타인을 만나 나눈 매우 흥미로운 대화가 이 책의 5장이다.

결과적으로는 이듬해 7월 라이프치히 대학에서 다시 정교수직 제안이 왔고, 그사이에 하이젠베르크는 코펜하겐에서 가장 왕성하게 원자물리학 연구에 매진할 수 있었다. 1927년 독일 최연소 정교수 취임이라는 기록을 세운 하이젠베르크에게 1932년에는 노벨 물리학상 수상이라는 영예가 찾아왔다. 정확히 말하면, 1932년에는 노벨 물리학상을 누구에게 줄지 정하지 못한 채 수상자 선정이 한 해 늦춰졌다. 1933년 11월 9일에 발표된 1932년 노벨 물리학상 수상자는 하이젠베르크였고, 1933년 노벨 물리학상은 디랙과 슈뢰딩거가 공동으로 수상하게 되었다. 이것은 1922년의 상황과 유사하다. 1921년 노벨 물리학상 수상자를 정하지 못해서 1922년에 아인슈타인이 1921년의 수상자, 보어가 1922년의 수상자로 보어와 아인슈타인이 같은 해에 노벨상을 받았다.

하이젠베르크가 노벨 물리학상을 수상하게 된 공식적인 업적은 '양자역학을 창안하고 이를 응용하여 특히 수소의 동소체 형태를 발견하게 한 공로'인 것에 비해 1933년 노벨 물리학상 수상자인 슈뢰딩거와 디랙의 공동 업적은 '원자 이론의 새로운 생산적 형태를 발견한 공로'이다. 흔히 생각하는 것과 달리 노벨상 위원회는 양자역학을 창안한 공로를 오롯이 하이젠베르크에게 주었던 것으로 보인다.

전쟁 속의 하이젠베르크

물리학자로서의 하이젠베르크의 평온했던 삶은 나치의 대두로 인해 점점 더 불안이 드리워지기 시작했다. 이 책의 10장과 11장을 보면 양자론과 현대물리학이 안고 있는 철학적 문제들과 여러 분과 과학들 사이의 관계와 같은 학구적인 대화가 등장하기도 하지만, 12장과 13장처럼 히틀러와 국가사회주의당의 집권으로 암울했던 사회상을 둘러싼 대화도 등장한다. 특히 1933년 이후 반유대주의에 따라 많은 과학자들이 하루아침에 직장을 잃고 쫓겨나야 했던 상황에서 하이젠베르크는 유대인의 물리학으로 낙인찍힌 아인슈타인의 상대성이론을 대학에서 강의하는 것만으로도 많은 나치주의자들의 공격의 대상이 되었다. 1937년 7월에는 슈츠슈타펠(SS) 즉 나치 친위대의 기관지인 〈흑군단Das Schwarze Korps〉이 하이젠베르크를 '백인 유대인'이라고 비난하기도 했다. 14장에서 하이젠베르크가 '1937년 여름 나는 잠시 정치적 어려움에 빠졌다'라고 짧게 술회한 부분은 이를 가리키는 것이다. 그해 4월 29일 22세의 엘리자베트 슈마허와 결혼식을 올린 하이젠베르크는 염원하던 모교 뮌헨 대학의 요청을 받고 라이프치히 대학을 떠나 조머펠트의 후임으로 갈 예정이었고 아기를 가진 엘리자베트와 함께 살 집까지 뮌헨에 마련해 둔 상태였다.

'백인 유대인'이란 비난은 하이젠베르크가 뮌헨 대학으로 가는 것을 반대했던 슈타르크(Johannes Stark, 1874~1957)의 모략이었다. '독일 물리학계의 총통'이 되기를 꿈꿨던 친나치주의자 슈타르크는 필립 레나르트(Philipp von Lenard, 1862~1947)와 더불어 유대의 물리학이 아닌 독일의 물리학을 세워야 한다면서 상대성이론과 양자역학이 대표적인 유대인의 물리학이라고 주장하고 있었다. 갑자기 모든 것이 허물어졌고, 그 뒤 1년 넘게 하이젠베르크는 이를 되돌리려 동분서주했다. 이대로 가다가는 하루아침에 모든 것을 잃고 심지어 강제수용소로 끌려갈 수도 있었다. 〈흑군단〉에서는 하이젠베르크를 '물리학계의 오시예츠키'라고 비난했는데, 오시예츠키는 반나치 평화운동을 주도하여 1935년 노벨 평화상을 받았지만 1937년 당시 다하우 강제수용소에 수감되어 있었고 이듬해 세상을 떠났다. 낙관적이며 독일을 사랑하던 하이젠베르크가 미국 컬럼비아 대학의 관계자와 비밀리에 접촉하여 독일을 떠나 미국으로 갈 통로를 찾았던 것을 보면 얼마나 심각한 상황이었는지 짐작할 수 있을 것이다.

하이젠베르크는 독일의 미래를 위해서도 이론물리학이 중요함을 강조하면서 과학자는 비정치적이어야 한다는 자신의 소신을 피력하고 유대인의 연구라도 독일인에게 유용할 수 있음을 역설하는 편지를 직접 슈츠슈타펠의 대장 히믈러에게 보내려 했지만, 실질적인 통로가 없었다. 다행히 하이젠베르크의 외할아버지와 히믈러의 외할아버지가 김나지움 교장 친선모임의 회원으로 절친한 사이였고 하이젠베르크의 어머니가 히믈러의 어머니와 친분이 있어서, 어머니들을 통해 하이젠베르크의 편지가 히믈러에게 전달되었다. 하이젠베르크가 베를린에 있는 슈츠슈타펠 본부의 지하신문실로 불려가 조사를 받을 때 운 좋게도 조사관 중 하나가 하이젠베르크가 박사 논문 심사를 했던 요하네스 유일프스였고, 다른 조사관들도 하이젠베르크의 인격과 명망을 잘 알고 있었다. 거기에 히믈러와 친분이 깊었던 저명한 독일의 항공공학자 루트비히 프란틀의 적극적인 변호와 중재로 1938년 7월 드디어 히믈러가 하이젠베르크의 결백을 승인하는 서류에 서명을 했다.

하이젠베르크가 이 한 해 동안 얼마나 마음고생을 많이 했는지, 세상을 떠나기 얼마 전까지도 게슈타포가 군화 소리를 울리면서 계단을 올라와 침실로 들어오는 악몽을 꾸곤 했다고 한다. 하이젠베르크는 뮌헨 대학으로 가려던 계획을 접어야 했고 또한 이후 어떤 식으로도 아인슈타인과 보어를 비롯한 수많은 유대인 과학자들을 거론하지 않기로 약속을 했다.

2차 대전이 발발하기 직전인 1939년 7월 하이젠베르크는 미국을 방문하여 시카고 대학에서 2주 동안 연속 강연을 했다. 강연을 마친 뒤 앤 아버로 가서 사무엘 하우츠미트의 집에 머물면서 페르미를 만났다. 유대인이었던 하우츠미트는 울렌벡과 함께 전자의 스핀이라는 아이디어를 낸 네덜란드의 물리학자로 미국으로 망명한 뒤 미시건 대학의 교수로 있었다. 하이젠베르크는 괴팅겐 대학에서 보른의 조수를 하며 강의를 할 때 페르미와 함께 있었으며, 보어의 코펜하겐 이론물리학 연구소에서 하우츠미트를 만나 오랫동안 친분을 유지했다. 페르미는 1938년 노벨 물리학상을 받으러 스웨덴 스톡홀름으로 갔다가 귀국하지 않고 바로 미국으로 가는 배에 올랐다. 무솔리니의 파시즘 정권에서 반유대인법이 그해 11월에 발효되었고, 페르미는 유대인이었던 아내를 보호하기 위해 미국행을 결정했다.

페르미는 하이젠베르크에게 나치가 지배하는 독일을 떠나 미국으로 와서 물리학을 더 깊이 있게 공부하는 것이 어떻겠느냐고 권유했다. 하이젠베르크의 회고(14장)에 따르면, 그는 독일에 남아서 과학을 하고자 하는 젊은이들을 가르쳐 전쟁이 끝난 뒤에 이들이 독일 과학계를 재건하는 것을 돕겠다고 답했다. 하지만 함께 있던 하우츠미트의 기억은 조금 다르다. 그에 따르면, 하이젠베르크는 "그럴 수는 없어요. 독일이 나를 필요로 하고 있어요"라고 답했다. 함께 있던 미시건 대학의 학생의 기억으로는 옆에 있던 페르미의 부인이 "유대인을 미워하는 독일에 남아 있는 사람은 누구든 틀림없이 미친 사람일 거예요"라고 말하자, 하이젠베르크가 격렬하게 반대했고 강한 애국심을 표현했다고 한다.

2차 대전의 발발로 독일의 대부분의 남자들이 군대에 징집되었다. 학교도 예외는 아니었다. 그런데 9월 26일 바이츠제커와 함께 베를린 육군병기국에 도착한 하이젠베르크는 다른 물리학자들과 더불어 원자에너지를 기술적으로 활용하는 문제를 연구하게 되었다. 그 비공식 이름은 '우라늄 클럽Uranverein'이었다.

1939년 1월 오토 한과 프리츠 슈트라스만은 핵분열을 발견했다는 논문을 제출했다. 우라늄원자핵에 중성자를 충돌시켰더니 바륨 원자핵이 나온 것이었다. 한은 이 논문을 발표하기 전에 결과를 스웨덴으로 망명해 있던 리제 마이트너에게 보냈고, 마이트너와 오토 프리슈는 이것이 연쇄반응이 될 수 있음을 계산하고 실험으로 확인하는 데 성공했다. 1939년 4월 독일 제국교육부의 빌헬름 다메스를 중심으로 '우라늄 클럽'이 만들어졌다. 오토 한, 발터 보테, 쿠어트 디프너 등이 주축이 된 1차 모임에서 주된 관심은 '우라늄 기계' 즉 핵반응로를 건설하는 데 있었고, 겉으로는 핵반응로를 이용하여 막대한 에너지를 얻는 것이 목표라고 내세우고 있었다. 핵무기와는 직접 관련되지 않는다는 것이다.

코펜하겐, 1941년

1941년 9월, 하이젠베르크는 바이츠제커와 함께 워크숍 참가와 보어를 방문하기 위해 코펜하겐으로 가는 열차에 올랐다. 영국의 극작가이자 소설가 마이클 프레인은 이때의 두 사람의 만남을 소재로 해서 「코펜하겐」이란 희곡을 발표했다. 이 희곡은 "왜 하이젠베르크가 우리를 방문했던 것일까?"라는 마르그레테 보어의 말로 시작한다. 2차 대전이 진행 중이고 서로가 적대적인 공동체에 속해 있던 미묘한 시기에 이루어진 하이젠베르크의 보어 방문은 우라늄 개발을 둘러싼 하이젠베르크의 나치 치하 이력에 관해 많은 논쟁을 불러일으켰다.

하이젠베르크는 보어에게 원자에너지를 실용적으로 연구할 도덕적 권리가 물리학자에게 있을까라는 질문을 던졌다고 회고했다. 이 질문은 원래 1948년에 하이젠베르크가 바이츠제커의 전범재판을 위한 쓴 진술서의 초고에서 자신이 1941년 보어를 찾아갔을 때 한 말이라고 기록하고 있는 데에서 가져온 것이다. 하지만 단지 그 문제만을 상의하러 코펜하겐에까지 간 것은 아닌 듯하다.

1948년에 하이젠베르크가 라이프치히 대학의 동료였던 수학자 판더르바르더에게 보낸 편지에는 연합국 측의 과학자들에게 핵분열 연구를 진행하지 못하게 하려는 의도가 있었다고 말하고 있다. 당시 상황에 대한 하이젠베르크의 부인 엘리자베트의 기억에 따르면, 하이젠베르크는 독일보다 뛰어난 과학자들이 많고 인적, 물적 자원이 풍부한 연합국 측이 폭탄을 먼저 개발하여 독일에 사용할까봐 전전긍긍했다고 한다. 그렇기 때문에 연합국 측 과학자들과 아마 연락이 닿고 있을 보어에게 독일의 핵무기 개발은 진행되지 않을 터이니 연합국 측도 핵무기 연구를 하지 말라는 메시지를 준 것이라는 해석이 가능하다.

한편 이 질문에서 말하는 '원자에너지의 실용적 연구'가 정확히 무엇인지 분명하지 않은 점이 있다. 이것이 핵폭탄인지 아니면 핵연료인지에 따라 하이젠베크의 질문의 의미는 달라질 것이다. 미국에서 페르미와 대화를 나누었던 1939년의 회고에서 이미 원자폭탄을 거론하고 있는 것으로 보아 하이젠베르크도 핵무기의 가능성을 모르고 있지 않았을 것이다. 또한 1939년 12월 6일에 우라늄 클럽에 제출한 비밀보고서에는 명시적으로 '이제까지의 폭탄보다 몇 십 배 강력한 폭탄을 만들 수 있는 방법'을 언급하고 있다. 그러나 1948년의 진술서 초고에서 하이젠베르크는 우라늄 클럽의 연구는 철저하게 핵반응로를 건설하여 에너지를 얻으려는 연구였으며 핵무기를 만들려는 게 아니었다고 썼다. 핵무기를 만드는 것은 엄청난 비용이 드는 방대한 작업이라서 전쟁이 끝나기 전까지 성공할 수 없을 것이라 믿었다는 것이다. 아마도 하이젠베르크는 당장 눈에 보이는 성과를 내기 힘든 핵폭탄보다는 훨씬 가능성이 높은 핵발전에 더 치중했을 가능성이 매우 높다.

그런데 2002년에 코펜하겐에 있는 닐스 보어 아카이브에서 보어가 하이젠베르크에게 쓴 미공개 편지를 공개했다.

1956년, 스위스의 저널리스트 로베르트 융크는『천 개의 태양보다 더 밝은』에서 독일의 핵무기 개발에 대해 언급하면서, 1941년 하이젠베르크가 보어를 찾아가서 윤리적으로 문제가 심각한 핵무기를 개발하라는 정치권의 종용에 반대하자고 했고, 연합국 측의 과학자들과 독일의 과학자들 사이의 암묵적 합의 덕분에 독일의 핵무기 개발이 늦춰졌다고 썼다. 융크는 하이젠베르크에게 출판된 책을 보내면서 1941년의 보어 방문에 대해 논평을 해 달라고 부탁했다. 하이젠베르크는 1948년 진술서 초고와 유사하게 '우리는 핵폭탄을 만들 수 있음을 알았지만, 그 과정에서의 여러 기술적 장애물들을 너무 과대평가하고 있었다. 그 바람에 다행히 핵무기의 개발을 더 깊이 추진하지 않을 수 있었다'라는 기조의 네 페이지짜리 답장을 보냈다. 융크는『천 개의 태양보다 더 밝은』의 덴마크어 판(1957)과 영어 판(1958)에 하이젠베르크의 편지 전문을 함께 실었다. 보어는 그 책을 읽고 하이젠베르크의 편지가 사실을 왜곡하고 있다는 강한 어조의 편지를 썼다.(이 편지의 덴마크어 원문과 영어 번역문은 http://www.nbarchive.dk/collections/bohr-heisenberg/documents/에서 볼 수 있다.)

'(…)당신은 그때 비록 모호한 어휘들을 사용하긴 했지만, 당신의 지휘 하에 독일은 원자 무기를 개발할 모든 준비가 되었으며, 당신은 이에 대해 매우 상세히 알고 있고, 지난 2년간 이런 준비를 위해 적잖이 전력투구해왔기에 세부 사항에 대하여는 언급할 필요가 없다고 말했던 기억이 강한 인상으로 남아 있어요. 당시 나는 당신의 말에 일언반구도 하지 않았어요. 전 인류와 관련된 참으로 중대한 사안이었고, 우리의 개인적인 우정에도 불구하고, 우리는 전쟁에서 서로 반대편을 대변하는 사람들로 간주되고 있었기 때문이죠. 당신은 융크에게 보낸 편지에 나의 이런 침묵이 원자폭탄을 제조하는 것이 가능하다는 당신의 보고에 충격을 받았기 때문이라고 썼는데 그것은 상당한 오해입니다. 당신이 그렇게 받아들인 것은 아마 당신 스스로 많이 긴장하고 있었기 때문일 거예요.(…) 그러므로 내 행동의 어떤 면이 내가 충격을 받았다는 표시로 해석될 수 있다면, 그것은 원자폭탄을 제조하는 것이 가능하다는 보고 때문이 아니라, 독일이 원자 무기를 보유하려는 경쟁에 적극적으로 참여하고 있다는 소식 때문이었을 거예요. 그밖에 당시 나는 영국와 미국에서 원자무기 개발이 어느 정도 진척되었는지 아무것도 모르고 있었어요. 그다음 해 덴마크의 독일 점령군이 나를 체포하려 한다는 소식을 들은 뒤 영국으로 가고 나서야 비로소 나는 영국과 미국에서의 상황을 알게 되었으니까요.(…)'

하지만 보어는 여덟 번이나 퇴고를 한 이 편지를 결국 하이젠베르크에게 보내지 않았다. 대신 1961년에 하이젠베르크의 회갑을 축하하는 전보를 보냈다. 만일 하이젠베르크가 보어의 보내지 않은 편지를 보았더라면 이 책의 15장은 달라졌을지도 모른다.

하이젠베르크가 핵무기 개발을 주도했거나 참여했는가에 대한 논란은 여전히 진행 중이지만, 동시에 생각해야 할 문제는 바로 연합국 측의 맨해튼 프로젝트이다. 정작 핵폭탄을 개발하고 이를 전쟁에 사용해 수십만 명의 민간인을 죽게 한 과학자들의 사회적 책임을 동시에 또는 더 깊이 있게 다루지 않는다면, 그 논의는 어딘가 크게 잘못되었다고 할 수 있을 것이다. 맨해튼 프로젝트가 시작된 동기 중 하나가 히틀러와 나치 독일이 먼저 핵무기를 개발한다면 상황은 걷잡을 수 없는 파국으로 치달을 것이라는 명분이었으나, 당시 독일의 핵무기특히 핵폭탄 개발은 초보적 단계에 머물러 있었다.

또 하이젠베르크의 주장대로 독일의 핵분열 연구가 잠수함이나 전차의 동력으로 핵반응로를 이용하려는 데 있었다면, 처음부터 핵폭탄을 만들기 위해 엄청난 인적 및 물적 자원을 집중시킨 미국 행정부와 여기에 적극적으로 동조한 물리학자들은 파괴적 결과를 가져올 수 있는 과학 연구에 아무런 윤리적 성찰도 하지 않은 채 독일이 먼저 개발할지 모른다는 가상의 상황을 상정해 과학을 남용한 셈이 된다.

1945년 5월 3일, 아직 공식적으로 전쟁이 끝나지 않은 시점에서 하이젠베르크는 영국의 비밀정보국에 체포되어 다른 우라늄 클럽의 회원들과 함께 9개월 동안 억류되었다. 여기에는 핵 관련 연구와 관련이 없는 폰 라우에나 오토 한 같은 사람도 포함되었다. 영국 정보국은 독일의 과학자 열 명을 팜홀의 안가에 억류한 채 이들의 모든 대화를 도청해 정기적으로 보고했다. 이 도청 기록의 존재가 알려진 것은 1962년이었지만 그로부터 30년이 지나서야 비로소 녹취록이 공개되었다. 억류되어 있던 독일의 핵 관련 연구자들은 안가에서 히로시마와 나가사키에 원자폭탄이 투하되었다는 비극적인 소식을 접했다. 도청을 통해 들을 수 있는 그들의 대화 중에는 핵폭탄이 개발된 곳이 독일이 아니라 연합국이라서 그나마 다행이라는 것도 있다. 과학자의 윤리적 책임은 억류되어 있는 자신들보다도 연합국에서 핵폭탄을 개발한 과학자들에 더 있다는 이야기도 있다.

왜 부분과 전체일까?

이 책의 제목은 왜 〈부분과 전체〉라고 지어졌을까? 하이젠베르크 자신에게 물어보지 않는 한, 이 질문에 대한 정답은 없다. 여러 가지 납득할 만한 이유를 찾아낼 수 있을 뿐이다. 이에 대한 실마리는 17장에 나오는 '전체성Ganzheit'이란 말이다. 물리학과 화학과 생물학의 관계에 대한 대화를 나누는 9장에도 생명체의 전체성과 물리학이 다루는 부분에 대한 이야기들이 집중적으로 나온다. 또한 보어를 처음 만나 원자의 안정성을 다루는 3장에서도 이 말이 등장한다.

'부분der Teil'과 '전체das Ganze'의 개념쌍은 고대 그리스 철학에서 매우 중요한 주제였다. 이는 그리스어 메로스/홀로

스meros/holos 및 라틴어 파르스/토툼pars/totum의 개념쌍에 대응한다. 플라톤의 자연철학에 견주어 보면 전체는 곧 세상의 모든 것, 즉 우주이며 절대적인 것을 가리키는 반면, 부분은 이 전체를 받치고 있으면서 그 자체로는 전체가 될 수 없는 요소들을 가리킨다. 그러나 전체가 불변하는 무엇이라기보다는 가령 헤라이클레이토스가 '모든 것은 흐른다'고 말할 때처럼 그 안에 변화를 안고 있다. 물리학자들에게 가장 익숙한 개념은 '계' 즉 시스템이다. 그리스어 '시스테마' 자체가 분절된 부분들이 연관된 전체를 가리킨다. 무엇보다 부분과 전체의 관계가 확연한 것은 생명이다. 생명체를 구성하고 있는 부분들을 분리시키면 생명을 잃어버릴 수 있다. 부분들이 모두 모여 있어야만 비로소 생명을 유지할 수 있다.

젊은 시절 플라톤의 『티마이오스』를 통해 세계라는 전체를 이루는 부분으로서의 원자를 만난 하이젠베르크는 양자역학이라는 자신의 고유한 원자물리학을 통해 부분과 전체의 만남이 완성된다고 믿었다. 이 책의 마지막 장이 '소립자와 플라톤 철학'이라는 제목을 달고 있는 것은 하이젠베르크가 은퇴할 무렵에 주목하고 있던 것이 세상을 이루는 원자와 세계 전체의 관계였기 때문이다. 이는 비단 물리적 세계에 국한되는 것이 아니다. 십대 후반 나이에 만난 『티마이오스』의 원자론에서 출발한 이 책은 70이 다 된 나이에 다시 소립자에 대한 플라톤의 철학적 사유로 연결되고 있다.

하이젠베르크는 1941년 4월부터 1942년 말까지 다섯 번의 강연을 하고 그 강연 원고를 단행본 정도의 분량으로 남겼다. 그 제목은 〈실재의 질서Ordnung der Wirklichkeit〉다.(한국어판은 1994년 〈현실의 질서〉라는 제목으로 출간되었다.) 1941년 4월 28일, 하이젠베르크는 부다페스트에서 '현대 물리학의 관점에서 본 괴테의 색채론과 뉴턴의 색채론'이라는 제목의 강연을 했다. 11월 26일에는 라이프치히에서 '자연과학적 세계상의 통일성'이란 강연을 했는데, 그 기본 원고는 부다페스트 강연을 확장한 것이다. 이 강연은 이듬해 8월에 라디오를 통해 '에너지 법칙 100년'이란 제목으로 또 변화를 거쳤다. 11월 27일에 취리히에서 한 강연 '자연과학의 세계상에 관하여'도 이 주제를 확장한 것이다.

하이젠베르크의 부인 엘리자베트가 160쪽 남짓 되는 이 원고를 타자기로 써서 1942년 크리스마스 무렵에 친한 친구들에게 나눠주었지만, 원고 자체는 출판되지 않았다. 정치적으로 민감한 내용이 포함되어 있었기 때문이다. 하이젠베르크가 우라늄 클럽의 정회원이 된 것이 1939년이고 1942년 7월 1일부터 베를린 대학으로 옮겨 가서 카이저 빌헬름 협회의 회장직을 맡으면서 본격적으로 우라늄 핵실험 연구를 시작했음을 감안할 때, 이 철학적으로 보이는 강연과 원고 속에 과학자의 사회적 책임과 정치적 견해가 담겨 있는 것도 어찌 보면 자연스러운 일이다.

〈실재의 질서〉에는 부분과 전체의 관계에 대한 가장 깊이 있는 성찰이 담겨 있다. 뉴턴의 색채론과 괴테의 색채론은 근본적으로 다르다. 뉴턴은 프리즘으로 분리되는 무지개 색들을 주체와 무관하게 세상을 구성하는 근본적인 것으로 보았던 반면, 괴테는 색이란 주체와 대상이 만나 어우러지는 것이며 빛과 어둠의 상호작용이라고 보았다. 하이젠베르크는 이 두 색채 이론 중 어느 하나만 맞는 것이 아니라고 역설한다. 오히려 세상을 바라보는 상보적인 두 접근을 보여준다는 것이다. 뉴턴의 색채론이 물리적 질서를 보여준다면 괴테의 색채론은 정신적인 질서를 보여준다. 하이젠베르크는 더 나아가 실재의 근본 질서를 우연적 질서, 기계적 질서, 물리적 질서, 화학적 질서, 생체적 질서, 정신적 질서, 윤리적 질서, 종교적 질서, 천부적 질서로 나눈다. 괴테를 따른 것이다.

하이젠베르크는 이 책을 내기 2년 전인 1967년에 〈괴테 연보〉에 「괴테의 자연상과 기술-과학적 세계」란 제목의 논문을 발표했다. 여기에서도 『부분과 전체』에 등장하는 핵심적인 주제들이 등장한다. 괴테가 바라보는 자연의 상에서는 큰 것과 작은 것의 구분이 사라지며, 안과 밖이 다르지 않으며, 부분들을 단순하게 모아 놓은 것이 전체를 이루는 것이 아니라, 부분 속에서 전체가 반복된다.

여러 정황으로 보아 플라톤 철학의 존재론적 개념들과 괴테의 자연철학이 양자역학 및 원자물리학에서 바라본 세계 그리고 20세기의 파란만장한 역사적 전개를 바라보는 물리학자의 시선과 맞물리는 곳에서 〈부분과 전체〉라는 제목이 나왔다고 추측할 수 있을 것이다.

세상을 바라보는 시각은 하나만 있는 것이 아니다. 하이젠베르크가 말했던 불확정성 원리나 그가 가장 존경하던 스승 보어가 말했던 상보성 원리처럼 세상에는 다양하고 다른 시각들이 공존하기 때문에 전체에 대한 진정한 그림을 그려나가는 길이 더 아름다운 것이리라. 오랫동안 많은 독자들에게 사랑받아 온 이 책의 정식 한국어판이 하이젠베르크를 통해 그리고 그와 대화를 나누었던 많은 사람들의 말을 통해 새로운 과학문화로 나아가는 디딤돌이 되길 기원해 본다.

독일 바이에른의 한 작은 도시에서

김재영

『부분과 전체』와 관련된 원자물리학 연표

연도	인물	내용
기원전 360년경	플라톤	『티마이오스』
1814년	프라운호퍼	태양 분광선에서 흡수선 발견
1894년	볼츠만	열의 통계적 이론을 체계화한 『기체론 강의』 출판
1896년	뢴트겐	엑스선 발견
1896년	베크렐, 퀴리 부부	자연방사성과 방사성원소 발견
1897년	톰슨	음극선의 정체가 모든 원소에 존재하는 전자임을 실험적으로 밝힘
1900년	프링스하임-루벤스-쿠를바움	흑체복사의 정밀한 실험
1900년	플랑크	작용량의 단위를 도입하여 흑체복사 설명
1901년 12월 5일	하이젠베르크	독일 뷔르츠부르크에서 탄생

1905년	아인슈타인	광양자 가설을 통해 여러 가지 광학현상 설명
1911년	러더퍼드	태양계를 닮은 원자 모형 제안
1913년	보어	불연속적인 궤적의 원자 모형 제안
1916년	에렌페스트	단열불변량을 이용한 체계적인 양자론
1917년	아인슈타인	빛의 양자론
1919년	조머펠트	고전 양자론을 집대성한 『원자구조와 분광선』 출간
1922년 6월	하이젠베르크	괴팅겐의 보어 축제 참석
1923년	드브로이	전자도 빛처럼 파동이 될 수 있다는 물질파 개념 제안
1924년 6월 13일	보른	새로운 양자역학의 필요성을 논의하는 논문 발표
1925년 1월 16일	파울리	배타원리에 관한 논문 발표
1925년 5월	하이젠베르크	헬골란트의 빛
1925년 7월 29일	하이젠베르크	논문「운동학적 및 역학적 관계의 양자론적 의미」 발표
1925년 9월 27일	디랙	논문「양자역학의 기본방정식」 발표
1925년 10월 17일	울렌벡–하우츠미트	전자의 자전에서 생기는 스핀에 관한 논문 발표
1925년 11월 16일	보른–요르단 하이젠베르크	새로운 양자역학을 정리한 논문 발표

1926년 1월 17일	파울리	새로운 양자역학으로 수소 원자의 분광선을 설명한 논문 발표
1926년 1월 27일	슈뢰딩거	파동역학 및 슈뢰딩거 방정식을 처음 제안한 논문 발표
1926년 6월 25일	보른	양자역학의 통계적 해석이 담긴 논문 발표
1927년 2월 2일	디랙	양자전기역학에 대한 논문 발표
1927년 3월 23일	하이젠베르크	불확정성 원리 논문 발표
1927년 9월	보어	상보성 원리가 담긴 논문 발표
1927년 10월	보어-아인슈타인	5차 솔베이 학술회의
1928년 1월	디랙	디랙 방정식과 양전자의 존재를 예측하는 논문 발표
1928년 2월 1일	하이젠베르크	라이프치히 대학 취임 강연
1928년 3월	데이비슨-저머	전자 회절의 실험적 확인
1928년 9월	가모프	알파붕괴의 양자론
1930년	디랙	『양자역학의 원리들』 출판
1932년 2월 17일	채드윅	중성자의 존재를 증명한 논문 발표
1932년 6월 7일	하이젠베르크	원자핵의 구조를 밝힌 논문 발표
1932년 8월 2일	앤더슨	중성미자 발견
1933년 4월 5일	유카와 히데키	중간자 이론 발표
1933년 12월	하이젠베르크	노벨 물리학상 수상

1934년 1월	페르미	베타붕괴의 이론
1938년 12월 22일	한–슈트라스만	핵분열의 발견을 보고하는 논문 발표
1939년 1월 16일	마이트너–프리슈	핵분열을 이론적으로 해명하는 논문 발표
1939년 7월	하이젠베르크	미국 방문
1939년 9월 1일	보어–윌러	핵분열의 메커니즘을 밝히는 논문 발표
1939년 9월 26일	하이젠베르크	'우라늄 클럽' 참여
1941년 9월 15일	하이젠베르크	코펜하겐의 보어 방문
1941년 10월 9일	루스벨트–부시–윌리스	미국 연방정부의 맨해튼 프로젝트 공식 승인
1945년 5월 3일	하이젠베르크	영국 비밀정보국에 체포되어 이듬해 1월까지 억류당함
1956년	리정다오–양전닝	약한 핵력의 패리티 비보존 발표
1976년 2월 1일	하이젠베르크	뮌헨에서 사망

(김재영 작성)

옮긴이의 말

이 책의 번역을 제안받았을 때 약간 망설였다. 워낙 비중 있는 책이라서 부담스럽기도 했고, 만만치 않은 내용에 고생할 것 같기도 했다.

그런데 번역 작업을 시작하자마자 나는 이 책에 매료되고 말았다. 책은 많게는 지금으로부터 100여 년 전 갓 스물이 된 청년들이 나누는 대화로 시작되었는데 그 대화가 가히 천재적이었다. 아니 이 나이에 어떻게 이런 대화를 할 수 있을까? 나는 감탄에 감탄을 거듭하면서 천재들의 사고를 따라가며 향유하는 자가 되었다.

거의 중독성이 있었다고 할까. 예상을 뒤엎고 좀처럼 지루하지 않은 작업에 나는 주변 사람들에게 이 기회가 아니었으면 평생 이렇게 좋은 책을 읽지 않고 세상을 하직했을지도 모른다고 우스갯소리를 하기도 했다.

물론 작업을 진행하면서 고민도 꽤 깊었다. 번역이라는 것이 원래 원문의 정확한 재현과 가독성 사이에서 줄타기를 하는 작업이고, 그 줄타기에서 번역자는 가독성 쪽을 주로 선택하지만, 이 책의 경우 그냥 그렇게 가기에는 약간 망설여지는 부분들이 없지 않았다. 하지만 그래도 많은 사람들이 편안하게 읽을 수 있는 책으로 다가갔으면 했다.

그도 그럴 것이 이 책은 과학도들만을 위한 학술서는 아니기 때문이다. 이 책의 저자 베르너 하이젠베르크는 양자역학을 창시한 공로로 노벨 물리학상을 수상한 물리학자이지만, 이 책은 물리학적인 내용만 담고 있지는 않다. 양자역학뿐 아니라, 철학, 정치, 종교, 언어, 역사 등 여러 주제에 대한 살아 있는 토론들이 담겨 있고, 정치적 사안에 대한 과학자의 고뇌와 선택 과정도 엿볼 수 있다. 반세기 전에 쓰인 책인데도 시의성을 간직하고 있으며, 요즘 우리의 고민과도 연결되는 책이다.

특히 저자의 말마따나 대화를 통해서 학문이 탄생되는 과정, 부분이 모여서 전체를 이루는 과정이 고스란히 드러나 있다는 점에서 어떤 분야든 학문을 하는 젊은이들은 꼭 읽어보면 좋을 책이라는 생각이 들었다.

매력적인 책과 함께할 수 있어서 여러모로 즐겁고 감사했다. 이 책이 내게 여러 가지 매력으로 다가왔던 것처럼, 독자들에게도 단순한 지식 습득을 넘어 유익하고 뜻깊은 책이 되었으면 좋겠다.

옮긴이 | 유영미

연세대학교 독문과와 동 대학원을 졸업한 뒤 전문번역가로 활동하고 있다.『물리학의 혁명적 순간들』『이산화탄소』『지금 지구에 소행성이 돌진해 온다면』『빛보다 빠른 생각, 아인슈타인』『왜 세계의 절반은 굶주리는가』,『인간은 유전자를 어떻게 조종할 수 있을까』,『승자의 뇌구조』『개척자와 공상가들』『감정 사용 설명서』『박물관의 나비 트렁크』『동물들의 생존 게임』등 다수의 책을 옮겼다.『스파게티에서 발견한 수학의 세계』로 2001년 과학기술부 인증 우수과학도서 번역상을 수상했다.

부분과 전체 원자물리학을 둘러싼 대화들

초판 1쇄 발행 2016년 8월 20일
증보개정판 4쇄 발행 2024년 10월 15일

지은이 베르너 하이젠베르크
옮긴이 유영미

펴낸곳 서커스출판상회
주소 경기도 파주시 광인사길 68 202-1호(문발동)
전화번호 031-946-1666
전자우편 rigolo@hanmail.net
출판등록 2015년 1월 2일(제2015-000002호)

ISBN 979-11-87295-68-6 03400